国家"双高计划"水利水电建筑工程高水平专业群
水利职业资格证书系列教材

水利工程项目管理

主　编　吴　伟　闫国新
副主编　代凌辉　张亚坤　吴都督
主　审　梁建林

U0171942

黄河水利出版社
·郑州·

内 容 提 要

本书是国家"双高计划"水利水电建筑工程高水平专业群水利职业资格证书系列教材,是按照相应职业标准和岗位要求编写完成的。本书根据水利工程建设管理人员典型工作过程编写,分为七个项目,主要内容包括:水利工程建设项目组织与管理、进度管理、质量管理、成本管理、合同管理、职业健康安全与环境管理、信息管理。针对职业院校的学生特点、培养目标及从业需要,本书以任务驱动的学习模式进行编写,以各项职业能力为核心构建学习任务,目标明确,内容全面,科学性高,实用性强。

本书可供高等职业院校水利类专业教学使用,也可供水利、建筑等领域相关专业工程技术人员学习参考。

图书在版编目(CIP)数据

水利工程项目管理/吴伟,闫国新主编. —郑州:
黄河水利出版社,2023.7
国家"双高计划"水利水电建筑工程高水平专业群水
利职业资格证书系列教材
ISBN 978-7-5509-3670-6

Ⅰ.①水… Ⅱ.①吴… ②闫… Ⅲ.①水利工程管理
-项目管理-技术培训-教材 Ⅳ.①TV512

中国国家版本馆 CIP 数据核字(2023)第 147546 号

组稿编辑:王路平 电话:0371-66022212 E-mail:hhslwlp@ 163. com
田丽萍 66025553 912810592@ qq. com

责任编辑:赵红菲 责任校对:王单飞 封面设计:张心怡 责任监制:常红昕
出版发行:黄河水利出版社
地址:河南省郑州市顺河路 49 号 邮政编码:450003
网址:www. yrcp. com E-mail:hhslcbs@ 126. com
发行部电话:0371-66020550、66028024
承印单位:河南承创印务有限公司
开本:787 mm×1 092 mm 1/16
印张:17.5
字数:400 千字 印数:1—1 000
版次:2023 年 7 月第 1 版 印次:2023 年 7 月第 1 次印刷
定价:55.00 元

前　言

　　本书是根据《中共中央关于认真学习宣传贯彻党的二十大精神的决定》，中共中央办公厅、国务院办公厅《关于推动现代职业教育高质量发展的意见》，国务院《国家职业教育改革实施方案》，水利部、教育部《关于进一步推进水利职业教育改革发展的意见》等文件精神，校企合作编写的国家"双高计划"水利水电建筑工程高水平专业群水利职业资格证书系列教材。本套教材以学生为本，遵循高等职业院校教学改革的思路，体现产教融合、"岗课赛证"融通的理念，注重吸收产业升级和行业发展的新知识、新技术、新工艺、新方法、新规范，对接科技发展趋势和市场需求，是理论联系实际、教学面向生产的高等职业教育精品教材。

　　本书中所用术语"水利工程项目"是指水利工程建设项目，或称水利工程投资建设项目；"水利工程项目管理"即水利工程建设项目管理。本书结构以水利工程建设管理人员职业逻辑为主线，根据项目管理岗位工作过程和内容，结合"四新"技术在水利建设工程项目中的实际应用，针对项目管理的理论、方法、应用等做出具体、详细的阐述。本书内容对接职业标准，突出知识的实用性，满足工作过程、职业岗位、产业发展等的需要，旨在培养学生及从业者理解和掌握水利工程项目管理的理论和方法，使其具备从事水利工程施工组织和管理的初步能力。

　　本书由黄河水利职业技术学院、中国水利水电第八工程局有限公司共同组织编写。具体的编写人员及分工如下：武汉英思工程科技股份有限公司匡正刚编写项目一的任务一、任务二；黄河水利职业技术学院吴伟编写项目一的任务三、任务四，项目二，项目三；黄河水利职业技术学院代凌辉编写项目四；黄河水利职业技术学院闫国新编写项目五；黄河水利职业技术学院张亚坤编写项目六；中国水利水电第八工程局有限公司吴都督编写项目七。本书由吴伟、闫国新担任主编，吴伟负责全书的统稿；由代凌辉、张亚坤、吴都督担任副主编;由黄河水利职业技术学院梁建林教授担任主审。

本书在编写过程中得到一些专家、技术人员的支持和帮助,在此表示衷心的感谢!

由于编者水平有限,书中难免存在错漏和不足之处,恳请广大读者批评指正。

编　者

2023 年 6 月

目 录

项目一

水利工程建设项目组织与管理

水利工程项目管理

主要内容

- ❖ 水利工程项目管理的内涵及任务
- ❖ 项目管理的组织理论
- ❖ 水利工程建设项目管理的相关规定
- ❖ 水利工程建设程序

【知识目标】

理解项目管理的内涵和特点;掌握施工方项目管理的目标和任务;掌握组织论三大工具的使用方法;熟悉我国水利工程建设项目管理的相关规定和要求;掌握我国水利工程建设基本程序。

【技能目标】

能明确具体工程的项目管理目标;能根据项目管理目标合理选择企业或单位的组织结构模式;能针对具体工程进行工作任务分工和管理职能分工;能针对具体工程建设需要合理进行工作流程组织。

【素质目标】

充分考虑质量、成本、进度等目标相协调的系统思维能力;严格遵守项目管理相关制度规程;自觉注重工作的准确性和可追溯性。

【导入案例】

改革开放前,中国水利工程建设存在管理体制不顺、经营机制不活、施工效率低下、队伍素质不高以及企业包袱沉重等诸多问题。这些问题导致了水利工程建设的投资大、工期长、造价高、见效慢。为激活水利行业发展动能,中国通过引入世界银行贷款和国际招标机制,在鲁布革水电站项目中实施了新的管理模式。

1981年,鲁布革水电站列为国家重点工程,并成为中国第一个借用世界银行贷款的基本建设项目。由于国际贷款协议的要求,引水隧洞工程必须进行国际招标。在8个国家的竞争中,日本大成公司中标,同时挪威和澳大利亚政府提供贷款和咨询服务。

通过国际招标,合同制管理模式引入鲁布革水电站项目。日本大成公司按照合同制管理,对工人按效率给予工资。他们通过优化管理方法和高效施工取得了显著成果。相比之下,中国水利水电第十四工程局有限公司承担的工程进展缓慢,两者之间存在巨大差距。由此,中国施工企业意识到好的机制和科学管理的重要性。鲁布革工程指挥部开始推行新的管理体制,并在首部枢纽工程建设中实施了"项目法施工"。通过试点,提高了劳动生产力和工程质量,加快了施工进度。

鲁布革水电站项目的成功引发了全国范围内的关注和反响。时任国务院副总理李鹏视察后表示,中国工人能够高效率工作,差距在于管理。因此,他提出了全面推广鲁布革经验的要求,并在建筑行业推广了这种管理模式。鲁布革水电站项目的成功管理经验对传统的投资体制、施工管理模式以及国企组织结构提出了挑战,对中国建筑业产生了巨大影响。

1987年5月30日,全国施工工作会议提出,在工程建设领域,全面推广鲁布革经验,深化施工管理体制改革。"鲁布革冲击"引起的社会反响之强烈,出乎意料,在基建行业内部产生的冲击波,更是前所未有。从此,我国基建行业实现了历史性巨变,造就了三峡、白鹤滩等一批举世瞩目的工程,成为世界公认的基建强国。

任务一　水利工程项目管理的内涵及任务

一、工程项目的含义和特点

(一)项目的含义与特点

许多制造业的生产活动往往是连续不断和周而复始的活动,被称为作业(operation)。而项目(project)是一种非常规性、非重复性和一次性的任务,通常有确定的目标和确定的约束条件(时间、费用和质量等)。项目是指一个过程,而不是指过程终结后所形成的成果,例如某个水电站的建设过程是一个项目,而建设完成后的水电站工程及其配套设施是这个项目完成后形成的建筑产品。

在建设领域中,建造一栋大楼、一个工厂、一座大坝、一条铁路及开发一个油田,都是项目。在工业生产中开发一种新产品,在科学研究中为解决某个科学技术问题进行的课题研究,在文化体育活动中,举办一届运动会、组织一次综合文艺晚会等,也都是项目。

从项目管理的角度出发,项目作为一个专门术语,它具有如下几个基本特点:

(1)一个项目必须有明确的目标(如时间目标、费用目标和进度目标等)。

(2)任何项目都是在一定的限制条件下进行的,包括资源条件的约束(人力、财力和物力等)和人为的约束,其中质量(工作标准)目标、进度目标、费用目标是项目普遍存在的三个主要约束条件。

(3)项目是一次性的任务,由于目标、环境、条件、组织和过程等方面的特殊性,不存在两个完全相同的项目,即项目不可能重复。

(4)任何项目都有其明确的起点(开始)时间和终点(结束)时间,它是在一段有限的时间内存在的。

(5)多数项目在其进行过程中,往往有许多不确定的影响因素。包括主观因素(人为因素)和客观因素,后者又包括政治因素、组织因素、经济因素、管理因素、技术因素等。

(二)建设工程项目的含义

根据对"项目"的内涵界定,在《建设工程项目管理规范》(GB/T 50326—2017)中,对"建设工程项目"这样定义:"为完成依法立项的新建、扩建、改建工程而进行的、有起止日期的、达到规定要求的一组相互关联的受控活动,包括策划、勘察、设计、采购、施工、试运行、竣工验收和考核评价等阶段。简称为项目。"

(三)水利工程项目的特点

根据项目具有的"目标明确性、条件约束性、一次性"等特点,结合水利工程建设的特点,可以总结出水利工程项目具有以下特点:

(1)具有明确的建设任务,如建设一个水利枢纽工程或者建设一座大坝。

(2)具有明确的进度目标、费用目标和质量目标。

工程项目受到多方面条件的制约:①时间约束,即有合理的工期时限;②资源约束,即要在一定的人力、财力和物力投入条件下完成建设任务；③质量约束，即要达到预期的使用功能、生产能力、技术水平、产品等级等的要求。这些约束条件形成了项目管理的主要目标，即进度、费用、质量、安全等目标。

（3）建设过程和建设成果固定在某一地点。因此，会受到当地资源、气象和地质条件的制约，受当地经济、社会和文化的影响。

（4）建设产品具有唯一性的特点。建设过程和建设成果的固定性、设计的单一性、施工的单件性、管理组织的一次性，使建设过程不同于一般商品的批量生产过程，其产品具有唯一性。由于建设时间、建设地点、建设条件和施工队伍等的不同，即使采用同样标准、相同坝形和图纸建设的两座大坝，也存在差异。

（5）建设产品具有整体性的特点。一个工程项目往往是由多个相互关联的子项目构成的系统，其中一个子项目的失败有可能影响整个项目功能的实现。项目建设包括多个阶段，各阶段之间有着紧密的联系，各阶段的工作都对整个项目的完成产生影响。

（6）工程项目管理的复杂性。主要表现在：工程项目涉及的单位多，各单位之间关系协调的难度和工作量大；工程技术的复杂性不断提高，出现了许多新技术、新材料、新工艺和新设备；大中型项目的建设规模大；社会、政治和经济环境对工程项目的影响，特别是对一些跨地区、跨行业的大型工程项目的影响，越来越复杂。

二、工程项目管理的含义和特点

（一）工程管理的内涵

工程项目管理是工程管理（professional management in construction）的一个部分，在整个工程项目全生命周期中，决策阶段的管理是 DM（development management，尚没有统一的中文术语，可译为项目前期的开发管理），实施阶段的管理是项目管理 PM（project management），使用阶段（或称运营阶段、运行阶段）的管理是 FM（facility management），即设施管理（见图 1-1）。

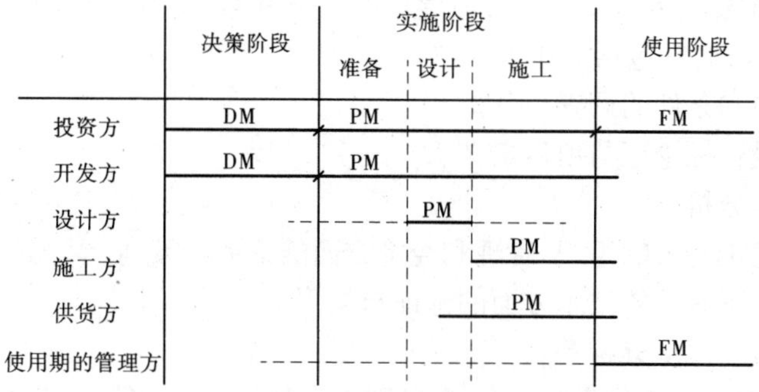

图 1-1　工程参建各方在不同阶段的管理工作

"工程管理"作为一个专业术语，其内涵涉及工程项目全过程的管理，即包括 DM、PM 和 FM，并涉及参与工程项目的各个单位对工程的管理，即包括投资方、开发方、设计方、施工方、供货方和使用期的管理方的管理，如图 1-2 所示。

工程管理的核心是为工程增值，工程管理工作是一种增值服务工作。其增值主要表

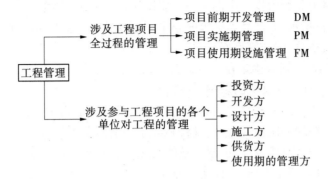

图 1-2　工程管理的内涵

现在为工程建设增值、为工程使用(运营或运行)增值两个方面(见图 1-3)。

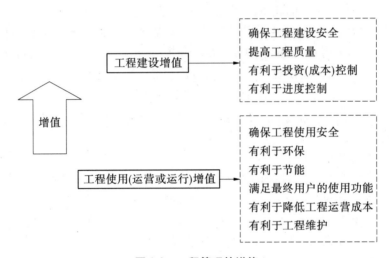

图 1-3　工程管理的增值

开发管理的主要任务是定义开发或建设的任务和意义,其管理的主要任务是对所要开发的项目进行策划,它包括下述工作:

(1)建设环境和条件的调查与分析。

(2)项目建设目标论证与项目定义。

(3)项目结构分析。

(4)与项目决策有关的组织、管理和经济方面的论证与策划。

(5)与项目决策有关的技术方面的论证与策划。

(6)项目决策的风险分析等。

工程项目实施阶段也有策划工作,它有别于决策阶段开发管理,其主要任务是定义如何组织开发或建设,主要包括下述工作:

(1)项目实施的环境和条件的调查与分析。

(2)项目目标的分析和再论证。

(3)项目实施的组织策划。

(4)项目实施的管理策划。

（5）项目实施的合同策划。

（6）项目实施的经济策划。

（7）项目实施的技术策划。

（8）项目实施的风险策划等。

传统的物业管理以保安、保洁及供暖、通风、空调、电气、给水、排水等设施设备的维护和保养为主要工作内容，以设施设备的正常运行为工作目标，具有"维持"的特点。

随着专业化发展，物业管理出现精深精细化趋势，并从劳动密集型逐渐转化为知识密集型，在物业管理提升的基础上，产生了一个新型的领域——设施管理。

按照国际设施管理协会（IFMA）和美国国会图书馆关于设施管理的定义，设施管理是以保持业务空间高品质的生活和提高投资效益为目的，以最新的技术对人类有效的生活环境进行规划、整备和维护管理的工作。它将物质的工作场所与人和机构的工作任务结合起来。它综合了工商管理、建筑、行为科学和工程技术的基本原理。设施管理这一行业真正得到世界范围的承认是近些年的事。越来越多的实业机构开始相信，保持管理的井井有条和高效率的设施对其业务的成功是必不可少的。设施管理服务除基本的物业管理外，服务内容往往涉及设置或使用目的机能的"作业流程规划与执行、效益评估与监督管理"。

设施管理的含义，如图 1-4 所示，它包括物业资产管理和物业运行管理，通过设施管理使设施得到保值和增值，这与我国物业管理的概念尚有差异。

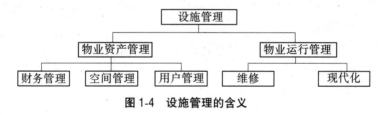

图 1-4　设施管理的含义

(二)建设工程项目管理的内涵

《建设工程项目管理规范》（GB/T 50326—2017）对建设工程项目管理的含义做了如下的解释："运用系统的理论和方法，对建设工程项目进行的计划、组织、指挥、协调和控制等专业化活动。"

关于工程项目管理的含义有多种表述，许多组织机构都试图对其进行描述和定义。英国皇家特许建造学会对其做了如下的表述：自项目开始至项目完成，通过项目策划（project planning）和项目控制（project control），以使项目的费用目标、进度目标和质量目标得以实现。此解释得到许多国家建造师（营造师）组织和相关学会的认可，在工程管理业界有相当的权威性。

在上述表述中：

（1）"自项目开始至项目完成"指的是项目的实施期。

（2）"项目策划"指的是目标控制前的一系列筹划和准备工作。

（3）"费用目标"对业主而言是投资目标，对施工方而言是成本目标。

项目决策期管理工作的主要任务是确定项目的定义，而项目实施期项目管理的主要任务是通过管理使项目的目标得以实现,如图 1-5 所示。

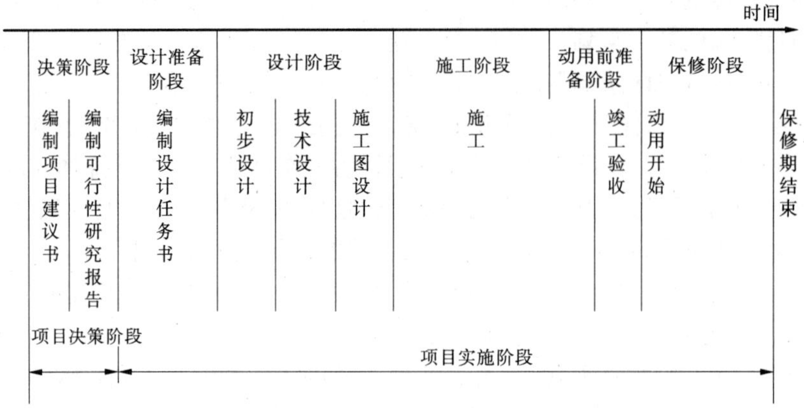

图 1-5 工程项目的决策阶段和实施阶段

美国项目管理协会(Project Management Institute,简称 PMI)成立于 1969 年,是全球领先的项目管理行业的倡导者,它创造性地制定了行业标准,由 PMI 组织编写的《项目管理知识体系指南》已经成为项目管理领域影响力很大的教科书。美国项目管理协会目前在全球 185 个国家有 50 多万会员和证书持有人,是项目管理专业领域中由研究人员、学者、顾问和经理组成的全球性的专业组织机构。美国项目管理协会编制出版的《项目管理知识体系指南》(*A Guide to the Project Management Body of Knowledge*,第 6 版,简称 PMBOK)中对项目管理的解释如下。

项目管理就是将知识、技能、工具与技术应用于项目活动,以满足项目的要求。项目管理是通过合理运用与整合 42 个项目管理过程来实现的。可以根据其逻辑关系,把这 42 个过程归类成 5 大过程组:

(1)启动。

(2)规划。

(3)执行。

(4)监控。

(5)收尾。

管理一个项目通常要做到以下几点:

(1)识别需求。

(2)在规划和执行项目时,处理干系人的各种需要、关注和期望。

(3)平衡相互竞争的项目制约因素,包括(但不限于):①范围;②质量;③进度;④预算;⑤资源;⑥风险。

具体的项目会有具体的制约因素,项目经理需要加以关注。

这些因素间的关系是,任何一个因素发生变化,都会影响至少一个其他因素。例如,缩短工期通常需要提高预算,以增加额外的资源,从而在较短时间内完成同样的工作量;如果无法提高预算,则只能缩小范围或降低质量,以便在较短时间内以同样的预算交付产品。不同的项目干系人可能对哪个因素最重要有不同的看法,从而使问题更加复杂。改变项目要求可能导致额外的风险。为了取得项目成功,项目团队必须能够正确分析项目状况及平衡项目要求。由于可能发生变更,项目管理计划需要在整个项目生命周期中反复修正、渐进明细。渐进明细是指随着信息越来越详细和估算越来越准确,而持续改进和细化计划。它使项目管理团队能随项目的进展而进行更加深入的管理。

美国项目管理协会把项目管理划分为以下几个知识领域,即综合(集成)管理、范围管理、时间管理、成本管理、质量管理、人力资源管理、沟通管理、采购管理和风险管理。其主要内容如下。

(1)综合(集成)管理。包括7个基本的子过程:①制定项目章程;②制定项目初步范围说明书;③制定项目管理计划;④指导与管理项目执行;⑤监控项目工作;⑥实施整体变更控制;⑦结束项目或阶段。

(2)范围管理。包括5个阶段:①启动;②范围计划;③范围界定;④范围核实;⑤范围变更控制。

(3)时间管理。由6项任务组成:①活动定义;②活动排序;③活动资源估算;④活动时间估计;⑤项目进度编制;⑥项目进度控制。

(4)成本管理。包括3个过程:①成本估计;②成本预算;③成本控制。

(5)质量管理。包括3个过程:①质量规划;②质量控制;③质量保证。

(6)人力资源管理。包括4个过程:①人力资源规划;②团队组建;③团队建设;④项目团队管理。

(7)沟通管理。包括一些基本的过程:①编制沟通计划;②信息传递;③绩效报告;④利害关系管理。

(8)采购管理。主要包括:①编制采购计划;②编制询价计划;③询价;④选择供应商;⑤合同管理;⑥合同收尾。

(9)风险管理。包括6个主要过程:①风险管理计划;②风险识别;③定性风险估计;④定量风险估计;⑤风险应对计划;⑥风险控制。

三、水利工程项目管理的类型和任务

(一)水利工程项目管理的类型

一个工程项目往往由许多参与单位[业主、设计单位、施工单位、材料和设备供应单位,以及工程顾问(咨询)单位]协同进行建设。不同参建单位承担不同的建设任务,其参与建设时间、工作内容、工作性质和利益立场不同,因此此就形成了不同类型的项目管理。

按不同参与方的工作性质和组织特征划分,工程项目管理有如下类型:

(1)业主方的项目管理。

(2)设计方的项目管理。

(3)施工方的项目管理。

(4)供货方的项目管理。

(5)建设项目总承包方的项目管理等。

投资方、开发方和由咨询公司提供的代表业主方利益的项目管理服务都属于业主方的项目管理。施工总承包方和分包方的项目管理都属于施工方的项目管理。材料和设备

供应方的项目管理都属于供货方的项目管理。建设项目总承包(工程项目总承包)有多种形式,如设计和施工任务综合的承包,设计、采购和施工任务综合的承包(简称 EPC 承包)等,它们的项目管理都属于建设项目总承包方的项目管理。

(二)业主方项目管理的目标和任务

业主方项目管理服务于业主的利益,其项目管理的目标包括项目的投资目标、进度目标和质量目标。其中,投资目标指的是项目的总投资目标。进度目标指的是项目动用的时间目标,亦即项目交付使用的时间目标,如工厂建成可以投入生产、道路建成可以通车、办公楼可以启用、旅馆可以开业的时间目标等。项目的质量目标不仅涉及施工的质量,还包括设计质量、材料质量、设备质量和影响项目运行或运营的环境质量等。质量目标包括满足相应的技术规范和技术标准的规定,以及满足业主方相应的质量要求等。

项目的投资目标、进度目标和质量目标之间既有矛盾的一面,也有统一的一面,它们之间的关系是对立和统一的。如要加快进度往往需要增加投资,欲提高质量往往也需要增加投资,过度地缩短进度会影响质量目标的实现,这都表现了目标之间关系矛盾的一面;但通过有效的管理,在不增加投资的前提下,也可缩短工期和提高工程质量,这反映了目标之间关系统一的一面。

工程项目的全寿命周期包括项目的决策阶段、实施阶段和使用阶段。项目的实施阶段包括设计前准备阶段、设计阶段、施工阶段、动用前准备阶段和保修期。招标投标工作分散在设计前准备阶段、设计阶段和施工阶段中进行,因此可以不单独列为招标投标阶段。业主方的项目管理工作涉及项目实施阶段的全过程,即在设计前准备阶段、设计阶段、施工阶段、动用前准备阶段和保修期分别进行安全管理、投资控制、进度控制、质量控制、合同管理、信息管理及组织和协调,如表 1-1 所示。

表 1-1　业主方项目管理的任务

	设计前准备阶段	设计阶段	施工阶段	动用前准备阶段	保修期
安全管理					
投资控制					
进度控制					
质量控制					
合同管理					
信息管理					
组织和协调					

表 1-1 有 7 行和 5 列,构成业主方 35 个分块项目管理的任务。其中,安全管理是项目管理中最重要的任务,因为安全管理关系到人身的健康与安全,而投资控制、进度控制、质量控制和合同管理等则主要涉及物质的利益。

(三)施工方项目管理的目标和任务

施工方作为项目建设的一个重要参与方,其项目管理主要服务于项目的整体利益和施工方本身的利益。其项目管理的目标包括施工的成本目标、施工的进度目标和施工的质量目标。

施工方的项目管理工作主要在施工阶段进行,但它也涉及设计前准备阶段、设计阶段、动用前准备阶段和保修期。在工程实践中,设计阶段和施工阶段往往又是交叉的,因此施工方的项目管理工作也涉及设计阶段。

施工方项目管理的任务包括:①施工安全管理;②施工成本控制;③施工进度控制;④施工质量控制;⑤施工合同管理;⑥施工信息管理;⑦与施工有关的组织和协调。

任务二　项目管理的组织理论

一、系统的内涵及特点

系统的规模取决于人们对客观事物的观察方式,系统的范围可以是广泛的,从最大的宇宙到最小的粒子。一个企业、一个学校、一个科研项目或一个建设项目都可以被视作一个系统,但这些不同系统的目标不同,从而形成的组织观念、组织方法和组织手段也就会不相同,各种系统的运行方式也不同。

建设工程项目作为一个系统,它与一般的系统相比,有其明显的特征,例如:

(1)建设项目都是一次性,没有两个完全相同的项目。

(2)建设项目全寿命周期一般由决策阶段、实施阶段和运营阶段组成,各阶段的工作任务和工作目标不同,其参与或涉及的单位也不相同,它的全寿命周期持续时间长。

(3)一个建设项目的任务往往由多个,甚至很多个单位共同完成,它们的合作多数不是固定的合作关系,并且一些参与单位的利益不尽相同,甚至相对立。

因此,在考虑一个建设工程项目的组织问题,或进行项目管理的组织设计时,应充分考虑上述特征。

二、影响系统目标实现的因素

根据组织行为理论的相关结论,影响一个系统目标实现的主要因素(见图1-6)除组织外,还有以下几个方面:

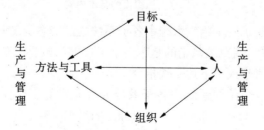

图1-6　影响系统目标实现的主要因素

(1)人的因素,包括管理人员和生产人员的数量和质量。

(2)方法与工具,包括管理的方法与工具及生产的方法与工具。

结合建设工程项目的特点,其中人的因素包括:①建设单位和该项目所有参与单位(设计、工程监理、施工、供货单位等)的管理人员的数量和质量。②该项目所有参与单位(设计、工程监理、施工、供货等)的生产人员的数量和质量。

其中,方法与工具包括:①建设单位和所有参与单位的管理的方法与工具。②所有参与单位的生产的方法与工具(设计和施工的方法与工具等)。

系统的目标决定了系统的组织,而组织是目标能否实现的决定性因素,这是组织论的一个重要结论。如果把一个建设项目的项目管理视为一个系统,其目标决定了项目管理的组织,而项目管理的组织是项目管理的目标能否实现的决定性因素,由此可见项目管理的组织的重要性。

控制项目目标的主要措施包括组织措施、管理措施、经济措施和技术措施,其中组织措施是最重要的措施。如果对一个建设工程的项目管理进行诊断,首先应分析其组织方面存在的问题。

三、组织论和组织工具

组织论是一门学科,它主要研究系统的组织结构模式、组织分工和工作流程组织(见图1-7),它是与项目管理学相关的一门非常重要的基础理论学科。

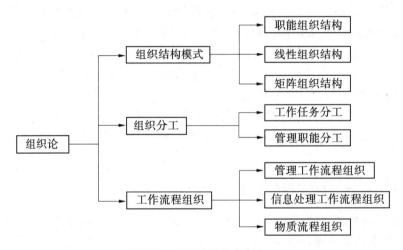

图1-7 组织论的基本内容

组织结构模式反映了一个组织系统中各子系统之间或各元素(各工作部门或各管理人员)之间的指令关系。指令关系指的是哪一个工作部门或哪一位管理人员可以对哪一个工作部门或哪一位管理人员下达工作指令。

组织分工反映了一个组织系统中各子系统或各元素的工作任务分工和管理职能分工。组织结构模式和组织分工都是一种相对静态的组织关系。

工作流程组织则可反映一个组织系统中各项工作之间的逻辑关系,是一种动态关系。图1-7所示的物质流程组织对于建设工程项目而言,指的是项目实施任务的工作流程组织。例如:设计的工作流程组织可以是方案设计、初步设计、技术设计、施工图设计,也可以是方案设计、初步设计(扩大初步设计)、施工图设计;施工作业也有多个可能的工作流程。

组织工具是组织论的应用手段,用图或表等形式表示各种组织关系,它包括:①项目结构图。②组织结构图(管理组织结构图)。③工作任务分工表。④管理职能分工表。⑤工作流程图等。

(一)组织结构模式

组织结构模式可用组织结构图来描述,组织结构图反映一个组织系统中各组成部门(组成元素)之间的组织关系(指令关系)。在组织结构图(见图1-8)中,矩形框表示工作部门,上级工作部门对其直接下属工作部门的指令关系用单向箭线表示。

组织论的三个重要的组织工具——项目结构图、组织结构图和合同结构图(见图1-9),其区别见表1-2。

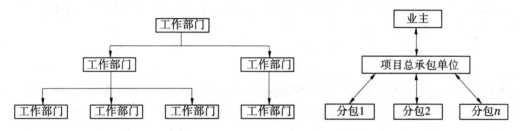

图 1-8　组织结构图　　　　　　　　　图 1-9　合同结构图

表 1-2　项目结构图、组织结构图和合同结构图的区别

	表达的含义	图中矩形框的含义	矩形框连接的表达
项目结构图	对一个项目的结构进行逐层分解,以反映组成该项目的所有工作任务(该项目的组成部分)	一个项目的组成部分	直线
组织结构图	反映一个组织系统中各组成部门(组成元素)之间的组织关系(指令关系)	一个组织系统中的组成部分(工作部门)	单向箭线
合同结构图	反映一个建设项目参与单位之间的合同关系	一个建设项目的参与单位	双向箭线

常用的组织结构模式包括职能组织结构、线性组织结构和矩阵组织结构等。这几种常用的组织结构模式既可以在企业管理中运用,也可在建设项目管理中运用。

组织结构模式反映了一个组织系统中各子系统之间或各组织元素(如各工作部门)

之间的指令关系。组织分工反映了一个组织系统中各子系统或各组织元素的工作任务分工和管理职能分工。组织结构模式和组织分工都是一种相对静态的组织关系。而工作流程组织则反映一个组织系统中各项工作之间的逻辑关系,是一种动态关系。在一个建设工程项目实施过程中,其管理工作的流程、信息处理的流程,以及设计工作、物资采购和施工的流程的组织都属于工作流程组织的范畴。

1.职能组织结构的特点及其应用

在人类历史的发展过程中,当手工业作坊发展到一定的规模时,一个企业内需要设置对人、财、物和产、供、销管理的职能部门,这样就产生了初级的职能组织结构。因此职能组织结构是一种传统的组织结构模式。在职能组织结构中,每一个职能部门可根据它的管理职能对其直接和非直接的下属工作部门下达工作指令,因此每一个工作部门可能得到其直接和非直接的上级工作部门下达的工作指令,它就会有多个矛盾的指令源。一个工作部门的多个矛盾的指令源会影响企业管理机制的运行。

在一般的工业企业中,设有人、财、物和产、供、销管理的职能部门,另有生产车间和后勤保障机构等。虽然生产车间和后勤保障机构并不一定是职能部门的直接下属部门,但是职能管理部门可以在其管理的职能范围内对生产车间和后勤保障机构下达工作指令,这是典型的职能组织结构。在高等院校中,设有人事、财务、教学、科研和基本建设等管理的职能部门(处室),另有学院、系和研究中心等教学和科研的机构,其组织结构模式也是职能组织结构,人事处和教务处等都可对学院和系下达其分管范围内的工作指令。我国多数的企业、学校、事业单位目前还沿用这种传统的组织结构模式。许多建设项目也还用这种传统的组织结构模式,在工作中常出现交叉和矛盾的工作指令关系,严重影响了项目管理机制的运行和项目目标的实现。

在图 1-10 所示的职能组织结构中,A、B1、B2、B3、C5 和 C6 都是工作部门,A 可以对B1、B2、B3 下达指令;B1、B2、B3 都可以在其管理的职能范围内对 C5 和 C6 下达指令,因此 C5 和 C6 有多个指令源,其中有些指令可能是矛盾的。

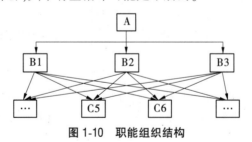

图 1-10　职能组织结构

2.线性组织结构的特点及其应用

在军事组织系统中,组织纪律非常严谨,军、师、旅、团、营、连、排和班的组织关系是指令按逐级下达,一级指挥一级和一级对一级负责。线性组织结构就是来自于这种十分严谨的军事组织系统。在线性组织结构中,每一个工作部门只能对其直接的下属部门下达工作指令,每一个工作部门也只有一个直接的上级部门,因此每一个工作部门只有唯一的指令源,避免了由于矛盾的指令而影响组织系统的运行。

在国际上,线性组织结构模式是建设项目管理组织系统的一种常用模式,因为一个建设项目的参与单位很多,少则数十,多则数百,大型项目的参与单位将数以千计,在项目实施过程中矛盾的指令会给工程项目目标的实现造成很大的影响,而线性组织结构模式可确保工作指令的唯一性。但在一个特大的组织系统中,线性组织结构模式的指令路径过长,有可能会造成组织系统在一定程度上运行的困难。在图 1-11 所示的线性组织结构中:

(1)A 可以对其直接的下属部门 B1、B2、B3 下达指令。

(2)B2 可以对其直接的下属部门 C21、C22、C23 下达指令。

(3)虽然 B1 和 B3 比 C21、C22、C23 高一个组织层次,但是 B1 和 B3 并不是 C21、C22、C23 的直接上级部门,它们不允许对 C21、C22、C23 下达指令。在该组织结构中,每一个工作部门的指令源是唯一的。

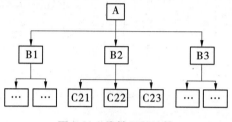

图 1-11　线性组织结构

3. 矩阵组织结构的特点及其应用

矩阵组织结构是一种较新型的组织结构模式。在矩阵组织结构中,最高指挥者(部门)下设纵向和横向两种不同类型的工作部门。纵向工作部门如人、财、物、产、供、销的职能管理部门,横向工作部门如生产车间等。一个施工企业,如采用矩阵组织结构模式,则纵向工作部门可以是计划管理部、技术管理部、合同管理部、财务管理部和人事管理部等,而横向工作部门可以是项目部(见图 1-12)。

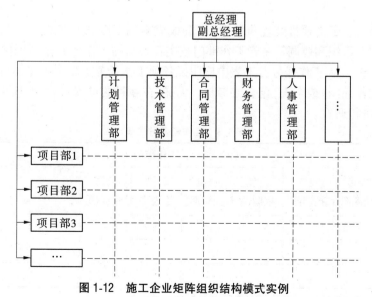

图 1-12　施工企业矩阵组织结构模式实例

如图 1-13(a)所示,在矩阵组织结构中,每一项纵向和横向交汇的工作,指令来自于纵向和横向两个工作部门,因此其指令源为两个。当纵向和横向工作部门的指令发生矛盾时,由该组织系统的最高指挥者(部门),即如图 1-13(a)所示的 A 进行协调或决策。

在矩阵组织结构中为避免纵向和横向工作部门指令矛盾对工作的影响,可以采用以纵向工作部门指令为主[见图 1-13(b)]或以横向工作部门指令为主[见图 1-13(c)]的矩阵组织结构模式,这样就可减轻该组织系统的最高指挥者(部门),即图 1-13 中 A 的协调工作量。

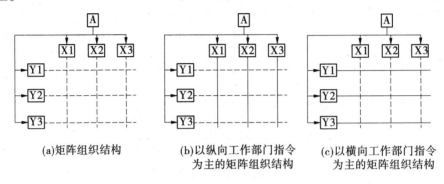

(a)矩阵组织结构　　　　(b)以纵向工作部门指令　　(c)以横向工作部门指令
　　　　　　　　　　　　　　为主的矩阵组织结构　　　　为主的矩阵组织结构

图 1-13　矩阵组织结构

(二)组织分工

1.工作任务分工

工作任务分工又称为管理任务分工,是指将不同的管理任务和职责分配给特定的管理层级或部门,以实现有效的管理。每一个工程项目都应视需要编制项目工作任务分工表。在编制项目工作任务分工表前,应结合项目的特点,对项目实施的各阶段的费用(投资或成本)控制、进度控制、质量控制、合同管理、信息管理及组织和协调等管理任务进行详细分解。

在此基础上,定义项目经理和费用(投资或成本)控制、进度控制、质量控制、合同管理、信息管理及组织和协调等主管工作部门或主管人员的工作任务,从而编制工作任务分工表(见表 1-3)。在工作任务分工表中应明确各项工作任务由哪个工作部门(或个人)负责,由哪些工作部门(或个人)配合或参与。无疑,在项目的进展过程中,应视必要对工作任务分工表进行调整。

表 1-3　工作任务分工表

工作任务	工作部门							
	项目经理部	投资控制部	进度控制部	质量控制部	合同管理部	信息管理部		

注:表格中按照参与管理工作的角色、程度填写,如主办、协办、配合等。

2. 管理职能分工

在组织论中,管理职能分工是指将管理任务和职责划分到不同的部门或岗位,以实现有效的组织管理。项目管理包括提出问题、筹划、决策、执行、检查等职能。

以某工程质量管理为例来解释管理职能分工:

(1)提出问题——质量部质检人员通过质检结果与质量标准的比较,发现质量处于失控状态。

(2)筹划——工程部分析问题,提出改进质量的多个可能方案,如增强操作人员的质量责任意识、加强人员技术培训、改变施工方法、调换施工设备等,应对多个方案进行比较。

(3)决策——技术部从上述多个可能的方案中选择一个将被执行的方案,如调换施工设备。

(4)执行——设备物资部落实施工设备的调换,工程部使用调换后的技术性能更先进的机械设备。

(5)检查——技术部检查施工设备调换的决策是否被执行,如已执行,由质量部检查执行的效果如何。

以上不同的管理职能由项目部中质量部、技术部、工程部等不同职能部门承担。如通过调换施工设备,工程质量的问题解决了,但发现新的问题,施工成本增加了,这样就进入了管理的一个新的循环:提出问题、筹划、决策、执行和检查。通过管理职能分工,不同部门或岗位专注于特定的任务和职责,以提高效率、协调和控制各项工作。同时,合理的管理职能分工还可以实现协同合作、知识分享和资源整合,为组织的长期发展和目标实现提供支持。

管理职能分工可用如表1-4的形式反映项目管理班子内部项目经理、各工作部门和各工作岗位对各项工作任务的项目管理职能分工。

表1-4　管理职能分工表

工作任务	工作部门								
	项目经理部	投资控制部	进度控制部	质量控制部	合同管理部	信息管理部			

注:表格中按照管理职能工作填写,如 P—规划;D—决策;E—执行;C—检查。

(三) 工作流程组织

1. 工作流程组织的内容

工作流程组织包括以下内容:

（1）管理工作流程组织，如投资控制、进度控制、合同管理、付款和设计变更等流程。

（2）信息处理工作流程组织，如与生成月度质量分析报告有关的数据处理流程。

（3）物质流程组织，如过水围堰堰体结构深化设计工作流程、大坝安全监测项目物资采购工作流程、重力坝溢流坝段施工工作流程等。

2．工作流程组织的任务

工作流程组织的任务，即定义具体工作的流程。每一个建设项目应根据其特点，从多个可能的工作流程方案中确定以下几个主要的工作流程组织：

（1）设计准备工作的流程。

（2）设计工作的流程。

（3）施工招标工作的流程。

（4）物资采购工作的流程。

（5）施工作业的流程。

（6）各项管理工作（投资控制、进度控制、质量控制、合同管理和信息管理等）的流程。

（7）与工程管理有关的信息处理的流程。

工作流程图应视需要逐层细化，如投资控制工作流程可细化为初步设计阶段投资控制工作流程图、施工图阶段投资控制工作流程图和施工阶段投资控制工作流程图等。

业主方和项目各参与方，如监理单位、设计单位、施工单位和供货单位等都有各自的工作流程组织的任务。

3．工作流程图

可以用图的形式表示一个组织系统中各项工作之间的逻辑关系，用以描述具体工作流程。如图1-14所示，用矩形框表示工作，箭线表示工作之间的逻辑关系，菱形框表示判别条件。图1-15表示某工程设计变更中变更意向提出、变更审查、变更的提出、变更产生费用及工期协商、变更的签发等工作的流程。

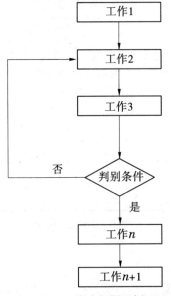

图1-14　工作流程图示例

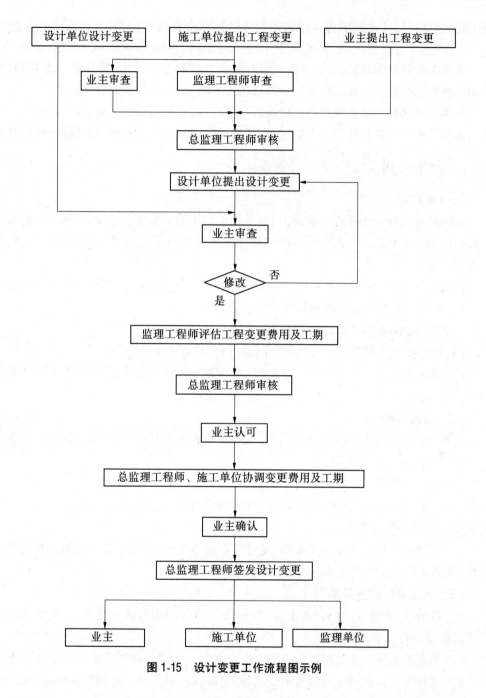

图 1-15　设计变更工作流程图示例

任务三　水利工程建设项目管理的相关规定

为进一步加强水利工程建设的行业管理,使水利工程建设项目管理逐步走上法制化、规范化的道路,保证水利工程建设的工期、质量、安全和投资效益,根据国家有关政策法规,结合水利水电行业特点,水利部组织制定了《水利工程建设项目管理规定(试行)》。

水利工程建设项目管理实行统一管理、分级管理和目标管理,逐步建立水利部、流域机构和地方水行政主管部门以及建设项目法人分级、分层次管理的管理体系。

水利工程建设项目管理严格按建设程序进行,实行全过程的管理、监督、服务。

水利工程建设推行项目法人责任制、招标投标制和建设监理制,积极推行项目管理。

一、我国水利工程建设项目管理体系

(一)水利部

水利部是国务院水行政主管部门,对全国水利工程建设实行宏观管理。水利部水利工程建设司是水利部主管水利建设的综合管理部门,在水利工程建设项目管理方面,其主要管理职责如下:

(1)贯彻执行国家的方针政策,研究制定水利工程建设的政策法规,并组织实施。

(2)对全国水利工程建设项目进行行业管理。

(3)组织和协调部属重点水利工程的建设。

(4)积极推行水利建设管理体制的改革,培育和完善水利建设市场。

(5)指导或参与省属重点大中型工程、中央参与投资的地方大中型工程建设的项目管理。

(二)流域机构

流域机构是水利部的派出机构,对其所在流域行使水行政主管部门的职责,负责本流域水利工程建设的行业管理。

(1)以水利部投资为主的水利工程建设项目,除少数特别重大项目由水利部直接管理外,其余项目均由所在流域机构负责组织建设和管理。逐步实现按流域综合规划、组织建设、生产经营、滚动开发。

(2)流域机构按照国家投资政策,通过多渠道筹集资金,逐步建立流域水利建设投资主体,从而实现国家对流域水利建设项目的管理。

(三)地区水行政主管部门

省(自治区、直辖市)水利(水电)厅(局)是本地区的水行政主管部门,负责本地区水利工程建设的行业管理。

(1)负责本地区以地方投资为主的大中型水利工程建设项目的组织建设和管理。

(2)支持本地区的国家和部属重点水利工程建设,积极为工程创造良好的建设环境。

(四)建设项目法人

水利工程项目法人对建设项目的立项、筹资、建设、生产经营、还本付息及资产保值增值的全过程负责,并承担投资风险。代表项目法人对建设项目进行管理的建设单位是项目建设的直接组织者和实施者。负责按项目的建设规模、投资总额、建设工期、工程质量,实行项目建设的全过程管理,对国家或投资各方负责。

二、实行"三项制度"改革

(一)项目法人责任制

对生产经营性的水利工程建设项目要积极推行项目法人责任制;其他类型的项目应积极创造条件,逐步实行项目法人责任制。

(1)工程建设现场的管理可由项目法人直接负责,也可由项目法人组建或委托一个组织具体负责。负责现场建设管理的机构履行建设单位职能。

(2)组建建设单位由项目主管部门或投资各方负责。

建设单位须具备下列条件:

①具有相对独立的组织形式。内部机构设置、人员配备能满足工程建设的需要。

②经济上独立核算或分级核算。

③主要行政和技术、经济负责人是专职人员,并保持相对稳定。

(二)招标投标制

由国家投资、中央和地方合资、企事业单位独资、合资及其他投资方式兴建的防洪、除涝、灌溉、发电、供水、围垦等大中型工程(包括新建、续建、改建、加固、修复)建设项目,都要实行招标投标制。

水利建设项目施工招标投标工作按国家有关规定或国际采购导则进行,并根据工程的规模、投资方式及工程特点,决定招标方式。

主体工程施工招标应具备以下必要条件:

(1)项目的初步设计已经批准,项目建设已列入计划,投资基本落实。

(2)项目建设单位已经组建,并具备应有的建设管理能力。

(3)招标文件已经编制完成,施工招标申请书已经批准。

(4)施工准备工作已满足主体工程开工的要求。

水利建设项目招标工作,由项目建设单位具体组织实施。招标管理工作权限划分如下:

(1)水利部负责招标工作的行业管理,直接参与或组织少数特别重大建设项目的招标工作,并做好与国家有关部门的协调工作。

(2)其他国家和部属重点建设项目,以及中央参与投资的地方水利建设项目的招标工作,由流域机构负责管理。

(3)地方大中型水利建设项目的招标工作,由地方水行政主管部门负责管理。

(三)建设监理制

水利工程建设,要全面推行建设监理制。水利部主管全国水利工程的建设监理工作。水利工程建设监理单位,应采用招标投标的方式确定。要加强对建设监理单位的管理,监理工程师必须持证上岗,监理单位必须持证营业。

三、其他管理制度

(一)质量管理相关制度

水利建设项目要贯彻"百年大计,质量第一"的方针,建立健全质量管理体系。

（1）水利部水利工程质量监督总站及各级质量监督机构，要认真履行质量监督职责，项目建设各方（建设、监理、设计、施工）必须接受和尊重其监督，支持质量监督机构的工作。

（2）建设单位要建立健全施工质量检查体系，按国家和行业技术标准、设计合同文件，检查和控制工程施工质量。

（3）施工单位在施工中要推行全面质量管理，建立健全施工质量保证体系，严格执行国家行业技术标准和水利部施工质量管理规定、质量评定标准。

（4）发生施工质量事故时，必须认真严肃处理。严重质量事故，应由建设单位（或监理单位）组织有关各方联合分析处理，并及时向主管部门报告。

（二）安全管理相关制度

水利工程建设必须贯彻"安全第一，预防为主"的方针。项目主管单位要加强检查、监督；项目建设单位要加强安全宣传和教育工作，督促参加工程建设的各有关单位搞好安全生产。所有的工程合同都要有安全管理条款，所有的工作计划都要有安全生产措施。

（三）信息交流管理相关制度

1. 加强水利工程建设的信息交流管理工作

积极利用和发挥中国水利学会水利建设管理专业委员会等学术团体作用，组织学术活动，开展调查研究，推动管理体制改革和科技进步，加强水利建设队伍联络和管理。

2. 建立水利工程建设情况报告制度

（1）项目建设单位定期向主管部门报送工程项目的建设情况。其中：重点工程情况应在水利部月生产协调会 5 d 前报告工程完成情况，包括完成实物工作量、关键进度、投资到位情况和存在的主要问题，月报和年报按有关统计报表规定及时报送，年报内容应增加建设管理情况总结。

（2）部属大中型水利工程建设情况，由项目建设单位定期向流域机构和水利部直接报告；地方大型水利工程建设情况，项目建设单位在报地方水行政主管部门的同时抄报水利部；各流域机构和水利（水电）厅（局）应将所属水利工程建设概况、工程进度和建设管理经验进行总结，于每年年终向水利部报告一次。

（四）建造师执业资格制度

水利施工企业要积极推行项目管理。项目管理是施工企业走向市场、深化内部改革、转换经营机制、提高管理水平的一种科学的管理方式。

施工企业要按项目管理的原理和要求组织施工，在组织结构上，实行项目经理负责制；在经营管理上，建立以经济效益为目标的项目独立核算管理体制；在生产要素配置上，实行优化配置、动态管理；在施工管理上，实行目标管理。

项目经理是项目实施过程中的最高组织者和责任者。项目经理必须按国家有关规定，经过专门培训，持证上岗。

为了加强建设工程项目管理、提高工程项目总承包及施工管理专业技术人员素质、规范施工管理行为、保证工程质量和施工安全，根据《中华人民共和国建筑法》《建设工程质量管理条例》《建设工程安全生产管理条例》和国家有关执业资格考试制度的规定，2002年，人事部和建设部联合颁发了《建造师执业资格制度暂行规定》（人发〔2002〕111 号），对从事建设工程项目总承包及施工管理的专业技术人员实行建造师执业资格制度。

注册建造师是以专业技术为依托、以工程项目管理为主的注册执业人士。注册建造师可以担任建设工程总承包或施工管理的项目负责人,从事法律、行政法规或标准规范规定的相关业务。实行建造师执业资格制度后,我国大中型工程施工项目负责人由取得注册建造师资格的人士担任,以提高工程施工管理水平,保证工程质量和安全。

任务四 水利工程建设程序

为加强水利建设市场管理,进一步规范水利工程建设程序,推进项目法人责任制、建设监理制、招标投标制的实施,促进水利建设实现经济体制和经济增长方式的两个根本性转变,根据国家有关法律、法规,水利部组织制定了《水利工程建设程序管理暂行规定》。

水利工程建设程序一般分为项目建议书、可行性研究报告、施工准备、初步设计、建设实施、生产准备、竣工验收、后评价等阶段。

一、项目建议书

项目建议书应根据国民经济和社会发展长远规划、流域综合规划、区域综合规划、专业规划,按照国家产业政策和国家有关投资建设方针进行编制,是对拟进行建设项目的初步说明。

项目建议书应按照《水利水电工程项目建议书编制暂行规定》编制。

项目建议书编制一般由政府委托有相应资格的设计单位承担,并按国家现行规定权限向主管部门申报审批。项目建议书被批准后,由政府向社会公布,若有投资建设意向,应及时组建项目法人筹备机构,开展下一建设程序工作。

二、可行性研究报告

可行性研究报告应对项目进行方案比较,在技术上是否可行和经济上是否合理进行科学的分析和论证。经过批准的可行性研究报告,是项目决策和进行初步设计的依据。可行性研究报告,由项目法人(或筹备机构)组织编制。

可行性研究报告应按照《水利水电工程可行性研究报告编制规程》编制。

可行性研究报告,按国家现行规定的审批权限报批。申报项目可行性研究报告,必须同时提出项目法人组建方案及运行机制、资金筹措方案、资金结构及回收资金的办法。

可行性研究报告经批准后,不得随意修改和变更,在主要内容上有重要变动,应经原批准机关复审同意。项目可行性报告批准后,应正式成立项目法人,并按项目法人责任制实行项目管理。

三、施工准备

项目可行性研究报告已经批准,年度水利投资计划下达后,项目法人即可开展施工准

备工作,其主要包括以下内容:

(1)施工现场的征地、拆迁。

(2)完成施工用水、电、通信、路和场地平整等工程。

(3)必需的生产、生活临时建筑工程。

(4)实施经批准的应急工程、试验工程等专项工程。

(5)组织招标设计、咨询、设备和物资采购等服务。

(6)组织相关监理招标,组织主体工程招标准备工作。

工程建设项目施工,除某些不适应招标的特殊工程项目(须经水行政主管部门批准)外,均须实行招标投标。

水利工程建设项目的招标投标,按有关法律、行政法规和《水利工程建设项目招标投标管理规定》等规章规定执行。

四、初步设计

初步设计是根据批准的可行性研究报告和必要而准确的设计资料,对设计对象进行通盘研究,阐明拟建工程在技术上的可行性和经济上的合理性,规定项目的各项基本技术参数,编制项目的总概算。初步设计任务应择优选择有项目相应资格的设计单位承担,依照有关初步设计编制规定进行编制。

初步设计报告应按照《水利水电工程初步设计报告编制规程》编制。

初步设计文件报批前,一般须由项目法人对初步设计中的重大问题组织论证。设计单位根据论证意见,对初步设计文件进行补充、修改、优化。初步设计由项目法人组织审查后,按国家现行规定权限向主管部门申报审批。

设计单位必须严格保证设计质量,承担初步设计的合同责任。初步设计文件经批准后,主要内容不得随意修改、变更,并作为项目建设实施的技术文件基础。如有重要修改、变更,须经原审批机关复审同意。

五、建设实施

建设实施是指主体工程的建设实施,项目法人按照批准的建设文件,组织工程建设,保证项目建设目标的实现。

水利工程具备《水利工程建设项目管理规定(试行)》规定的开工条件后,主体工程方可开工建设。项目法人或者建设单位应当自工程开工之日起15个工作日内,将开工情况的书面报告报项目主管单位和上一级主管单位备案。

项目法人要充分发挥建设管理的主导作用,为施工创造良好的建设条件。项目法人要充分授权工程监理,使之能独立负责项目的建设工期、质量、投资的控制和现场施工的组织协调。监理单位选择必须符合《水利工程建设监理规定》的要求。

要按照"政府监督、项目法人负责、社会监理、企业保证"的要求,建立健全质量管理体系,对于重要建设项目,须设立质量监督项目站,行使政府对项目建设的监督职能。

六、生产准备

生产准备是项目投产前所要进行的一项重要工作,是建设阶段转入生产经营的必要条件。项目法人应按照建管结合和项目法人责任制的要求,适时做好有关生产准备工作。

生产准备应根据不同类型的工程要求确定,一般应包括如下主要内容:

(1)生产组织准备。建立生产经营的管理机构及相应管理制度。

(2)招收和培训人员。按照生产运营的要求,配备生产管理人员,并通过多种形式的培训,提高人员素质,使之能满足运营要求。生产管理人员要尽早介入工程的施工建设,参加设备的安装调试,熟悉情况,掌握好生产技术和工艺流程,为顺利衔接基本建设和生产经营阶段做好准备。

(3)生产技术准备。主要包括技术资料的汇总、运行技术方案的制定、岗位操作规程制定和新技术准备。

(4)生产的物资准备。主要是落实投产运营所需要的原材料、协作产品、工器具、备品备件和其他协作配合条件的准备。

(5)正常的生活福利设施准备。

在生产准备阶段中,应及时具体落实产品销售合同协议的签订,提高生产经营效益,为偿还债务和资产的保值增值创造条件。

七、竣工验收

竣工验收是工程完成建设目标的标志,是全面考核基本建设成果、检验设计和工程质量的重要步骤。竣工验收合格的项目即从基本建设转入生产或使用。

当建设项目的建设内容全部完成,并经过单位工程验收(包括工程档案资料的验收),符合设计要求并按《水利基本建设项目(工程)档案资料管理暂行规定》的要求完成了档案资料的整理工作,完成竣工报告、竣工决算等必需文件的编制后,项目法人按《水利工程建设项目管理规定(试行)》规定,向验收主管部门提出申请,根据国家和部颁验收规程组织验收。

竣工决算编制完成后,须由审计机关组织竣工审计,其审计报告作为竣工验收的基本资料。

工程规模较大、技术较复杂的建设项目可先进行初步验收。不合格的工程不予验收;有遗留问题的项目,对遗留问题必须有具体处理意见,且有限期处理的明确要求并落实责任人。

八、后评价

建设项目竣工投产后,一般经过1~2年生产运营后,要进行一次系统的项目后评价,主要包括以下内容:

影响评价——项目投产后对各方面的影响进行评价。

经济效益评价——对项目投资、国民经济效益、财务效益、技术进步和规模效益、可行性研究深度等进行评价。

过程评价——对项目的立项、设计施工、建设管理、竣工投产、生产运营等全过程进行评价。

项目后评价一般按三个层次组织实施,即项目法人的自我评价、项目行业的评价、计划部门(或主要投资方)的评价。

建设项目后评价工作必须遵循客观、公正、科学的原则,做到分析合理、评价公正。通过建设项目的后评价以达到肯定成绩、总结经验、研究问题、吸取教训、提出建议、改进工作、不断提高项目决策水平和投资效果的目的。

【拓展训练】

背景资料:象达水电站为苏帕河"一库五级"梯级规划的第二级电站。电站为引水式开发,坝址位于龙陵县龙新乡大哨村附近。厂房位于象达乡麻栗田村附近,坝址和厂房均有沥青、弹石路面的公路通过,至龙陵县黄草坝与 320 国道相连,坝址至保山约 166 km,厂房至保山约 184 km,坝址至昆明约 711 km,交通条件便利。工程设计施工总工期为 40 个月,其中工程准备期 4 个月,主体工程施工期 33 个月,工程完建期 3 个月。工程静态总投资约 27 836.22 万元,动态总投资约 29 672.03 万元,静态单位投资约 6 959 元/kW,经营期上网电价为 0.201 6 元/(kW·h)。

象达水电站由云南省电力投资有限公司控股的云南保山苏帕河水电开发有限公司(简称苏帕河公司)负责开发。同时,苏帕河公司还负责开发苏帕河流域的茄子山水电站(龙头水库)、乌泥河水电站(三级)、阿鸠田水电站(四级)等梯级电站。

根据项目建设目标和实际条件,试为象达水电站建设项目选择合适的组织结构模式。

解答:在选择管理组织结构时,应充分考虑项目的具体情况、项目组织结构的优缺点、项目所处的环境和项目的目标等因素,为项目选择一个较为合理、科学的组织结构。

在进行象达水电站项目组织结构设置时,主要考虑以下要求:

(1)项目组织的主要目的。象达水电站项目组织机构的主要目的是负责象达水电站建设过程中的协调、管理、服务等工作,确保电站的质量目标、工期目标和成本目标。

(2)象达水电站工程是一个专业技术要求很高的水电工程,引水隧洞长,工程地质条件复杂。

(3)在象达水电站开工建设的同时,苏帕河公司其他两个梯级阿鸠田水电站在收尾、乌泥河水电站在建。

(4)象达水电站装机容量 4 万 kW,属中小型电站。但投资规模较大,静态总投资约 27 836.22 万元,动态总投资约 29 672.03 万元。

综合考虑,最终选择矩阵组织结构,由苏帕河公司抽调各职能部门人员组成象达水电站项目部负责管理象达水电站施工,如图 1-16 所示。

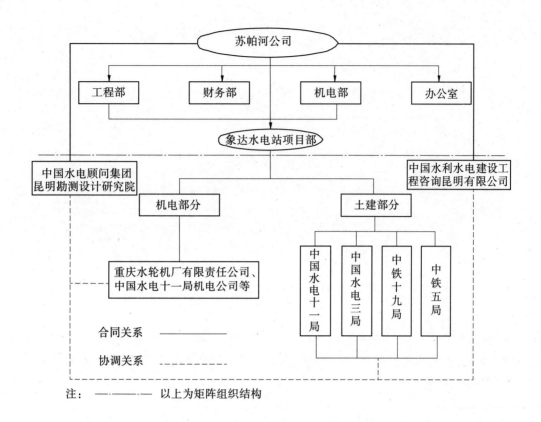

注： ————— 以上为矩阵组织结构

图 1-16　象达水电站工程建设管理组织结构

项目二
进度管理

主要内容

- ❁ 进度管理概述
  - ❁ 双代号网络图的绘制
    - ❁ 双代号网络图时间参数的确定
- ❁ 项目进度计划编制
  - ❁ 项目进度计划优化
    - ❁ 进度控制

水利工程项目管理

【知识目标】

理解进度管理工作的职能内容;掌握进度计划的形式、特点及选择;掌握双代号网络图的绘制及时间参数计算方法;掌握双代号网络计划的优化方法;掌握进度计划检查、评价、分析的方法;掌握进度计划调整的方法及措施;了解 BIM 技术在进度管理中的应用。

【技能目标】

能对具体水利工程建设项目的进度管理工作进行组织部署;能针对管理实际需要选择合适的进度计划;能根据工作逻辑关系正确绘制双代号网络图;能正确计算出双代号网络图的时间参数,并进行网络图的优化;能组织具体工程项目的进度检查、评价分析;能灵活采取有效措施进行进度计划的调整。

【素质目标】

具有细致严谨的工作态度,严格按照进度计划的编制原则和要求进行操作;具有批判性思维,自觉对编制的进度计划进行反复优化;具有创新精神,以及独立分析问题和解决问题的能力。

【导入案例】

《梦溪笔谈》记载,北宋真宗年间,皇宫失火,整个皇宫变成废墟,大臣丁谓受命修复宫殿。这在当时绝对是一个大工程,可以说非常具有挑战性。

丁谓领旨后,既不胆怯却步,也不骄矜自持,而是扎扎实实地探求建筑材料的来源,对工地进行详细的实地巡察,广泛收集古今有关建筑资料,综合征集人力、物力、财力、百工技艺,制定出一套最佳的施工方案,选定黄道吉日,鸣炮开工。丁谓微服布履,亲临工地,指挥施工。

根据丁氏施工方案,第一步:丁谓将皇宫前的大街开挖成一条大沟,取土烧砖、烧瓦。第二步:把京城附近的汴水引进大沟内,使运送建筑材料的船只直抵皇宫前。第三步,把废弃的砖瓦和废土填入沟内,然后修复原来的大街,这一统筹施工安排,可谓"举一役而三得"。由此一来,原本预计 15 年完工的浩大工程,在丁谓主持之下只用了 7 年就完工了。

丁谓这个超常规的设想,不仅大大节省了人力、物力和财力,而且提高了劳动效率,更好地保证了施工质量。最终工程结算,节省了亿万两银子。真宗及众臣赞叹不已。

任务一　进度管理概述

一、工程项目进度管理的概念

进度通常是指工程项目实施结果的进展情况,在工程项目实施过程中要消耗时间(工期)、劳动力、材料、成本等才能完成项目的任务。当然,项目实施结果应该以项目任务的完成情况,主要是项目的可交付成果数量来表达。但由于工程项目对象系统(技术系统)的复杂性,常常很难选定一个恰当的、统一的指标来全面反映工程的进度。

在现代工程项目管理中,人们已赋予进度以综合的含义,它将工程项目任务、工期和成本有机地结合起来,形成一个综合的指标,能全面反映项目的实施状况。进度管理已不仅仅是传统意义上的时间(工期)管理,它还将工期与实物工程量、成本、资源消耗等统一起来。

项目进度管理,是指在项目实施过程中,对项目各阶段的进展程度和最终完成的期限所进行的管理,其目的是保证项目能在满足其时间约束条件的前提下实现其总体目标。项目进度管理是项目管理的一个重要方面,它与项目成本管理、质量管理等同为项目管理的重要组成部分。它是保证项目如期完成或合理安排资源供应、节约工程成本的重要措施之一。

项目的进度目标与成本目标和质量目标之间是对立统一的关系。一般说来,加快项目实施进度就要增加项目成本,但项目提前完成又可能提高投资效益;严格控制质量标准就可能会影响项目实施进度、增加项目成本,但严格的质量控制又可避免返工,从而防止项目进度计划的拖延和成本的浪费。这三大目标是相互关联、相互制约的,不能只片面地强调某一方面的管理,而是要相互兼顾、相辅相成,这样才能真正实现项目管理的总目标。行业内已形成共识,即质量是根本,成本(投资)是关键,进度是核心,而合同管理是依据。

二、工程项目进度管理的内容

根据《项目管理知识体系指南》,项目进度管理包括为管理项目按时完成所需的各个过程:

(1)规划进度管理——为规划、编制、管理、执行和控制项目进度而制定政策、程序和文档的过程。

(2)定义活动——识别和记录为完成项目可交付成果而须采取的具体行动的过程。

(3)排列活动顺序——识别和记录项目活动之间的关系的过程。

(4)估算活动持续时间——根据资源估算的结果,估算完成单项活动所需工作时段数的过程。

(5)制定进度计划——分析活动顺序、持续时间、资源需求和进度制约因素,创建项目进度模型,从而落实项目执行和监控的过程。

(6)控制进度——监督项目状态,以更新项目进度和管理进度基准变更的过程。

在此基础上,一些学者将项目进度管理内容概括为两大部分,即项目进度计划的编制和项目进度计划的控制。

其中,项目进度计划的编制包括以下内容:

(1)信息资料收集。为保证项目进度计划的科学性和合理性,在编制进度计划前,必须收集真实、可信的信息资料,作为编制进度计划的依据。这些信息资料包括项目背景、项目实施条件、项目实施单位、人员数量和技术水平、项目实施各个阶段的定额规定,等等。如建设项目,在编制其工程建设总进度计划前,一定要掌握项目开工及投产的日期,项目建设的地点及规模,设计单位各专业人员的数量、工作效率、类似工程规划、设计情况,现有施工单位资质等级、技术装备、施工能力、对类似工程的施工状况及国家有关部门颁发的各种有关定额等资料。

(2)项目工作分解。根据项目进度计划的种类、项目完成阶段的分工、项目进度控制精度的要求及完成项目单位的组织形式等情况,将整个项目分解成一系列相互关联的基本活动,这些基本活动在进度计划中通常也被称为工作。

(3)工作时间估算。在项目工作分解完毕后,根据每个工作相应工作量的大小、投入资源的多少及完成该工作的条件限制等因素,估算出完成每个工作所需的时间。

(4)项目进度计划编制。在前面工作的基础上,根据项目各项工作完成的先后顺序要求和组织方式等条件,通过分析计算,将项目完成的时间、各项工作的先后顺序、期限等要素用图表形式表示出来,这些图表即为项目进度计划。

而项目进度计划控制,是指项目进度计划编制以后,在项目实施过程中,对实施进展情况进行检查、对比、分析、调整,以确保项目进度计划总目标得以实现的活动,也称为进度控制。

三、项目进度计划的类别与相互关系

根据管理需要,建设工程项目进度计划可分为以下几种类型:

(1)按深度层次。总进度计划(规划)、单位工程进度计划、分部工程进度计划等。

(2)按计划功能。控制性进度计划、指导性进度计划和实施性进度计划。

(3)由参与项目的各方编制的进度计划。业主方总控制计划进度计划、设计进度计划、施工和设备安装进度计划、采购和供货进度计划等。

(4)按计划周期。某年建设进度计划、年度计划、季度计划、月度计划和旬计划等。

四、项目进度计划的形式

建设工程进度计划的表示方法有横道图、工程进度曲线、形象进度图、进度里程碑计划、网络图等,常用的有横道图和网络图两种表示方法。

(一)横道图

横道图也称为甘特图,是美国人甘特(Henry L. Gantt)于1917年提出的,是20世纪计划领域从文字叙述到直观图形描述计划的一个飞跃。由于其简单、明了、直观,易于编制和理解,因此长期以来被广泛应用于建设工程进度计划的编制。

图2-1所示即为用横道图表示的某混凝土基础工程的施工进度计划。用横道图表示的建设工程进度计划,一般包括两个基本部分,即左侧的工作基本信息和右侧的工作持续时间及横道线部分。

用横道图表示建设工程进度计划有以下特点。

1. 优点

(1)能清晰地表示出各项工作的开始时间、结束时间和持续时间。

(2)一目了然,易于理解,能够为各层次的人员(上至决策指挥者,下至基层操作人员)所掌握和运用。

2. 缺点

(1)不能明确地反映出各项工作之间的相互关系。在计划执行过程中,某些工作的进度提前或拖延时,不便于分析其对其他工作及总工期的影响程度。

(2)不能明确地反映出影响工期的关键工作和关键线路,不便于进度控制人员抓住

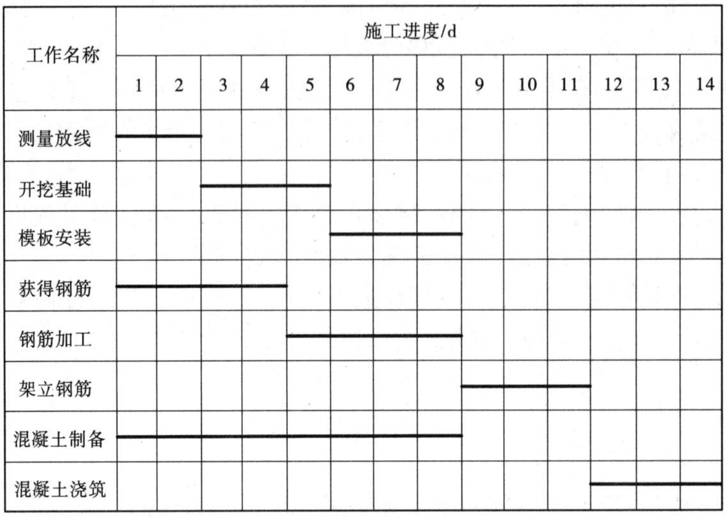

工作名称	施工进度/d													
	1	2	3	4	5	6	7	8	9	10	11	12	13	14
测量放线														
开挖基础														
模板安装														
获得钢筋														
钢筋加工														
架立钢筋														
混凝土制备														
混凝土浇筑														

图 2-1　某混凝土基础工程施工进度计划横道图

主要矛盾。

（3）不能反映出各项工作所具有的机动时间，不便于施工进度管理和资源调配。

（4）常用于人工编制，难以适应大型进度计划系统；计划调整只能用手工方式进行，其工作量较大。

横道图也可将工作简要说明直接放在横道上。可将最重要的逻辑关系标注在内，但是，如果将所有逻辑关系均标注在图上，则横道图简洁性的最大优点将丧失。

横道图用于小型项目或大型项目的子项目上，或用于计算资源需要量和概要预示进度，也可用于其他计划技术的表示结果。

（二）工程进度曲线

一般进度控制是利用施工进度表来执行的，但横道图形式的进度表在计划与实际的对比上，很难准确地表示出实际进度较计划进度超前或延迟的程度。为了准确掌握工程进度状况，有效地进行进度控制，可利用工程进度曲线。

工程进度曲线图一般用横轴代表工期，纵轴代表工程完成数量或施工量的累计值。将有关数据表示在坐标纸上，就可确定出工程进度曲线。把计划进度曲线与实际工程进度曲线相比较，则可掌握工程进度情况并利用它来控制施工进度。工程进度曲线的切线斜率即为施工进度速度。

（1）在固定施工机械和劳动力条件下，若对施工进行适当的管理控制，无任何偶发的时间损失，能以正常施工速度进行，则工程每天完成的数量保持一定。这时其工程进度曲线呈直线形，见图 2-2。

（2）在施工初期由于施工准备、施工临时设施、工作面较少等，施工后期由于工程收尾、验收等，施工速度一般较施工高峰期要慢。每天完成数量通常自初期至中期呈递增趋势，由中期至末期呈递减趋势。施工进度曲线一般呈 S 形，见图 2-3。其反曲点（拐点）发生在每天完成数量的高峰期。

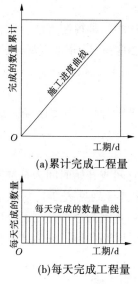

(a)累计完成工程量

(b)每天完成工程量

图2-2 每天施工强度固定的施工进度曲线

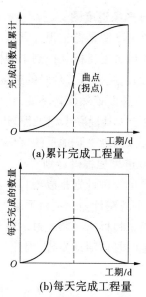

(a)累计完成工程量

(b)每天完成工程量

图2-3 每天施工强度不同的施工进度曲线

工程进度曲线上某点的切线斜率表示该时刻(该点横坐标)的施工强度。斜率越大表示日完成的工程量越大,相应的施工机械和劳动力在工程上投入越高。

施工进度曲线主要适用于有工程量工作的进度计划与控制,其主要作用为:①计划进度与实际进度的对比分析;②判断工程量偏差和时间偏差;③预测未来的进度。

图2-4中,a点表示实际进度比计划进度提前,提前的工程量为Δy_a,提前的时间为Δt_a;b点表示实际进度与计划进度一致;c点表示实际进度落后于计划进度,落后的工程量为Δy_c,落后的时间为Δt_c。如果在施工资源(人力、设备)和施工方法不发生变化的情况下,实际施工速度和计划施工速度应当一致。因此,从c点起,重新绘制的余留工作的S形工程进度曲线与计划施工进度曲线平行,据此可对工期进行预测。从图2-4中可见,如果按照原计划施工,工期预计拖后ΔT。要说明的是,如果实际工作环节复杂,进度复杂时刻的后续工作客观上不可能以均衡的施工强度施工,就不能采用上述切线分析方法来预测工期进展情况。

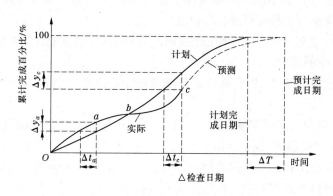

图2-4 工程进度曲线分析示意图

(三) 形象进度图

形象进度图是把工程计划以建筑物形象进度来表达的一种控制方法。这种方法直接将工程项目进度目标和控制工程标注在工程形象图的相应部位,非常直观,进度计划一目了然,特别适用于施工阶段的进度控制。此法修改调整计划也极为简便,只需修改日期、进程,而形象图依然保持不变。

图 2-5 为某混凝土坝工程某时间节点施工形象进度图,坝体施工已经完成和未完成的情况可以清晰直观地反映在图中。

(四) 进度里程碑计划

进度里程碑计划是以项目中某些重要事件的完成时间或开始时间为基准所形成的计划,是一个战略计划或项目框架。某隧洞工程进度里程碑计划见表 2-1,它显示了工程项目实现完工目标所必须经过的重要条件和中间状态序列。因为这种计划不反映具体实现工期目标的具体活动安排,因此一般适用于项目的概念性计划阶段,并为详细计划编制提供依据。

表 2-1　某隧洞工程进度里程碑计划(月-日)

里程碑事件	1 月	2 月	3 月	4 月	…	11 月	12 月
开工	01-15						
洞口完成		02-10					
隧洞贯通						09-30	
衬砌完成							12-05

(五) 网络图

网络图(也称网络计划)是在横道图计划基础上改进而来的。由于横道图不能表示出工作之间的逻辑关系,相应在实际使用时会造成以下诸多不便:

(1)现代工程规模越来越大,环节十分复杂,且每一专业的技术问题越来越深。使用横道图计划,既不便于项目实施的总体工作协调,又无法较大程度地使用电子计算机进行计划的自动化管理。

(2)使用横道图计划不能预先明确哪些是控制工程工期的关键工作,哪些工作的机动时间大,这不便于施工进度管理和资源调配。

(3)在计划实施过程中,若一项工作提前或拖后完成,横道图计划不能准确地给出这一结果对后续工作的影响。

(4)使用横道图计划,无法准确计算工期索赔中的工期延长以及处理其他工期调整问题。

针对横道图存在的以上问题,美国兰德公司与杜邦公司合作对横道图加以改进,于1956 年提出了关键线路法,成为网络计划技术的基础。网络计划能够准确表示工作之间的逻辑关系,明确给出控制工期的关键工作并确定出非关键工作机动时间的大小。在计划实施过程中,可以准确判断出工作进度提前或拖延对工程工期及后续工作的影响。

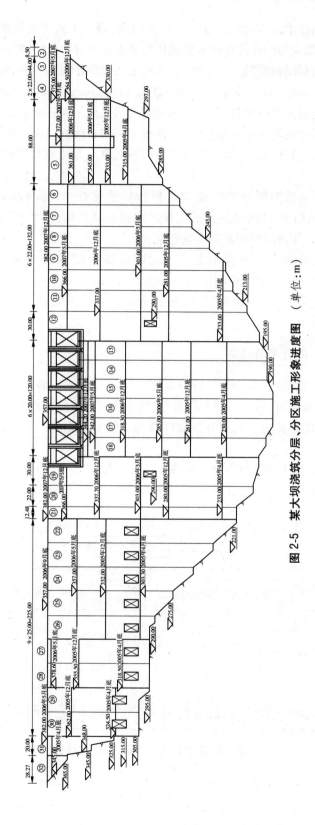

图 2-5　某大坝浇筑分层、分区施工形象进度图　（单位：m）

网络计划技术自 20 世纪 50 年代产生以来,得到了世界各国的普遍重视,在研究深度、广度和实践应用的普及程度方面都得到了很大发展。目前,网络计划技术的研究与应用领域主要包括确定型网络计划技术、非确定型网络计划技术和随机型网络计划技术。

(1)确定型网络计划技术主要指关键线路法(critical path method,CPM),其特点是:每项工作具有肯定的持续时间,即要求确切地估计出完成各项工作所需的时间;各项工作之间相互联系的逻辑关系也是明确的、肯定的。代表性的网络计划形式有双代号网络图、单代号网络图、搭接网络图等。本书在后续篇幅重点介绍双代号网络图绘制及使用相关内容。

(2)非确定型网络计划技术主要指计划评审技术(program evaluation and review technique,PERT),其特点是:各项工作之间相互联系的逻辑关系是明确的、肯定的,但是,计划中的工作持续时间具有不确定性。

(3)随机型网络计划技术主要包括图示评审技术(graphic evaluation and review technique,GERT)和风险评审技术(venture evaluation and review technique,VERT),其特点是:计划中不仅工作的持续时间具有不确定性,而且各项工作之间相互联系的逻辑关系也是不确定的。

五、项目的工作分解

工程项目施工进度计划控制采用的是系统工程方法。编制进度计划的第一步是"工作分解(work breakdown)",即把要编计划的工程对象分解为既互相联系又互相制约的多个子系统,工作分解的方法和有关软件称为工作分解系统(work breakdown system,简称WBS)。

WBS 要根据工程项目管理和网络计划的要求,并视工程项目的具体情况决定分解的层次和任务范围。WBS 的成果可用如图 2-6 所示的工作分解结构图(或表)及分解说明表达。

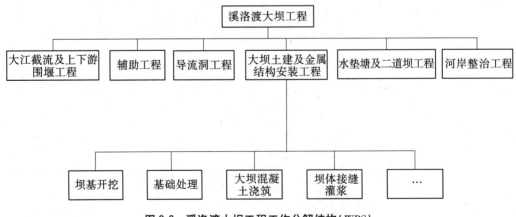

图 2-6　溪洛渡大坝工程工作分解结构(WBS)

任务二 双代号网络图的绘制

一、双代号网络图的组成

根据《网络计划技术 第 1 部分:常用术语》(GB/T 13400. 1—2012),双代号网络图是以箭线及其两端节点的编号表示工作的网络图,如图 2-7 所示。之所以称为双代号网络图,也可以理解为每个工作可以由两个代号,即该工作首尾两端节点的编号表示。如图 2-7 中,我们可以将 A 工作称为 1—2 工作,将 E 工作称为 4—5 工作。

(一)箭线(工作)

工作是泛指一项需要消耗人力、物力和时间的具体活动过程,也称为工序、活动或作业。双代号网络图中,用箭线表示实际工程中的具体工作。箭线的箭尾节点表示该工作的开始,箭线的箭头节点表示该工作的完成。工作名称可标注在箭线的上方,完成该项工作所需要的持续时间可标注在箭线的下方,如图 2-8 所示。

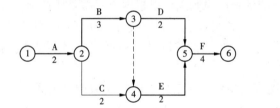

图 2-7 双代号网络图 (单位:d)　　　图 2-8 双代号网络图工作的表示方法

在双代号网络图中,任意一条实箭线表示的工作都要占用时间,并多数要消耗资源。在建设工程中,一条箭线表示项目中的一个施工过程,它可以是一道工序、一个分项工程、一个分部工程或一个单位工程,其粗细程度和工作范围的划分根据计划任务的需要确定。

在双代号网络图中,为了正确地表达图中工作之间的逻辑关系,往往需要应用虚箭线。因为我们用实箭线表示实际工作,所以把这些虚箭线称为虚工作。虚箭线对应的虚工作在实际工程中并不存在,故它们既不占用时间,也不消耗资源,一般起着工作之间的联系、区分和断路三个作用。

(1)联系作用是指应用虚箭线正确表达工作之间前后的逻辑关系。

(2)区分作用是指双代号网络图中每一项工作都必须用一条箭线和两个代号表示,若两项工作的代号相同,应使用虚工作加以区分,如图 2-9 所示。图 2-9(a)中 A、B 工作的双代号表示都是 1—2 工作,表述上存在区分不清的问题;需要如图 2-9(b)这样增加一个节点,进而连接这些节点时需要增加一条箭线,该箭线不代表任务实际工作,所以用虚箭线表示。

(3)断路作用是用虚箭线断掉多余联系,即在网络图中把无联系的工作连接上时,应加

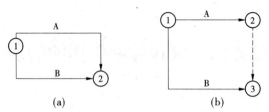

(a)　　　　　　　(b)

图 2-9　虚工作的区分作用

上虚工作将其断开。如图 2-10 中的虚工作 4—5,它的作用除联系 C、G 工作,区分 C、D 工作外,还起到将 E、F 工作断开的作用;如果没有该虚工作,E、F 两工作会建立联系,F 工作需要等到 E 工作结束之后才能开始,而实际的工作关系中,E、F 工作并无紧前紧后的逻辑关系。

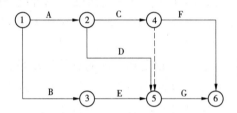

图 2-10　虚工作的断路作用

在无时间坐标的双代号网络图中,箭线的长度原则上可以根据绘图需要任意画,其占用的时间以箭线下方标注的时间参数为准。箭线可以表现为直线、折线或斜线,但其行进方向均应从左向右。在有时间坐标的网络图中,箭线的长度必须根据完成该工作所需持续时间的长短按比例对照时间坐标来绘制。

在双代号网络图中,通常用"紧前—紧后"关系表达工作之间的先后顺序关系。紧排在本工作之前的工作称为紧前工作,紧排在本工作之后的工作称为紧后工作。与本工作平行进行的工作称为平行工作。

(二) 节点

节点是网络图中箭线之间的连接点。在时间上节点表示指向某节点的工作全部完成后该节点后面的工作才能开始的瞬间,它反映前后工作的交接点。网络图中有三个类型的节点。

1. 起点节点

起点节点是网络图的第一个节点,它只有外向箭线(由节点向外指的箭线),一般表示一项任务或一个项目的开始,也称为开始节点。

2. 终点节点

终点节点是网络图的最后一个节点,它只有内向箭线(指向节点的箭线),一般表示一项任务或一个项目的完成,也称为完成节点或结束节点。

3. 中间节点

中间节点是网络图中既有内向箭线,又有外向箭线的节点。

双代号网络图中,节点起到联系"紧前—紧后"工作的作用,也可以理解为某一具体时刻。例如,相关节点表示三峡工程的开工日期——1994 年 12 月 14 日,大江截流日期——1997 年 11 月 8 日等。因此,工程项目建设中常有里程碑节点、关键时间节点等说法。

节点应用圆圈表示,并在圆圈内标注编号。

(三)线路

网络图中从起始节点开始,沿箭头方向顺序通过一系列箭线与节点,最后达到终点节点的通路称为线路。在一个网络图中可能有很多条线路,线路中各项工作持续时间之和就是该线路的长度,即线路所需要的时间。一般网络图有多条线路,可依次用该线路上的节点代号来记述,如图2-7中的线路有三条线路,分别是A、B、D、F,A、B、E、F和A、C、E、F(或1—2—3—5—6和1—2—3—4—5—6和1—2—4—5—6)。

在各条线路中,有一条或几条线路的总时间最长,称为关键线路,一般用双线或粗线标注。其他线路长度均小于关键线路,称为非关键线路。在图2-7中,线路1—2—3—5—6和1—2—3—4—5—6的总时间都是11 d,即该两条线路都是关键线路,而1—2—4—5—6为非关键线路。

工期由关键线路的总时间决定,想要压缩工程的工期,需要压缩关键线路上工作(关键工作)的持续时间,而压缩非关键线路上工作(非关键工作)持续时间对缩短工程工期没有作用。如图2-7的网络图中,压缩C工作(2—4工作)持续时间,总工期并不能缩短。

(四)逻辑关系

网络图中工作之间相互制约或相互依赖的关系称为逻辑关系,它包括工艺关系和组织关系,在网络图中均表现为工作之间的先后顺序。

1.工艺关系

生产性工作之间由工艺过程决定,非生产性工作之间由工作程序决定先后顺序称为工艺关系。工艺关系一般是由施工客观规律所决定的、不能违背的,例如在水利工程建设中要先修建导流泄水建筑物,具备过水条件之后才能截流,导流泄水建筑物的修建和截流这两项工作就属于工艺的逻辑关系。

2.组织关系

工作之间由于组织安排需要或资源(人力、材料、机械设备和资金等)调配需要而确定的先后顺序关系称为组织关系。不同的考虑角度,在工作组织上会得到工作之间不同的先后顺序安排。例如,采用分期围堰法导流时,先围护左岸基坑还是右岸基坑,需要根据左右两岸的交通条件、基坑内建筑物产生效益的时间需求等因素综合考虑。无论先围护哪一岸,在施工技术上一般都能实现,只是最终得到的经济效益等结果不一样。也就是说,由组织关系所决定的先后顺序一般是可以改变的。

网络图必须正确地表达整个工程或任务的工艺流程和各工作开展的先后顺序,以及它们之间相互依赖和相互制约的逻辑关系。因此,绘制网络图时必须遵循一定的基本规则和要求。

二、绘图规则

(1)双代号网络图必须正确表达已确定的逻辑关系。网络图中常见的各种工作逻辑关系的表示方法见表2-2。

表 2-2　双代号网络图逻辑关系表达

序号	工作之间的逻辑关系	网络图中的表示方法	说明
1	A、B 两项工作依次施工		A 制约 B 的开始,B 依赖 A 的结束
2	A、B、C 三项工作同时开始施工	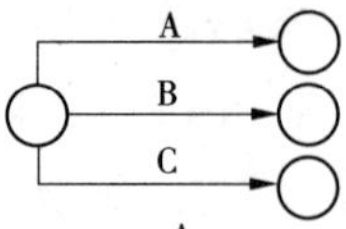	A、B、C 三项工作为平行施工方式
3	A、B、C 三项工作同时结束	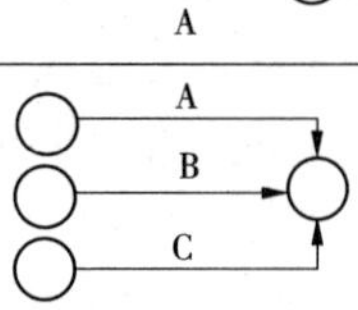	A、B、C 三项工作为平行施工方式
4	A、B、C 三项工作,A 结束后,B、C 才能开始	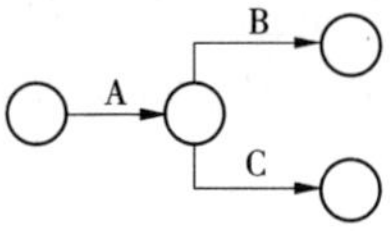	A 制约 B、C 的开始,B、C 依赖 A 的结束,B、C 为平行施工
5	A、B、C 三项工作,A、B 结束后,C 才能开始	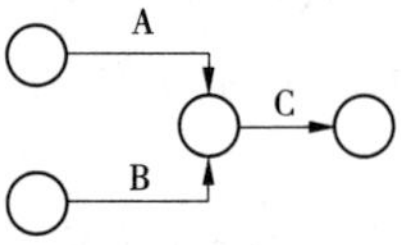	A、B 为平行施工,A、B 制约 C 的开始,C 依赖 A、B 的结束
6	A、B、C、D 四项工作,A、B 结束后,C、D 才能开始	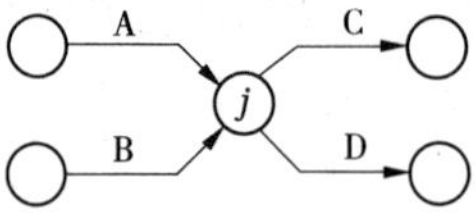	引出节点 j 正确地表达了 A、B、C、D 之间的关系
7	A、B、C、D 四项工作,A 完成后,C 才能开始,A、B 完成后,D 才能开始	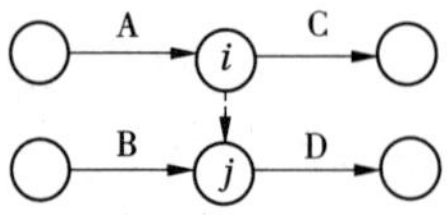	引出虚工作 i---▶j 正确地表达它们之间的逻辑关系
8	A、B、C、D、E 五项工作,A、B、C 完成后,D 才能开始,B、C 完成后,E 才能开始	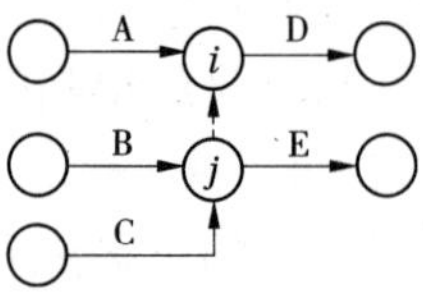	引出虚工作 i---▶j 正确地表达它们之间的逻辑关系
9	A、B、C、D、E 五项工作,A、B 完成后,C 才能开始,B、D 完成后,E 才能开始	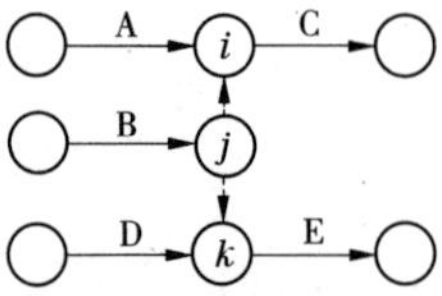	从 B 工作结束节点分别引出虚工作与 A、D 工作结束节点连接

(2)在双代号网络图中,不允许出现循环回路。所谓循环回路,是指从网络图中的某一个节点出发,顺着箭线方向又回到了原来出发点的线路,如图 2-11 所示。

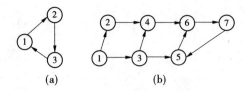

图 2-11 双代号网络图绘制错误问题——循环回路

(3)双代号网络图中,在节点之间不能出现带双向箭头或无箭头的连线,如图 2-12 所示。

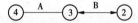

图 2-12 双代号网络图绘制错误问题——存在双向箭头或无箭头的连线

(4)双代号网络图中,不能出现没有箭头的节点或没有箭尾节点的箭线,如图 2-13 所示。

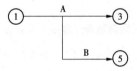

图 2-13 双代号网络图绘制错误问题——存在没有箭尾节点的箭线

(5)当双代号网络图的开始节点、结束节点有多条外向箭线或多条内向箭线时,为使图形简洁,可使用母线法绘制(但应满足一项工作用一条箭线和相应的首尾两个节点表示),如图 2-14 所示。

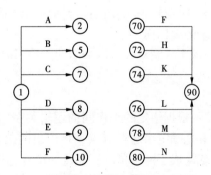

图 2-14 母线法绘图

(6)绘制网络图时,箭线不宜交叉。当交叉不可避免时,可用过桥法、隐交法或指向圈法表示,如图 2-15 所示。

(7)双代号网络图中应只有一个开始节点和一个终点节点(多目标网络计划除外),而其他所有节点均应是中间节点,错误示例见图 2-16。

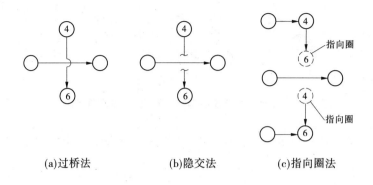

(a)过桥法   (b)隐交法   (c)指向圈法

图 2-15　箭线交叉时的处理方法

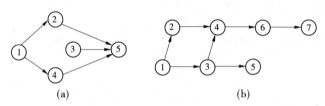

(a)   (b)

图 2-16　双代号网络图绘制错误问题——存在多个开始节点及终点节点

(8)双代号网络图应条理清楚,布局合理。例如,网络图中的工作箭线不宜画成任意方向或曲线形状,尽可能用水平线或斜线;关键线路、关键工作尽可能安排在图面中心位置,其他工作分散在两边;避免逆向箭头等。

三、绘制方法和步骤

网络图绘制的方法包括两种:一种是按照紧前工作依次绘制;另一种是按照紧后工作依次绘制。本书主要讲述按照紧前工作依次绘制的方法。网络图应该既正确又简单,正确是指它能正确表达出工作之间逻辑关系并且符合网络图绘制的基本准则;简单是指网络图布局简洁明了,没有多余的虚工作。

下面介绍按照紧前工作依次绘制双代号网络图的方法,其主要步骤如下。

(一)构画网络草图

1. 构画网络草图的要点

构画网络草图的任务就是根据给定的工作间的逻辑关系,将各项工作依次正确地连接起来。从起点节点开始,首先确定由起点节点直接连出的工作。这样把工作依次由前到后按网络逻辑连接起来,就构成了网络草图。在这一连接过程中,为避免在工作逻辑关系复杂时,网络草图中出现网络逻辑错误,可遵循下列要点:

(1)当某项工作只存在一项紧前工作时,该工作可以直接从它的紧前工作的结束节点连出。

(2)当某项工作存在不止一项紧前工作时,可从它的紧前工作的结束节点分别画虚工作会交到一个新节点,然后从这一新节点把该项工作连出。

(3)在标画某项工作时,若该工作的紧前工作还没有全部出现在草图中,则该项工作可暂不画出。

应当指出,遵循上述要点,可以首先保证画出的网络草图的逻辑关系是正确的。但网络草图中一般存在多余的虚工作,可通过步骤(2)将多余的虚工作简化掉。

2.构画网络草图实例

下面以表2-3中给出的工作逻辑关系为例,对上述方法加以说明。

表2-3　工作明细表

工作	A	B	C	D	E	F
紧前工作	—	—	A	A	C、D	B、D

具体绘制方法如下:

(1)竖向列出工作逻辑关系表,找出表中无紧前工作的工作(紧前工作一栏中"—"对应的工作),在工作一栏内用圆圈把这些工作圈起来,以说明准备标画这些工作。

在表2-4中,没有紧前工作的有工作A和工作B,分别用圆圈标记在表2-4中。

表2-4　工作逻辑关系表(一)

工作	紧前工作
Ⓐ	—
Ⓑ	—
C	A
D	A
E	C、D
F	B、D

(2)从起点节点画出工作A和B(若没有紧前工作的工作有多个,也都同样可从起点节点画出),见图2-17(a)。

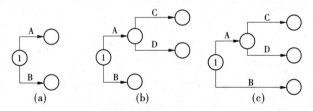

(a)　　　　　(b)　　　　　(c)

图2-17　双代号网络图绘制步骤(一)

每标画完一项工作,用斜线"\"在工作字母代号一栏中将相应字母划去,并在紧前工作一栏将所有该工作用"√"标记。然后用圆圈圈画出所有紧前工作都已标画好(打了"√")的工作,以说明准备标画这些工作。本例中此时工作C和D对应的紧前工作已标画好,可以用圆圈圈住;而工作F只有1个紧前工作B有"√"标记,另一个工作D还没画出(没有打"√"),所以此时工作F不能用圆圈圈画。具体操作步骤见表2-5和表2-6。

表 2-5　工作逻辑关系表（二）

工作	紧前工作
Ⓐ	—
Ⓑ	—
C	A√
D	A√
E	C、D
F	B√、D

表 2-6　工作逻辑关系表（三）

工作	紧前工作
Ⓐ	—
Ⓑ	—
Ⓒ	A√
Ⓓ	A√
E	C、D
F	B√、D

（3）从表 2-6 可知，准备标画的工作 C 和 D 都只有一项紧前工作 A，所以可以从工作 A 的结束节点直接连出，见图 2-17（b）。

与步骤（2）中类似，用斜线"\"在工作字母代号一栏中将标画好的工作 C、D 划去，并在紧前工作一栏将所有 C、D 用"√"标记，然后用圆圈圈画出所有紧前工作都已标画好（打了"√"）的工作，以说明准备标画这些工作。结果见表 2-7。

表 2-7　工作逻辑关系表（四）

工作	紧前工作
Ⓐ	—
Ⓑ	—
Ⓒ	A√
Ⓓ	A√
Ⓔ	C√、D√
Ⓕ	B√、D√

（4）从表 2-7 中可知，工作 E 有两项紧前工作 C、D，可分别从 C、D 两项工作的结束节点画虚工作会交于一个新节点，然后从这一新节点将工作 E 连出；工作 F 有两项紧前工作 B、D，可将工作 B 的结束节点向右移动至与工作 C、D 的结束节点竖向对齐，见图 2-17（c），然后分别从 B、D 两项工作的结束节点画虚工作会交于一个新节点，然后从这一新节点将工作 F 连出。结果见图 2-18。

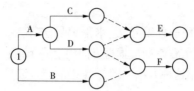

图 2-18　双代号网络图绘制步骤(二)

(5)此时已将所有工作全部画出,为符合一个网络图有且只有一个结束节点的规则,本例中需要将工作 E、F 的结束节点通过虚工作连接到一个结束节点上,图 2-19 即为构画出的初步网络草图。为后文叙述方便,对网络草图先做了节点编号[一般情况下,这项工作可以在步骤(三)进行]。

(6)对照表 2-3 给出的工作逻辑关系,初步检查网络草图有无错误,若有错误应及时改正。经检查图 2-19 没有错误。

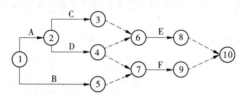

图 2-19　双代号网络图绘制步骤(三)

(二)去掉多余虚工作并调整箭线位置,尽量减少箭线交叉

在网络草图的基础上,去掉多余虚工作,可以使网络图更简单、明了。这项工作可遵循以下要领进行:

(1)网络图简化的结果,应遵守绘制网络图的基本规则。

(2)当一个节点只有一个虚工作画出(或画入),此外,没有其他任何工作画出(或画入)时,在满足(1)要求的前提下,可将该项虚工作简化掉。

在图 2-19 中,节点 3 只有一个虚工作 3—6 画出,此外,没有其他任何工作画出,因此虚工作 3—6 可以简化掉;同时,简化掉虚工作 3—6 不会违背双代号网络图的绘制规则,简化后将节点 3 和节点 6 重合为一个节点。类似地,虚工作 5—7、8—10、9—10 也可以简化掉。图 2-19 简化后的结果见图 2-20。

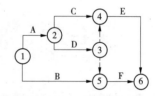

图 2-20　最终绘制出的双代号网络图

(三)检查、编号

根据表 2-3 给出的工作逻辑关系,检查网络图。若无错误,对该网络图进行编号(如果前面未做节点编号工作)。

1.节点编号的原则

在进行网络图的计算之前,必须对网络图的节点进行编号。如前所述,节点的编号应遵循下列原则:

(1)各节点的编号不允许重复。

(2)各工作的开始节点号必须小于结束节点号,即工作 $i-j$ 的编号应符合 $i<j$。

2. 节点编号的方法

常用的节点编号的方法有垂直编号法、水平编号法等。

（1）垂直编号法。是自左至右逐列按垂直方向由上到下或由下到上对节点进行编号的方法。垂直箭头较多时，不宜采用这种方法。图 2-21 中的节点编号采用的就是垂直编号法。

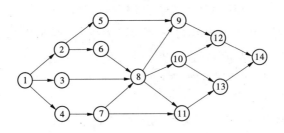

图 2-21　垂直编号法示例

（2）水平编号法。是自上而下逐行按水平方向从左到右对节点进行编号的方法。当遇到一个节点为多个工作的结束节点，而这些工作的开始节点未全部编号时，转另一个水平线以同样方向进行编号。图 2-22 中的节点编号采用的就是水平编号法。

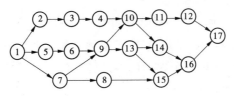

图 2-22　水平编号法示例

任务三　双代号网络图时间参数的确定

双代号网络图时间参数的计算目的在于通过计算各项工作的时间参数，确定网络图的关键工作、关键线路和计算工期，为网络图的优化、调整和执行提供明确的依据。

一、时间参数的概念及其表达

（一）工作持续时间（D_{i-j}）

工作持续时间是一项工作从开始到完成的时间。

（二）工期（T）

工期泛指完成任务所需要的时间，一般有以下三种：

（1）计算工期，根据网络计划时间参数计算出来的工期，用 T_c 表示。

（2）要求工期，合同所要求的工期，用 T_r 表示。

（3）计划工期，根据要求工期和计算工期所确定的作为实施目标的工期，用 T_p 表示。网络计划的计划工期 T_p 应按下列情况分别确定：

当已规定了要求工期 T_r 时，$T_p \leqslant T_r$。

当未规定要求工期时，可令计划工期等于计算工期，$T_p = T_c$。

（三）节点的时间参数

ET_i：节点最早时间，表示以该节点为起始节点的各项工作最早能够开始的时间；

LT_j：节点最迟时间，表示以该节点为结束节点的各项工作最迟必须完成的时间。

（四）工作的六个时间参数

（1）最早开始时间（earliest start time，用 ES_{i-j} 表示），是指在各紧前工作全部完成后，工作 $i—j$ 可能开始的最早时刻。

（2）最早完成时间（earliest finish time，用 EF_{i-j} 表示），是指在各紧前工作全部完成后，工作 $i—j$ 有可能完成的最早时刻。

（3）最迟开始时间（latest start time，用 LS_{i-j} 表示），是指在不影响整个任务按期完成的前提下，工作 $i—j$ 必须开始的最迟时刻。

（4）最迟完成时间（latest finish time，用 LF_{i-j} 表示），是指在不影响整个任务按期完成的前提下，工作 $i—j$ 必须完成的最迟时刻。

（5）总时差（total float，用 TF_{i-j} 表示），是指在不影响总工期的前提下，工作 $i—j$ 可以利用的机动时间。

（6）自由时差（free float，用 FF_{i-j} 表示），是指在不影响其紧后工作最早开始的前提下，工作 $i—j$ 可以利用的机动时间。

二、时间参数的计算

常用的时间参数计算方法有按工作计算法和（图上）按节点计算法等。我们通过例题分别介绍双代号网络图时间参数（本项目中的时间参数均以 d 为单位）的这两种计算方法和步骤，并由时间参数确定出关键线路。

（一）按工作计算法

所谓按工作计算法，就是以网络计划中的工作为对象，直接计算各项工作的时间参数并标注在图上。在计算各种时间参数时，为了与时间坐标轴的表示相统一，规定无论是工作的开始时间或是完成时间，都一律以时间单位的终了时刻表示。例如，坐标上某工作的开始（或者结束）时间为第 5 天，则表示第 5 个工作日的下班时间，也就是第 6 个工作日的上班时间。计算中均规定网络计划的起始工作从第 0 天（终了时刻，或称结束时间）开始，实际上指的是在第 1 个工作日的上班时开始。

下面以图 2-23 所示的双代号网络图为例说明按工作计算法计算时间参数的过程。

1. 计算工作的最早开始时间及最早完成时间

一项工作的最早开始时间是指各紧前工作全部完成后，本工作有可能开始的最早时刻。在网络计划中，一项工作要等它的紧前工作全部完成后才能开始，这个时刻就是该工作的最早开始时间，用 ES_{i-j} 表示，$i—j$ 表示该项工作。

一项工作以其最早开始时间开工，经过该项工作所必需的持续时间之后结束，这个结

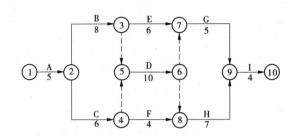

图 2-23　双代号网络图时间参数计算图

束时刻就是该工作的最早完成时间,用 EF_{i-j} 表示,$i-j$ 表示该项工作。

工作最早开始时间和工作最早完成时间的计算应从网络计划的起点节点开始,顺着箭线方向依次进行。其计算步骤如下:

(1)以网络计划起点节点为开始节点的工作,当未规定其最早开始时间时,它们的最早开始时间都定为 0。本例中,工作 1—2 的最早开始时间为 0,即

$$ES_{1-2} = 0$$

(2)顺箭线方向从左至右逐一计算各工作的最早开始时间。若工作 $i-j$ 有唯一的紧前工作 $h-i$,则它的最早开始时间等于工作 $h-i$ 的最早完成时间;若工作 $i-j$ 有多个紧前工作,则它的最早开始时间等于其紧前工作最早完成时间的最大值,即

$$ES_{i-j} = \max\{EF_{h-i}\}$$

式中　EF_{h-i}——工作 $i-j$ 的紧前工作 $h-i$(非虚工作)的最早完成时间。

工作 $i-j$ 的最早完成时间等于它的最早开始时间 ES_{i-j} 与其持续时间 D_{i-j} 之和,即

$$EF_{i-j} = ES_{i-j} + D_{i-j}$$

本例中各工作最早时间参数的计算过程表述如下:

工作 1—2:

最早开始时间 $$ES_{1-2} = 0$$

最早完成时间 $$EF_{1-2} = ES_{1-2} + D_{1-2} = 0 + 5 = 5$$

工作 2—3:

最早开始时间 $$ES_{2-3} = EF_{1-2} = 5$$

最早完成时间 $$EF_{2-3} = ES_{2-3} + D_{2-3} = 5 + 8 = 13$$

工作 2—4:

最早开始时间 $$ES_{2-4} = EF_{1-2} = 5$$

最早完成时间 $$EF_{2-4} = ES_{2-4} + D_{2-4} = 5 + 6 = 11$$

工作 3—7:

最早开始时间 $$ES_{3-7} = EF_{2-3} = 13$$

最早完成时间 $$EF_{3-7} = ES_{3-7} + D_{3-7} = 13 + 6 = 19$$

工作 4—8:

最早开始时间 $$ES_{4-8} = EF_{2-4} = 11$$

最早完成时间 $$EF_{4-8} = ES_{4-8} + D_{4-8} = 11 + 4 = 15$$

工作5—6：

最早开始时间　　　　　$ES_{5-6} = \max\{EF_{2-3}, EF_{2-4}\} = \max\{13, 11\} = 13$

最早完成时间　　　　　　　$EF_{5-6} = ES_{5-6} + D_{5-6} = 13 + 10 = 23$

工作7—9：

最早开始时间　　　　　$ES_{7-9} = \max\{EF_{3-7}, EF_{5-6}\} = \max\{19, 23\} = 23$

最早完成时间　　　　　　　$EF_{7-9} = ES_{7-9} + D_{7-9} = 23 + 5 = 28$

工作8—9：

最早开始时间　　　　　$ES_{8-9} = \max\{EF_{5-6}, EF_{4-8}\} = \max\{23, 15\} = 23$

最早完成时间　　　　　　　$EF_{8-9} = ES_{8-9} + D_{8-9} = 23 + 7 = 30$

工作9—10：

最早开始时间　　　　$ES_{9-10} = \max\{EF_{7-9}, EF_{8-9}\} = \max\{28, 30\} = 30$

最早完成时间　　　　　　　$EF_{9-10} = ES_{9-10} + D_{9-10} = 30 + 4 = 34$

最早时间的计算,除明确各工作最早可能在什么时间开始及各工作最早可能在什么时间完成外,还可以确定出网络计划的计算工期。

2. 确定网络计划的计算工期(T_c)

计算工期是根据网络计划时间参数计算而得到的工期,用 T_c 表示。网络计划的计算工期等于以网络计划终点节点为完成节点的各工作的最早完成时间的最大值,即

$$T_c = \max\{EF_{i-n}\}$$

本例中　　　　　　　　　　$T_c = EF_{9-10} = 34$

3. 确定网络计划的计划工期(T_p)

计划工期是指根据要求工期和计算工期所确定的作为实施目标的工期,用 T_p 表示。计划工期应按下列情况分别确定:

(1)当已规定了要求工期(T_r)时,计划工期不应超过要求工期,即 $T_p \leq T_r$,要求工期是任务委托人所提出的指令性工期,用 T_r 表示。

(2)当未规定要求工期时,可令计划工期等于计算工期,即 $T_p = T_c$。

4. 计算工作最迟完成时间和工作最迟开始时间

一项工作的最迟完成时间是指在不影响整个任务按期完成的前提下,工作必须完成的最迟时刻。每项工作都有一个必须完工的最迟时间,只要该工作的完成时间不超过这个时间,就不会使工期拖延,这个时间就是该工作的最迟完成时间 ,用 LF_{i-j} 表示,$i—j$ 表示该项工作。

相对于最迟完成时间的最迟开始时间,是指在不影响整个任务按期完成的前提下,工作必须开始的最迟时刻,用 LS_{i-j} 表示,$i—j$ 表示该项工作。

工作最迟完成时间应从网络的终点节点开始,逆着箭线方向依次逐项计算,直至网络图的起点节点为止。

(1)以网络计划终点为完成节点的工作,其最迟完成时间等于网络计划的计划工期,即

$$LF_{i-n} = T_p$$

本例中,工作 9—10 的最迟完成时间为 $LF_{9-10} = 34$。

(2)工作最迟开始时间等于该工作的最迟完成时间减去该工作的持续时间,即

$$LS_{i-j} = LF_{i-j} - D_{i-j}$$

本例中,工作 9—10 的最迟开始时间 $LS_{9-10} = 34-4 = 30$。

(3)其他工作的最迟完成时间应等于其紧后工作最迟开始时间的最小值。若工作 $i-j$ 只有唯一的紧后工作 $j-k$,则工作 $i-j$ 的最迟完成时间等于工作 $j-k$ 的最迟开始时间;若工作 $i-j$ 有多个紧后工作,则工作 $i-j$ 的最迟完成时间等于其紧后工作的最迟开始时间的最小值,即

$$LF_{i-j} = \min\{LS_{j-k}\}$$

式中　LS_{j-k}——工作 $i-j$ 的紧后工作 $j-k$ 的最迟开始时间。

本例中各工作最迟时间参数的计算过程表述如下:

工作 7—9:

最迟完成时间　　　　　　　　$LF_{7-9} = LS_{9-10} = 30$

最迟开始时间　　　　　　　　$LS_{7-9} = LF_{7-9} - D_{7-9} = 30-5 = 25$

工作 8—9:

最迟完成时间　　　　　　　　$LF_{8-9} = LS_{9-10} = 30$

最迟开始时间　　　　　　　　$LS_{8-9} = LF_{8-9} - D_{8-9} = 30-7 = 23$

工作 3—7:

最迟完成时间　　　　　　　　$LF_{3-7} = LS_{7-9} = 25$

最迟开始时间　　　　　　　　$LS_{3-7} = LF_{3-7} - D_{3-7} = 25-6 = 19$

工作 5—6:

最迟完成时间　　　$LF_{5-6} = \min\{LS_{7-9}, LS_{8-9}\} = \min\{25, 23\} = 23$

最迟开始时间　　　　　　　$LS_{5-6} = LF_{5-6} - D_{5-6} = 23-10 = 13$

工作 4—8:

最迟完成时间　　　　　　　　$LF_{4-8} = LS_{8-9} = 23$

最迟开始时间　　　　　　　　$LS_{4-8} = LF_{4-8} - D_{4-8} = 23-4 = 19$

工作 2—3:

最迟完成时间　　　$LF_{2-3} = \min\{LS_{3-7}, LS_{5-6}\} = \min\{19, 13\} = 13$

最迟开始时间　　　　　　　$LS_{2-3} = LF_{2-3} - D_{2-3} = 13-8 = 5$

工作 2—4:

最迟完成时间　　　$LF_{2-4} = \min\{LS_{5-6}, LS_{4-8}\} = \min\{13, 19\} = 13$

最迟开始时间　　　　　　　$LS_{2-4} = LF_{2-4} - D_{2-4} = 13-6 = 7$

工作 1—2:

最迟完成时间　　　$LF_{1-2} = \min\{LS_{2-3}, LS_{2-4}\} = \min\{5, 7\} = 5$

最迟开始时间　　　　　　　$LS_{1-2} = LF_{1-2} - D_{1-2} = 5-5 = 0$

5.计算工作的总时差和自由时差

1)计算工作的总时差

一项工作的总时差是指在不影响工期的前提下,该工作可以利用的机动时间。工作

总时差用缩写字母 TF_{i-j} 表示,$i-j$ 为该工作的双代号。

一项工作 $i-j$ 的总时差等于该工作的最迟开始时间 LS_{i-j} 与其最早开始时间 ES_{i-j} 之差,或等于该工作的最迟完成时间 LF_{i-j} 与其最早完成时间 EF_{i-j} 之差,即

$$TF_{i-j} = LS_{i-j} - ES_{i-j} = LF_{i-j} - EF_{i-j}$$

本例中各工作的总时差计算结果如下:

$$TF_{1-2} = LS_{1-2} - ES_{1-2} = 0 - 0 = 0$$
$$TF_{2-3} = LS_{2-3} - ES_{2-3} = 5 - 5 = 0$$
$$TF_{2-4} = LS_{2-4} - ES_{2-4} = 7 - 5 = 2$$
$$TF_{3-7} = LS_{3-7} - ES_{3-7} = 19 - 13 = 6$$
$$TF_{5-6} = LS_{5-6} - ES_{5-6} = 13 - 13 = 0$$
$$TF_{4-8} = LS_{4-8} - ES_{4-8} = 19 - 11 = 8$$
$$TF_{7-9} = LS_{7-9} - ES_{7-9} = 25 - 23 = 2$$
$$TF_{8-9} = LS_{8-9} - ES_{8-9} = 23 - 23 = 0$$
$$TF_{9-10} = LS_{9-10} - ES_{9-10} = 30 - 30 = 0$$

2)计算工作的自由时差

一项工作的自由时差是指在不影响其紧后工作最早开始的前提下,该工作可以利用的机动时间。所以,自由时差也称局部时差,用缩写字母 FF_{i-j} 表示,$i-j$ 为该工作的双代号。

自由时差的计算应按以下三种情况分别考虑:

(1)对只有一项紧后工作的工作,其自由时差等于本工作紧后工作的最早开始时间与本工作最早完成时间的差,即

当工作 $i-j$ 仅有紧后工作 $j-k$ 时,其自由时差应为

$$FF_{i-j} = ES_{j-k} - EF_{i-j} = ES_{j-k} - ES_{i-j} - D_{i-j}$$

式中 FF_{i-j}——工作 $i-j$ 的自由时差;

ES_{j-k}——工作 $j-k$($i-j$ 的紧后工作)的最早开始时间;

ES_{i-j}——工作 $i-j$ 的最早开始时间;

EF_{i-j}——工作 $i-j$ 的最早完成时间;

D_{i-j}——工作 $i-j$ 的持续时间。

本例中,工作 3—7 的自由时差为

$$FF_{3-7} = ES_{7-9} - EF_{3-7} = 23 - 19 = 4$$

工作 4—8 的自由时差为

$$FF_{4-8} = ES_{8-9} - EF_{4-8} = 23 - 15 = 8$$

(2)对于有多项紧后工作的工作,其自由时差等于该工作的紧后工作最早开始时间的最小值与本工作最早完成时间的差,即

$$FF_{i-j} = \min\{ES_{j-k}\} - EF_{i-j}$$

本例中,工作 2—3 的自由时差为

$$FF_{2-3} = \min\{ES_{3-7}, ES_{5-6}\} - EF_{2-3} = \min\{13, 13\} - 13 = 13 - 13 = 0$$

工作 2—4 的自由时差为

$$FF_{2-4} = \min\{ES_{5-6}, ES_{4-8}\} - EF_{2-4} = \min\{13, 11\} - 11 = 11 - 11 = 0$$

工作 5—6 的自由时差为

$$FF_{5-6} = \min\{ES_{7-9}, ES_{8-9}\} - EF_{5-6} = \min\{23, 23\} - 23 = 23 - 23 = 0$$

(3)以网络计划终点节点为完成节点的工作,其自由时差等于计划工期与本工作最早完成时间之差,即

$$FF_{i-n} = T_p - EF_{i-n}$$

本例中,工作 9—10 的自由时差为

$$FF_{9-10} = T_p - EF_{9-10} = 34 - 34 = 0$$

需要指出的是,以网络计划终点节点为完成节点的工作,其自由时差与总时差相等。此外,由于工作的自由时差是其总时差的一部分,因此当工作的总时差为 0 时,其自由时差一定为 0。在本例中,工作 1—2、2—3、5—6、8—9 和工作 9—10 的总时差全部为 0,故其自由时差也全部为 0。

以上是工作的六个时间参数的计算方法及步骤。根据《网络计划技术 第 2 部分:网络图画法的一般规定》(GB/T 13400.2—2009),我们在网络图各个工作旁边直接进行标注,用一横两竖三条线分为六个区间进行布置,如图 2-24 所示。

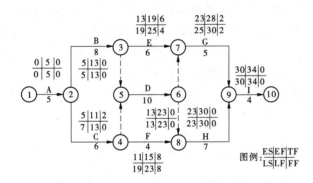

图 2-24 网络图六个时间参数的计算结果

具体位置分布是:把跟开始有关的两个参数放在最左一列,跟完成有关的两个参数放在中间一列,这四个时间参数中,把最早的放在上面一行,把最迟的放在下面一行。最右列表示工作的机动时间,把总时差放在上面,自由时差放在下面。这种方法叫作六时标注法。

在网络图上标注时间参数时,需要使用图例进行说明。

6. 确定关键工作和关键线路

总时差最小的工作为关键工作。特别地,当网络计划的计划工期等于计算工期时,总时差为 0 的工作就是关键工作。在本例中,工作 1—2、2—3、5—6、8—9 和工作 9—10 的总时差均为 0,故它们都是关键工作。

自始至终全部由关键工作组成的线路或线路上总的工作持续时间最长的线路为关键线路。例如在图 2-24 所示的网络计划中,关键线路为 1—2—3—5—6—8—9—10。关键线路在网络图上应用粗线或双线或彩色线标注。

(二)(图上)按节点计算法

1. 节点最早时间

在图上计算节点时间参数时,直接将节点的两个时间参数标注到相应节点旁边,将节点最早时间 ET 标注在左侧,节点最迟时间 LT 标注在右侧,用图例表示节点两个时间参数的位置。

节点最早时间 ET 计算方法:将开始节点的 ET_1 定为 0,表示从第 0 天(结束时)开工,顺着箭头方向依次将前一节点的 ET 和两节点中间工作的持续时间相加,得到后一节点的最早时间。遇到箭头相碰的节点,取最大值,直到计算到终点节点为止,如图 2-25 所示。

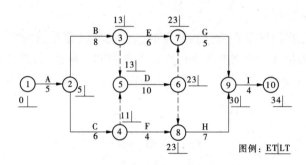

图例: ET|LT

图 2-25 节点最早时间的计算结果

$$ET_2 = ET_1 + D_{1-2} = 0 + 5 = 5$$
$$ET_3 = ET_2 + D_{2-3} = 5 + 8 = 13$$
$$ET_4 = ET_2 + D_{2-4} = 5 + 6 = 11$$
$$ET_5 = \max\{ET_3 = 13, ET_4 = 11\} = 13$$
$$ET_7 = \max\{ET_3 + D_{3-7} = 13 + 6 = 19, ET_6 = 23\} = 23$$

顺箭头从前到后,一直计算到终点节点的最早时间,终点节点 $ET_{10} = 34$。

2. 节点最迟时间

终点节点的最早时间即是计算工期 T_c,其最迟时间为计划工期 T_p,如果假定没有不利条件会对工程进度造成影响,令 $T_p = T_c$,也就是终点节点的最迟时间 $LT_n = ET_n$。

节点最迟时间 LT 计算方法:用后一节点的最迟时间减去其与前面节点之间工作的持续时间,即为该节点的最迟时间。工程实际含义是:为保证不影响紧后工作的最迟完成时间,给紧后工作留足其持续时间,就是本工作最迟必须完成的时间,表示为:$LT_i = LT_j - D_{i-j}$。依次计算时,逆着箭头相减,逢箭尾相碰的节点取最小值,直至起始节点。

本例中:

$$LT_{10} = ET_{10} = 34$$
$$LT_9 = LT_{10} - D_{9-10} = 34 - 4 = 30$$
$$LT_6 = \min\{LT_7 = 25, LT_8 = 23\} = 23$$
$$LT_3 = \min\{LT_7 - D_{3-7} = 25 - 6 = 19, LT_5 = 13\} = 13$$

从后向前,一直计算到起始节点,起始节点的 $LT_1 = 0$,如图 2-26 所示。

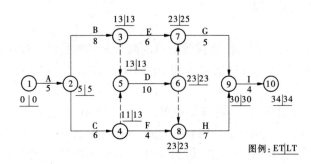

图 2-26 节点最迟时间的计算结果

3. 工作最早开始时间

节点最早时间是指以该节点为开始节点的工作最早能够开始的时间,工作最早开始时间指的是该工作最早才能开始的时间,两者含义相同。所以,计算工作最早开始时间时,可以根据该工作开始节点的最早时间直接确定。各项工作最早开始时间等于其开始节点的最早时间,表示为 $ES_{i-j}=ET_i$。

本例中:

$$ES_{1-2}=ET_1=0$$

$$ES_{2-3}=ET_2=5$$

$$ES_{5-6}=ET_5=13$$

工作最早开始时间的计算结果见图 2-27。

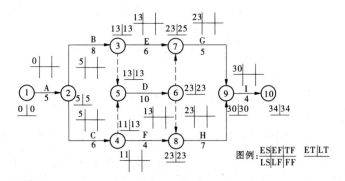

图 2-27 工作最早开始时间的计算结果

4. 工作最早完成时间

最早,可以理解为积极状态,工作只要具备条件,能开始就立即开始,不拖延。工作最早情况下的开始时间和完成时间是有关系的,最早完成时间等于其最早开始时间加上该工作的持续时间,表示为 $EF_{i-j}=ES_{i-j}+D_{i-j}$。

本例中:

$$EF_{1-2}=ES_{1-2}+D_{1-2}=0+5=5$$

$$EF_{2-3}=ES_{2-3}+D_{2-3}=5+8=13$$

$$EF_{5-6}=ES_{5-6}+D_{5-6}=13+10=23$$

工作最早完成时间的计算结果见图 2-28。

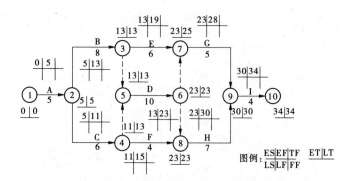

图 2-28 工作最早完成时间的计算结果

5. 工作最迟完成时间

节点最迟时间是指以该节点为结束节点的工作最迟必须完成的时间,工作最迟完成时间指的是该工作最迟必须完成的时间,两者含义相同。所以,计算工作最迟完成时间,可以由该工作结束节点的最迟时间直接确定。各项工作最迟完成时间等于其结束节点的最迟时间,表示为 $LF_{i-j} = LT_j$。计算结果如图 2-29 所示。

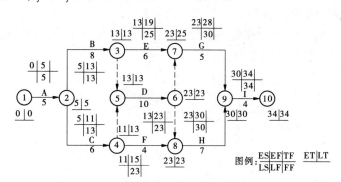

图 2-29 工作最迟完成时间的计算结果

6. 工作最迟开始时间

最迟,可以理解为消极状态,例如最迟开始时间,工作即使具备了开始条件也不开始,等到不能再拖,再拖就会影响工期的时候才开始。最迟开始时间和最迟完成时间也有关系,按最迟情况下的开始时间开始,经过该工作的持续时间,就来到该工作的最迟完成时间。最迟完成时间减去该工作持续时间,得到该工作最迟开始时间,表示为 $LS_{i-j} = LF_{i-j} - D_{i-j}$。计算结果如图 2-30 所示。

7. 总时差

总时差,是指在不影响计划工期和有关时限前提下,一项工作可以利用的全部机动时间。

我们以 $i-j$ 工作为例,说明它的总时差如何计算。

对于 $i-j$ 工作,我们要判断它总的机动时间,可以这样思考,把它的开始时间往前提,提到不可能再早;同时,把它的完成时间往后拖,拖到不能再晚,再晚就会影响工期。这个时间跨度,减去该工作本身固有的持续时间,剩余的部分就是总的机动时间。

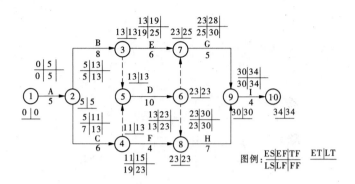

图 2-30　工作最迟开始时间的计算结果

一个工作,把它的开始时间往前提的极限,就是最早开始时间,即 ES_{i-j};把它完成时间往后拖的极限,就是最迟完成时间,即 LF_{i-j}。这个时间跨度 $LF_{i-j}-ES_{i-j}$ 再去掉该工作持续时间 D_{i-j},剩余的就是总时差。

表示为:$TF_{i-j}=LF_{i-j}-ES_{i-j}-D_{i-j}$,把后面减数两项合并,即

$$TF_{i-j}=LF_{i-j}-ES_{i-j}-D_{i-j}=LF_{i-j}-(ES_{i-j}+D_{i-j})=LF_{i-j}-EF_{i-j}$$

把两个减数调换顺序,即

$$TF_{i-j}=LF_{i-j}-ES_{i-j}-D_{i-j}=LF_{i-j}-D_{i-j}-ES_{i-j}=LS_{i-j}-ES_{i-j}。$$

总时差的计算结果见图 2-31。

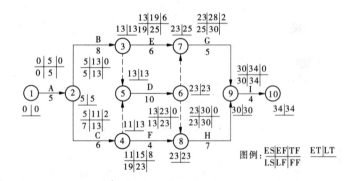

图 2-31　总时差的计算结果

8. 自由时差

自由时差,是指既不影响工期,又不影响其紧后工作的机动时间。

首先,它不影响工期,就是说在自由时差范围内,拖延或者延期开始,都不影响总工期。

不影响其紧后工期机动时间,意味着,只要不突破自由时差,紧后工作的机动时间也不会变少。这很有实际工程意义,因为实际工作安排时人们往往习惯前紧后松,意思是前面工作安排紧张点,后面工作就很从容,不易耽误工期。前面工作如果一直拖延或者延期,占用过多的机动时间,有可能把后面工作的机动时间都给耗用了。这时,如果后面工作遇到了不利条件的影响,因为原先的机动时间已被用掉了,就很被动,容易影响工期从而造成违约。

这就是自由时差存在的意义,我们要找一个机动时间的范围,在此之内变动,不会影响到后续工作的机动时间。

要想不影响紧后工作的机动时间,我们可以把紧后工作的机动时间表达式写出来,例如工作 $i—j$ 和 $j—k$ 互为紧前、紧后工作,对于工作 $j—k$ 的总时差, $\mathrm{TF}_{j-k}=\mathrm{LF}_{j-k}-\mathrm{ES}_{j-k}-D_{j-k}$,观察表达式中的这三项,其中最迟完成时间 LF_{j-k} 是为了不影响工期最迟必须完成的时间,与工期和后续工作持续时间有关(为保证工期,给后续工作留够其持续时间);工作的持续时间 D_{j-k} 与该工作的工程量和投入资源强度有关,工程量越大,持续时间越长,投入资源强度越大,持续时间越短。 LF_{j-k} 、 D_{j-k} 这两个因素都不受紧前工作的影响。

所以,紧前工作如果想不影响其紧后工作的机动时间,只需要保证不影响紧后工作的最早开始时间就行,这其实就是自由时差的实质。在相关标准和很多专业书中,将自由时差定义为,在不影响其紧后工作最早开始的约束下,一项工作可以利用的机动时间。

我们按照前面的思路来明确自由时差的范围。要确定 $i—j$ 工作的自由时差,把它的开始时间往前提,提到不能再早,也就是工作 $i—j$ 的最早开始时间;把它的完成时间往后拖,拖到不影响紧后工作的最早开始时间,也就是可以拖到 ES_{j-k} 。在这个时间跨度中减去工作 $i—j$ 本身固有的持续时间,剩余的部分就是自由时差,表示为

$$\mathrm{TF}_{i-j}=\mathrm{ES}_{j-k}-\mathrm{ES}_{i-j}-D_{i-j}$$

本例自由时差计算结果如图 2-32 所示。

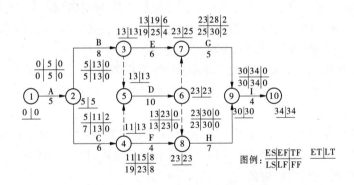

图 2-32　网络图自由时差的计算结果

另外需要注意的是,因为总时差是最多可能的机动时间,包含自由时差,所以得出这样的结论:总时差为 0,自由时差一定为 0;自由时差为 0,总时差不一定为 0。

任务四　项目进度计划编制

一、进度计划编制的一般原则

(1)严格遵循基本建设程序,遵照国家政策、法令和有关规程规范。

(2)力求缩短工程建设周期,对控制工程总工期或受洪水威胁的工程和关键项目应

重点研究,采取有效的技术措施和安全措施。

(3)各项施工程序前后兼顾,处理好施工准备工程与主体工程、主体工程与各单项工程、土建工程与机电工程、临时工程与永久工程、不同阶段工程施工的关系,做到衔接合理,干扰少,施工均衡。

(4)采用平均先进指标,并适当留有余地。

(5)在保证工程质量与施工总工期的前提下,充分发挥投资效益。

二、不同阶段进度计划编制的主要要求

(一)可行性研究报告阶段

根据本阶段枢纽建筑物布置、工程量的估算量、可能的导流方式和各单位工程的施工条件,采用类比法初步选定施工总工期目标,再运用国内外相应的施工方法达到的施工强度指标,按合理施工程序安排,反馈证明原定的施工总工期的可行性,经优化平衡,提出施工的合理工期,并提出准备工程和主体工程的施工控制进度以及相应的施工强度,估列工程的三材数量和劳动力。

(二)初步设计阶段

根据国家对工程可行性研究报告的批复意见,对工程投入运行期限的要求作为工期控制目标,进一步分析研究枢纽主体工程、对外交通、施工导流与截流、场内交通及其他施工临时工程、施工工厂设施等建筑安装任务及控制进度的因素,编制工程筹建期、工程准备期、主体工程施工期及工程完建期等四个阶段的施工进度计划,确定各期施工关键项目及控制工期、施工强度和工程形象面貌。

应尽可能缩短工程筹建期和施工准备期,但工程筹建期与施工准备期的工程项目内容与任务应切实安排完成,对应由业主和承包商分别完成的工程项目,要安排确定时间,并注意两者的衔接与协调。

对导流建筑物施工、工程截流、基坑抽水、拦洪、后期导流及下闸蓄水等工期要认真分析,对枢纽主体工程的土建、机电、金属结构安装施工进度计划要做到程序合理,平行流水作业,施工强度适当并相对均衡。

应在编制单项工程施工进度表的基础上,经综合平衡协调,提出施工总进度表,包括横道图总进度表和施工关键线路进度表。根据对承包市场技术及管理水平的调查研究及施工工作面劳动力的配置,提出劳动力计算成果(逐年劳力需用量、管理人员与工人数量、最高人数和平均高峰人数及总劳动力数量等)。

(三)招标投标及建设实施阶段

施工总进度计划应在初步设计施工总进度计划的基础上,根据工程设计的最新成果及上级或业主单位的最新指示,进一步落实和优化。施工总进度计划作为施工规划的组成部分。

在当前基本建设机制的情况下,大中型水利水电工程的建设是通过一系列的合同(主体工程施工合同、辅助工程施工合同、物资设备采购合同,以及当地服务性合同等)实施的。施工规划应结合工程特点,提出一个总工期最短、工序衔接良好、责任划分清楚、合同管理方便,以及合理使用投资、经济效果最好的整个工程建设的合同组合与划分方案。

本阶段施工总进度计划应综合包括工程建设的全部合同的进度安排,其时段应从第一个合同准备开始到最终一个合同期满,直到全部工程竣工为止。

本阶段工程项目总进度计划应以整个工程各单项合同施工进度为基础,应特别注意协调好各单项合同之间的衔接关系,在安排各单项合同的顺序与时段时,应充分考虑市场因素,应计入合同准备与建立合同所需要的时间。

各单位工程的作业强度应考虑相关的市场平均先进水平及现代企业管理的有利因素,结合工程本身的施工特点和可能的承包队伍特点合理选用。

为了保证主体工程国内外招标工程合同能够尽早具备开工条件,一些涉及全局性的施工准备工程项目,亦可划为当地合同,发挥地方力量提前组织实施。

本阶段施工总进度计划应按工程筹建期、工程准备期、主体工程施工期和工程完建期四个阶段进行整体优化,编制网络进度(关键线路法)确定工程项目的总工期、各单项合同的控制工期和相应的施工天数,提出施工强度、劳动力、机械设备需用量曲线和土石方平衡,并根据主要关键控制点编制成简明的横道图进度表,纳入施工规划文件。

三、单位工程施工进度计划的编制

由于水利水电工程建设项目一般以单位工程为对象进行工程承发包,本书以单位工程施工进度计划的编制步骤为例说明进度计划的编制程序。

(一)划分施工项目

施工项目通常是指分部或分项工程,它是施工进度计划最基本的组成单元。施工项目的划分一般要注意以下几个方面的问题:

(1)要控制施工项目划分的粗细程度。项目的多少、划分的粗细程度,取决于进度计划的类型及需要。

(2)适当合并、简明清晰。某些次要施工过程可以合并到主要施工过程中,以便简化施工进度计划。

(3)列项要结合施工方案和施工组织的形式。凡工程量较大、用工较多、施工时间较长、施工较复杂的施工过程均应单独列项。

(4)不占工期的间接施工过程不列项,工程量及劳动量很小的项目可合并列为"其他工程"一项。

(5)划分施工项目时还要考虑施工方案和流水施工的要求,区分是在拟建工程工作面上直接施工还是在工作面以外间接施工。施工进度计划中,一般只列在拟建工程工作面上的直接施工过程;在施工工作面以外的预制厂、加工棚等处进行的间接施工过程,一般均不列项。

(二)计算工程量

各施工项目的工程量应根据施工图纸、所选用的施工方法和有关的计算规则进行计算。计算时要注意以下几个问题:

(1)工程量的计量单位要与所用定额一致。施工进度计划中的定额为施工定额,为了便于计算劳动量和材料、构配件及施工机具的需要量,工程量的计量单位必须与施工定额的单位一致。

（2）要按照施工方案中实际采用的施工方法计算。如土方工程施工中是否放坡和留工作面，以及其坡度大小和工作面的尺寸，是采用柱坑单独开挖还是条形开挖或整片开挖，都直接影响工程量的大小。因此，必须依据实际采用的施工方法计算工程量，以便与施工的实际情况相符合，使施工进度计划真正起到指导施工的作用。

（3）要依据施工组织的要求计算。在分层分段组织流水施工时，如各层或各段之间的工程量相差较大（超过15%），则应分层分段计算工程量。如果各层或各段的工程量相差不大，可以直接计算出总的工程量；如有特殊需要，再用总工程量除以层数或段数，即得到每层或每段的工程量；或先计算出一层或一段的工程量，再乘以层数或段数，即可计算出总工程量。

（4）要正确地使用预算文件中的工程量。如已编制预算文件，则施工进度计划中的某些与其计算方法、规则相同的施工过程的工程量可以从预算工程量的相应项目内摘出，并经汇总而成。当施工进度计划中的施工过程与预算项目之间的工程量计量单位、计算规则不同时，则应根据情况加以修改、调整或重新计算。

（5）合并项目中的各项应分别计算，以便套用定额，待计算出劳动量后再予以合并。

（6）"其他项目"等可不计算，或由其承包单位计算并安排详细计划。

（三）套用施工定额

根据所划分的施工过程、工程量和施工方法，在确定劳动量和机械台班量时，可以套用当地实际采用的劳动定额和机械台班定额。

施工定额有时间定额和产量定额两种形式。时间定额是指某种专业技术等级的工人或工人小组在合理的技术组织条件下，完成单位合格产品所必需的工日数或机械台班数。由于时间定额的单位均为完成单位合格产品所必需的工日数（或机械台班数），便于计算劳动量（或机械台班量）和进行各种综合计算与统计，因此在施工进度计划和各种统计报表中使用得比较普遍。产量定额是指在合理的技术组织条件下，某种专业技术等级的工人或工人小组在单位时间（工日或台班）内所应完成合格产品的数量。由于产量定额是以单位时间内应完成合格产品的数量来表示的，具有直观、形象的特点，因此在分配施工任务时使用得比较普遍；在施工进度计划中，以机械施工为主的施工过程，也经常使用产量定额。

在施工进度计划中套用国家或当地颁发的施工定额时，必须注意本单位工人的实际技术等级、实际施工技术操作水平、施工机械情况和施工现场条件等因素，确定能够完成定额的实际水平，作为施工进度计划采用的定额，以使计算出来的劳动量、机械台班量符合本单位和本工程的施工实际，使编制的施工进度计划既合理又切实可行。

对于施工定额中尚未编入的某些采用新材料、新技术、新工艺、新结构或特殊施工方法的施工过程，可根据实际情况、施工经验，并参考类似施工过程的定额与经验资料来确定。

（四）计算劳动量和机械台班量

劳动量和机械台班量应当根据工程量、施工方法和现行的施工定额，并结合当时当地的具体情况确定，即

$$P_i = \frac{Q_i}{S_i} = Q_i H_i$$

式中　P_i——某施工项目所需的劳动量(工日)或机械台班量(台班);

　　　Q_i——该施工项目的工程量(实物量单位);

　　　S_i——该施工项目的产量定额(单位工日或台班完成的实物量);

　　　H_i——该施工项目的时间定额(单位实物量所需工日或台班数)。

当某一施工过程由同一工种,但不同做法、不同材料的若干个分项工程合并组成时,应先按下式计算其综合产量定额,再求其劳动量,即

$$\bar{S} = \frac{\sum\limits_{i=1}^{n} Q_i}{\sum\limits_{i=1}^{n} P_i} = \frac{Q_1 + Q_2 + \cdots + Q_n}{P_1 + P_2 + \cdots + P_n} = \frac{Q_1 + Q_2 + \cdots + Q_n}{\dfrac{Q_1}{S_1} + \dfrac{Q_2}{S_2} + \cdots + \dfrac{Q_n}{S_n}}$$

合并施工项目有以下两种处理方法:

(1)将合并项目中的各项分别计算劳动量(或台班量)后汇总,将总量列入进度表中。

(2)合并项目中的各项为同一工种施工(或同一性质的项目)时,可采用各项的平均定额。符合本合并项目的平均定额可按下式计算:

$$\bar{H} = \frac{\sum\limits_{i=1}^{n} P_i}{\sum\limits_{i=1}^{n} Q_i} = \frac{Q_1 H_1 + Q_2 H_2 + \cdots + Q_n H_n}{Q_1 + Q_2 + \cdots + Q_n}$$

(五)确定各施工项目的持续时间

根据工程量清单中的各项工程量及施工顺序,确定其施工天数。根据招标文件要求的开工时间、竣工时间和施工经验,确定各分部分项工程的施工时间,然后再按分部分项工程所需的劳动量或机械台时数,确定每一分部分项工程每个班组所需的工人数或机械台班数。

(1)根据可供使用的人员或机械数量和正常施工的班制安排,计算出施工项目的持续时间,公式为

$$T_i = \frac{P_i}{R_i b_i}$$

式中　T_i——某施工项目的延续时间,d;

　　　P_i——该施工项目的劳动量(工日)或机械台班量(台班);

　　　R_i——该施工项目每天提供或安排的班组人数(人)或机械台数(台);

　　　b_i——该施工项目每天采用的工作班制数(1~3班工作制)。

(2)根据工期要求或流水节拍要求,确定出某个施工项目的施工持续时间,再按照采用的班制配备施工人员数或机械台数,即

$$R_i = \frac{P_i}{T_i b_i}$$

所配备的人员数或机械台数应符合现有情况或供应情况,并符合现场条件、工作面条件、最小劳动组合及机械效率等诸方面要求;否则,应进行调整或采取必要措施。

不管采用上述哪种方法确定持续时间,当施工项目采用施工班组与机械配合施工时,都必须验算机械与人员的配合能力;否则,其延续时间将无法实现或造成较大浪费。

(六)编制施工进度计划的初始方案

编制施工进度计划时必须考虑各分部分项工程的合理顺序,尽可能地组织流水施工,力求主导工程连续施工。划分主要施工段,组织流水施工。配合主要施工阶段,安排其他施工阶段的施工进度。在满足工艺和工期要求的前提下,尽最大可能使大多数工作平行地进行,使各个工作队的工作尽最大可能地搭接起来。同时,按照工艺的合理性,尽量穿插、搭接或平行作业,将各施工阶段的流水作业最大限度地搭接起来,即单位工程施工进度计划的初始方案。

(七)施工进度计划的检查与调整

一个施工进度计划,首先必须切合实际,才具备按期实施的可能性。一个好的进度计划需要具备合理性,既保证工期要求,又体现均衡生产,并可节约成本。因此,对于编制出的初始计划,应进行全面评审,并加以修正和优化。

1.进度计划的基础数据、基本关系是否正确、准确

进度计划是否可以用于实施的根本在于进度计划在编制中所采用的基础资料是否正确或准确,如 WBS 所包括的工作内容是否完整,工作之间的逻辑关系是否正确,各工作所需的持续时间、资源等的估计是否准确等。

2.进度计划是否满足工期目标的要求

进度计划应满足工期目标的要求。对于发包人的总体进度控制性计划来说,计划应满足项目的总工期和投产运行的目标要求。对于承包人的实施性进度计划来说,计划应满足合同规定的完工时间要求。

3.进度计划所需的资源过程是否可行、合理

根据时标网络进度计划可以逐时段统计计划所需的资源量,从而可得到进度计划的资源需求过程线。首先,应该衡量这一资源需求过程是否能够得到满足,人力资源供应是否充足,施工设备是否充足,施工场地、交通道路是否满足施工要求等。其次,应分析这一资源需求过程的合理性。在资源需求总量相同的情况下,资源需求过程分配均衡,可提高人力、设备的利用率,减小附属设施的规模,从而达到经济的目的。

4.进度计划的成本是否合理

一般来说,对于一项具体的工作项目,采用先进的技术,工作持续时间可以缩短,但是其直接费用会相应增加。因此,对于一个施工进度网络计划,在满足工期要求并使计划中的非关键工作具有适当的机动时间的情况下,采用适度技术水平的施工方案,可大大降低进度计划的成本。

5.进度计划是否与其他保证性计划相协调

进度计划只有在其所需资源得到保证的情况下才成为可行计划,它必须与其他保证性计划相协调。这些保证性计划主要包括资金计划、劳动力供应计划、施工设备使用计划、工程设备和材料供应计划、施工图供应计划、征地拆迁与移民安置计划、工程验收计

划、场地与道路使用计划等。另外,对于有外部协作的工程项目,其计划应与外部协作工作相协调。

6.进度计划是否满足时限要求

进度计划中的某些工作除受到其紧前工作、紧后工作的制约外,有时还受到外界因素的影响,这些影响因素对时间的限制称为时限。例如,北方高寒地区在冬季不能进行土方作业和露天混凝土浇筑;项目的某些工作必须在设定的里程碑目标前完成等。进度计划必须满足这些时限要求。

7.进度计划中采用的技术方案是否可行

工程施工是否能够顺利进行,很大程度上取决于所采用的进度计划。对进度计划的评审,应深入评审计划中所采用的施工技术方案:

(1)根据作业技术要求、作业条件,分析所采用的技术方案是否可行。

(2)从工作项目的工程量、机械台班定额、生产效率、机械数量、人员安排、施工工艺等方面,分析所采用的施工技术方案是否能满足计划进度要求。

8.分析计划按期完成的可能性

任何项目施工进度计划中都存在着不确定因素。在项目计划实施过程中,当遇到不利因素影响时,就有可能使作业时间延长。因此,对于编制出的初始计划,应客观地分析计划中存在的不确定因素,应用计划评审技术或图示评审技术,对计划按期完成的可能性做出科学的估计,以做到心中有数,防患于未然。对于风险较大的计划,应事先采取措施,修正计划。

调整优化的方法一般有:增加或缩短某些分项工程的施工时间;在施工顺序允许的条件下,将某些分项工程的施工时间向前或向后移动;必要时可以改变施工方法或施工组织。总之,通过调整,在工期能满足要求的条件下,使劳动力、材料、设备需要趋于均衡,主要施工机械利用率比较合理。

(八)绘制施工进度计划图表

1.横道图

横道图见图2-33。

2.网络图

(1)根据列项及各项之间的关系,先绘制无时标的网络计划图,经调整修改后,最后绘制时标网络计划,以便于使用和检查。

(2)对较复杂的工程可先安排各分部工程的计划,然后再组合成单项(位)工程的进度计划。

(3)安排分部工程进度计划时应先确定其主导施工过程,并以它为主导,尽量组织节奏流水。

(4)施工进度计划图编制后要找出关键线路,计算出工期,并判别其是否满足工期目标要求。如不满足,应进行调整或优化。

(5)优化完成后再绘制出正式的单项(位)工程施工进度计划网络图。

2022年11月份施工进度计划横道图

标识号	任务名称	单位	工程量	工期d	开始时间(年-月-日)
1	水电站大坝土建及金属结构安装工程			33	2022-10-19
2	1.临建工程			31	2022-10-21
3	9#路改造(防渗墙)施工完成			31	2022-10-21
4	混凝土生产系统围堰封闭完成			21	2022-10-21
5	2.拌和系统			33	2022-10-19
6	C2、C4、F1、F2、F3灰罐清灰完成			13	2022-10-19
7	F5、F6灌体安装、验收完成			28	2022-10-19
8	C1、F7灌体安装、验收完成			43	2022-10-19
9	施工平台铺设			7	2022-11-01
10	焊缝质量检测			11	2022-11-01
11	焊缝缺陷处理			21	2022-11-03
12	质量检查验收			14	2022-11-12
13	C3灌体拆除			10	2022-11-21
14	3.灌浆平洞及施工支洞			26	2022-10-21
15	灌浆平洞及施工支洞ZD0+326.00~ZD0+364.00开挖	m³	766.08	15	2022-10-21
16	灌浆平洞及施工支洞ZD0+320.00~ZD0+364.00支护施工			16	2022-10-31
17	4.大坝工程			36	2022-10-19
18	4.1混凝土工程			36	2022-10-19
19	4.1.1 3区(左岸13#~15#坝段)EL1 608.67坝段混凝土施工			33	2022-10-19
20	(13#~15#坝段)EL1 596.5长间歇层间间处理			5	2022-10-24
21	(13#~15#坝段)EL1 596.5~EL1 602.5碾压混凝土施工	m³	37 047.98	6	2022-10-24
22	(13#~15#坝段)EL1 602.5~EL1 608.67碾压混凝土施工	m³	48 465.54	20	2022-10-30
23	(13#~15#坝段)EL1 608.67~EL1 614.67碾压混凝土备仓	m³		2	2022-11-19
24	4.1.2 4区(右岸9#~12#坝段)混凝土施工			23	2022-10-29
25	右岸(9#~12#坝段)EL1 605.9~EL1 608.67碾压混凝土施工	m³	24 732.05	4	2022-10-29
26	右岸(9#~12#坝段)EL1 608.67~EL1 614.67碾压混凝土施工	m³	53 141.37	11	2022-11-02
27	右岸(9#~12#坝段)EL1 614.67~EL1 620.67碾压混凝土施工	m³	52 985.89	8	2022-11-13
28	4.1.3其他坝段混凝土施工			31	2022-10-24
29	右岸(6#坝段)EL1 667.0~EL1 667.6垫层混凝土施工	m³	609	1	2022-11-02

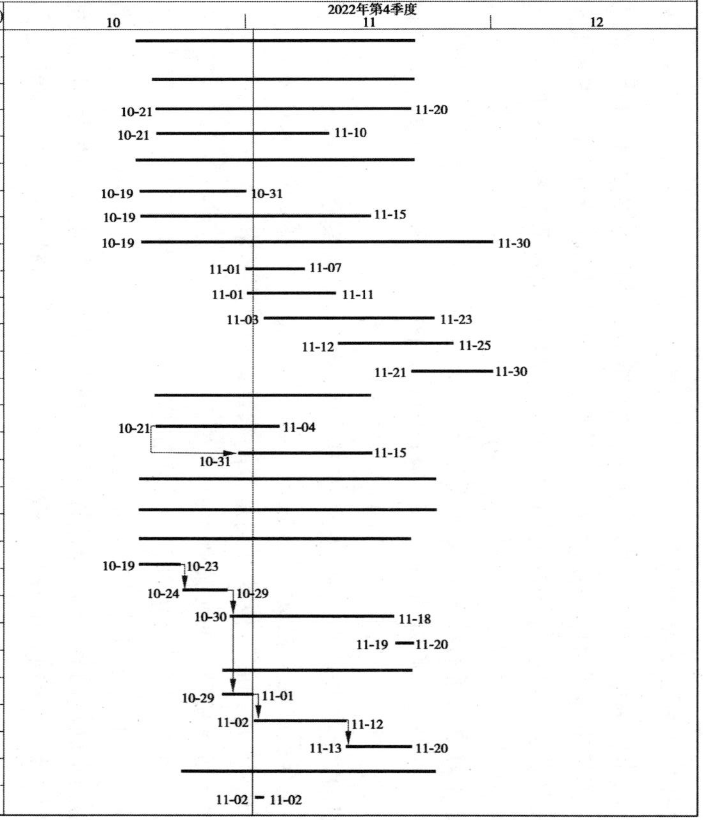

图 2-33　某工程的横道图

四、资源需要量计划

(一)劳动力需要量计划

劳动力需要量计划依据施工预算、劳动定额和施工进度计划编制,主要反映工程施工过程中不同时期所需的技工、普工人数,它是控制劳动力平衡、进行劳动力调配的主要依据。其编制方法是:在施工进度计划的下方,按工种分别绘制其劳动力消耗动态曲线图,从而得出每天所需各工种工人数量,然后再按分阶段的时间进度要求进行汇总,得出不同时期的平均劳动力需要量,见表2-8。

表2-8　劳动力需要量汇总

序号	工种	××××年(季度)				××××年(季度)				××××年(季度)				××××年(季度)				…
		1	2	3	4	1	2	3	4	1	2	3	4	1	2	3	4	
合计																		

(二)主要材料需要量计划

主要材料需要量计划(见表2-9),主要为组织备料,确定仓库、堆场的面积,组织运输之用,以满足施工组织计划中各施工过程所需的材料供应量。材料需要量是依据施工预算、材料消耗定额和施工进度计划而编制的,主要反映工程施工过程中所需的各种主要材料在不同时期的需要量和总需要量。它将施工进度表中各施工过程的工程量,按材料名称、规格、使用时间、进场量等,并考虑各种材料的储备和消耗情况进行计算汇总,确定每天(或月、旬)所需的材料数量。

表2-9　主要材料需要量计划

序号	材料名称	规格	需要量		××××年(季度)				××××年(季度)				××××年(季度)				备注
			单位	数量	1	2	3	4	1	2	3	4	1	2	3	4	
	合计																

(三)主要施工机械、设备需要量计划

主要施工机械、设备需要量计划是依据所选定的施工方法、施工机械设备和施工进度计划而编制的,主要反映工程施工过程中所需的各类施工机械、设备的名称、规格型号、数量和使用起止时间,作为落实设备来源、组织设备进场、安装调试与使用的依据,见表2-10。

表2-10　主要施工机械、设备需要量计划

序号	设备名称	规格型号	单位	数量	使用起止时间	备注

(四)预制构(配)件需要量计划

预制构(配)件需要量计划是依据施工图纸、施工方案与施工方法和施工进度计划而编制的,主要反映工程施工过程中各种预制构(配)件、加工半成品等的总需用量和供应日期,是落实加工承包单位按所需规格、数量和使用时间组织加工、送货的依据。预制构(配)件需要量计划一般应按钢构件、木构件、钢筋混凝土构件等不同种类分别编制。其计划的形式见表2-11。

表2-11　预制构(配)件需要量计划

序号	构件、加工半成品名称	图号和型号	规格尺寸	单位	数量	要求供应起止时间	备注

(五)施工物资运输计划

目前,施工物资的运输多由供货单位负责,施工单位只负责进场验收。当施工单位自己组织物资运输时,则应事先编制施工物资运输计划。施工物资运输计划依据施工进度计划和上述物资需要量及供应计划而编制,计划形式见表2-12。

表 2-12 施工物资运输计划

序号	需运项目	单位	数量	货源	运距	运输量	所需运输工具			需用起止时间
							名称	吨位	台班	

任务五 项目进度计划优化

一个项目进度计划要同时达到工期最短、资源使用最少、费用最少是不可能的,这是一个多目标优化问题。所以,网络计划的优化,是在满足既定目标的约束条件下,按选定目标,通过不断改进网络计划寻求满意方案。网络计划的优化目标,应按计划任务的需要和条件选定,包括工期目标、资源目标和费用目标,它们之间既有区别,又有紧密联系。

一、工期、资源与工程成本之间的关系

(一) 工期与工程成本之间的关系

工程成本包括直接成本和间接成本。直接成本由人工费、材料费、施工机械使用费和其他直接费组成。其中,人工费是指从事工程施工的生产工人开支的各项费用,包括基本工资和岗位工资。材料费是指用于工程上的消耗性材料、装置性材料和周转性材料的摊销费。施工机械使用费是指消耗在工程项目上的机械磨损、维修和动力燃料费等。其他直接费主要指冬雨季施工增加费、夜间施工增加费、特殊地区施工增加费、临时设施费、安全生产措施费等。

若计划工期小于合理工期,则需要在赶工措施下施工,如改增作业班制,加大资源配置,采取措施保证冬季施工,采用奖励制度,引进先进的施工设备、施工方法等,会使完成单位工程量所需要的直接成本增加。随着计划工期趋向于合理工期,直接成本会逐渐下降,达到合理工期之后,直接成本趋向于稳定。若工期无限期延长会造成人工、机械窝工等,直接成本也会增加。间接成本主要指规费和企业管理费。间接成本随着工期缩短而减少,随着工期延长而增加。工期与工程成本之间的关系见图 2-34。

因此,工期优化和成本优化的主要目的就是寻求成本最优时的合理工期。

(二) 资源与工程成本之间的关系

资源是为完成计划任务所需的人力、材料、机械设备和资金的统称。资源的合理配置对工程成本有直接的影响。合理的配置资源可避免资源需要量曲线出现较多的波动:一

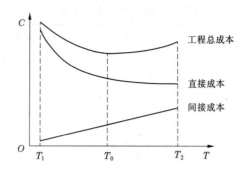

C—工程成本；T—施工工期；T_0—合理施工工期；T_1—缩短施工工期；T_2—延长施工工期。

图 2-34   工期与工程成本之间的关系

是减少人工、机械窝工费用或重新雇佣工人的费用，提高工作效率，减少施工人员管理复杂度；二是减少库存、二次搬运费用；三是提高资金使用效率。另外，若资源配置不合理导致资源冲突、资源短缺，会使工期延长，从而造成工程成本增加。

二、工期优化

初始进度计划编制完成后，可以将其计算工期与要求工期进行对比。如果计算工期小于要求工期，在工期目标视角一般是不需要进行优化的；如果计算工期远远小于要求工期，说明施工方案或者投入资源强度过大，计划编制太保守从而导致不经济，此时需要进行优化，也就是调整施工方案，适当延长工作时间。我们通常说的工期优化是第三种情况，即计算工期大于要求工期，此时的计划不满足工期目标，需要调整。本书主要针对第三种情况进行说明。

工期优化的作用在于当网络计划计算工期不满足要求工期时，可通过不断压缩关键线路的长度，达到缩短工期、满足要求工期的目的。关键线路由关键工作组成，同时也是不断动态变化的，所以压缩关键线路是一个需要不断调整的动态过程。缩短关键线路的途径有两个：一是将关键工作进行分解，组织平行作业或平行交叉作业；二是压缩关键工作的持续时间。

（一）组织平行作业或平行交叉作业

所谓组织平行作业或平行交叉作业，就是将网络中原来依次进行的关键工作，改为平行进行或平行交叉进行的工序，使得在同一时间内能安排更多的工序同时进行，但各工序的总持续时间可以保持不变。

1. 将依次作业改为平行作业

将依次进行的关键工作改为平行作业，能得到最大的优化效果。

例如，某引水渠工程包括土方开挖 A 和衬砌 B 两项主要工作，工作 A 需 15 d 完成，工作 B 需 30 d 完成，见图 2-35（a）。若增加同样规格和数量的挖掘设备，从渠道两端相向进行开挖作业，则开挖时间可缩短到 7.5 d，见图 2-35（b）。

从上述过程可看出：

（1）将依次工作改为平行作业时，不能违反工艺要求。例如，不能把图 2-35 中的"开挖"和"衬砌"这两个依次作业改为平行作业。

(2)组织平行作业一般要增加资源。例如,由图 2-35(a)中的安排变为图 2-35(b)的安排,需要增加挖掘设备。

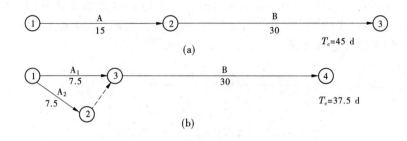

图 2-35　组织平行作业图例

2.将依次作业改为平行交叉作业

将依次进行的关键工作改为平行作业,虽然优化效果最大,但由于工艺要求的限制,可以这样调整的情形并不多见。然而能将依次进行的关键工作改为平行交叉作业(流水作业)的情形却很普遍。

这种方法的特点是不改变工序间的逻辑关系,不额外增加资源,不缩短各工序总的持续时间,只是将依次进行的关键工作各自细分成几段,然后进行平行交叉作业。

在图 2-36 给出的例子中,若增加设备有困难,不能组织平行作业,而现场条件允许"开挖"与"衬砌"组织交叉作业,也可缩短工期。如均分三段组织平行交叉作业,网络计划见图 2-37,工期变为 35 d。图中 A_1、A_2、A_3 分别表示第 1、2、3 段的土方开挖,B_1、B_2、B_3 分别表示第 1、2、3 段的衬砌。

图 2-36　依次作业图例

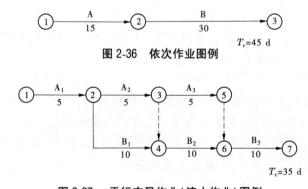

图 2-37　平行交叉作业(流水作业)图例

与组织平行作业相同,组织平行交叉作业,首先应符合工作之间的逻辑关系。

(二)压缩关键工作的持续时间

1.压缩关键工作持续时间的方法

通常,可以从下列几个方面采取措施来压缩关键工作的持续时间。

1)从资源上采取措施

(1)从非关键工作上调出资源支援关键工作。图 2-38 为某工程初始网络计划图,可以考虑将工作 B 上的资源调配到关键工作 A 或 C(或 A 和 C)上。一般的做法有:①让工作 B 按最早结束时间完成,然后调集资源支援工作 A 和 C;②推迟工作 B 的开始时间,调集资源支援工作 A;③延长工作 B 的持续时间,调出部分资源支援关键工作 A 和 C。具体可根据实际情况择优选取方案。

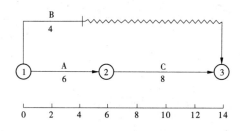

图 2-38　某工程初始网络计划图

(2)从计划外抽调资源给关键工作。如果计划内部没有潜力可挖,可考虑从计划外部抽调资源,用于关键工作,以加快关键工作的进度。

2)从组织上采取措施

(1)引进竞争机制,将网络计划的执行与经济责任制相结合,对重要的关键工作实行各种形式的承包,从而促使这些工作提前完成。

(2)对重要的工作,可以考虑加班加点,如变一班制为两班制或三班制。

3)从技术上采取措施

进行技术革新,采取改进施工工艺、引进先进设备等技术措施,都能有效地缩短工作的持续时间。

2.压缩工作的选择

关键线路是由关键工作组成的,调整不同工作持续时间相应造成的影响不同,一般应通过分析比较选择某个或某些关键工作进行压缩。

例如,在图 2-39 中,关键线路为 D—E—F—G,次关键线路为 H—J—K—F—G 和 A—B—C—G,其中工作 G 和 F 为关键线路和次关键线路的公共工作。若将工作 G 压缩 3 d,工程周期也将压缩 3 d;但若将工作 E 压缩 4 d,工程周期却只能压缩 1 d。这是因为次关键线路的长度仅比关键线路短 1 d,当关键工作 E 压缩 1 d 以后,原来的次关键线路就变成了关键线路,继续压缩工作 E,不能使工程周期有任何的缩短。

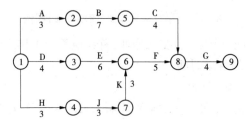

图 2-39　网络计划图

1)代价最小原则

所谓代价最小原则,是指在选择优先缩短工作持续时间的关键工作时,应考虑下列因素:

(1)缩短工作持续时间后对质量和安全影响不大的工作。

(2)有充足备用资源的工作。

(3)缩短持续时间所需增加的费用最少的工作。

在网络计划优化的实践中,一般先根据(1)、(2)两项将关键工作划分成不同优先级,在此基础上按(3)中的原则选择优先缩短持续时间的对象。有关(3)中最小费用率原则,将在费用优化中详细介绍。

2)潜力最大原则

组成关键线路的诸工作中,有些不能压缩;有些虽然可以压缩,但压缩的幅度可能不大,而压缩的难度却可能较高。显然,压缩这样的工作,投入的精力不小而得到的效果却不会很大。对于压缩其持续时间造成相同代价的工作,应优先选择那些容易大幅度进行压缩的工作进行调整,也就是压缩潜力较大(持续时间相对更长)的工作。例如,在图 2-39 中,工作 E 和 D、G 属于同一条关键线路上的工作,工作 E 的持续时间为 6 d,而工作 D 和 G 的持续时间均为 4 d,显然工作 E 的压缩潜力更大些,应优先压缩工作 E。

3)公共工序的原则

在双代号网络图中进行各工作持续时间的调整,该网络图的关键线路会相应发生动态改变。在这个过程中,一些关键工作可能会变成非关键工作,此时压缩这些工作持续时间并不能带来总工期的缩短。对于潜力最大和代价最小原则下优先级相同的工作,可以优先考虑压缩公共工序的持续时间。公共工序,就是不管关键线路如何变化,始终会出现在关键线路上的工作。如图 2-39 中的 G 工作,压缩其 2 d 时间,总工期肯定会缩短 2 d;而分别压缩工作 E 或者 F 2 d 时,总工期并不能缩短 2 d。

三、资源优化

在实际工程施工中,一个单位或部门在一定时间内所能获取的各种资源(如劳动力、机械及材料等)是有一定限度的,如何经济而有效地利用这些资源具有重要的工程实际意义。在安排资源计划时有两种情况:①网络计划所需要的某种资源投入量受到限制,如果不增加资源数量(如劳动力),有时会迫使工程的工期延长,资源优化的目的是使工期延长的量最少。②在一定时间内如何安排各工作活动时间,使可供使用的资源均衡地消耗;资源消耗是否均衡,将影响企业管理的经济效果。例如,根据进度计划,某一时段内水泥消耗量比平均数量高很多,为满足计划进度,或增大运输能力,或增大仓库规模。相应水泥运输设备在该段时间内能充分发挥作用,其余时段出现运输设备的闲置;同时也会造成水泥储存仓库和设施的设计规模偏大,高峰期能满足储存要求,其余时段仓库空间利用率不高,储存设施出现闲置,从而造成供应、存储保管费用的增加和临时建筑物规模的不合理。

资源优化有两类问题:①资源有限,工期(延长)最短的优化;②工期固定,资源均衡的优化。

在下述资源优化方法中,需要预先假定如下条件:

(1)在优化过程中,不改变网络计划中各项工作之间的逻辑关系。

(2)在优化过程中,不改变网络计划中各项工作的持续时间。

(3)网络计划中各项工作的资源强度(单位时间所需资源数量)为常数,而且是合理的。

(4)除规定可中断的工作外,一般不允许中断工作,保持工作的连续性。

(一)资源有限,工期(延长)最短的优化

"限制资源,使工期(延长)最短"的优化问题,是在初始网络计划编制后,资源受到一定限制约束的条件下,为解决资源冲突而重新安排有关工作项目的优化。优化的目标是使工期增加的最少。目前,解决这类问题常用的方法有:以整数规划、动态规划等为代表的精确算法;以禁忌搜索、粒子群算法、遗传算法等为代表的智能算法;面对大规模项目排序问题的启发式算法。

由于精确算法和智能算法太过于烦琐和复杂,计算量过大,而且我们在制定并运用进度计划时也不需要得出最优解,只需要得到满意解即可,因此目前常用的方法是资源调度法(resource scheduling method,RSM)。

1. RSM 的原理

资源调度法(RSM)指的是当一个项目的资源受到限制的情况下,通过对网络计划中各个工作后移对总工期的影响进行分析,然后重新安排相应活动,使工期的增量达到最小,从而解决资源冲突的一种方法。

我们假设初始的网络计划图在$(t,t+1)$时段内有两项工作$j—k$与$l—m$同时进行,资源的需求量r_k(工作$j—k$与$l—m$所需资源需求量之和)大于该时刻资源供应量R_k即$r_k>R_k$,为了应对资源供需的冲突,我们需要延迟某一项活动的开始时间,这样就会导致总工期T被延长ΔT。

若将工作$l—m$安排到工作$j—k$结束之后再开始,工作$j—k$的开始时间和结束时间不变,不会影响工期的改变;而此时工作$l—m$的实际开始时间变为$EF_{j—k}$,由于工作$l—m$结束时间的延后导致的工期变化量可以通过其实际开始时间与最迟开始时间的差值表示,即工期增量为

$$\Delta T(j—k,l—m)=(EF_{j—k}+D_{l—m})-LF_{l—m}=EF_{j—k}-(LF_{l—m}-D_{l—m})=EF_{j—k}-LS_{l—m}$$

同理,若将工作$j—k$安排到工作$l—m$之后,工期增量为

$$\Delta T(l—m,j—k)=EF_{l—m}-LS_{j—k}$$

我们的目标是使工期的增量ΔT达到最小,所以如果$\Delta T(j—k,l—m)>\Delta T(l—m,j—k)$,则将工作$j—k$延迟到工作$l—m$之后再进行;如果$\Delta T(j—k,l—m)<\Delta T(l—m,j—k)$,则将工作$l—m$延迟到工作$j—k$之后再进行。

如果在当中有两项以上的工作发生资源冲突,则分别对其进行两两排序,计算它们的工期增量$\Delta T(j—k,l—m)$,并选择其中的最小值,即$\min[\Delta T(j—k,l—m)]$作为最佳的方案来进行调整,重复以上步骤,最终使得整个项目在最短工期内达成资源约束。

RSM 认为每项工作的持续时间及资源需要量不变,只能将工作整体调整。综上所述,RSM 的主要步骤如下:

(1)绘制时标网络的每单位时间的资源需要量动态曲线。

(2)由前向后逐时段检查网络计划,确定是否存在资源冲突。

(3)根据工期增量计算式,逐步调整引起冲突的工作,直到冲突得到解决。

(4)修正调整后的网络计划及资源需要量动态曲线。

(5)重复(2)、(3)、(4)步骤,直到每个时段都不存在资源冲突。

应当指出,在调整过程中如果有工期延长,那么应该将调整资源冲突且延长工期的方案与不延长工期而从外部增调资源的方案进行比较,最后确定经济合理的方案。

此外,通过 RSM 寻找到的工作优先排序不一定是最优的,我们也必须要考虑到以下三种情况的出现:

(1)在通过 RSM 的调整之后,在网络计划图中仍旧存在少量的资源冲突。

(2)在之后插入缓冲区的时候有可能使关键线路发生变化,或者出现新的资源冲突。

(3)在实际运用项目进度计划的时候,随着项目的进行,即便消除了一开始网络图中的资源冲突,也可能会发生其他资源的冲突情况。

2. RSM 进行资源调整示例

某工程网络计划的原始网络图见图 2-40。图中各工作箭线上、下方的数字分别表示该工作每日所需资源数量及该工作的持续时间。该网络计划的有关计算数据见表 2-13。该原始计划的总工期为 16 d。现已知资源限制为工人数最多不超过 $R_c = 40$ 人。要求对该计划进行调整,使之在满足资源限制的条件下,工期最短。

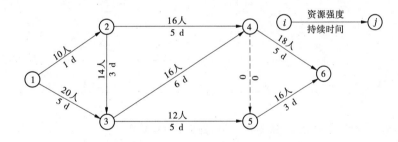

图 2-40 原始网络图

根据前述的 RSM,对该原始网络计划进行资源优化的调整,其过程如下。

表 2-13 计算数据

工作	工作代号	ES/d	EF/d	LS/d	LF/d	工作时差 TF_{i-j}/d	局部时差 FF_{i-j}/d	工作历时 t_{i-j}/d	资源需要量 r_{i-j}/(人/d)
A	1—2	0	1	1	2	1	0	1	10
B	1—3	0	5	0	5	0	0	5	20
C	2—3	1	4	2	5	1	1	3	14
D	2—4	1	6	6	11	5	5	5	16

续表 2-13

工作	工作代号	ES/d	EF/d	LS/d	LF/d	工作时差 TF_{i-j}/d	局部时差 FF_{i-j}/d	工作历时 t_{i-j}/d	资源需要量 r_{i-j}/(人/d)
E	3—4	5	11	5	11	0	0	6	16
F	3—5	5	10	8	13	3	1	5	12
G	4—5	11	11	13	13	2	0	0	0
H	4—6	11	16	11	16	0	0	5	18
K	5—6	11	14	13	16	2	2	3	16

(1)根据图 2-40 及表 2-13 绘出相应于工作最早开始时间、有时间坐标的网络图及各工作日的资源需要量(见图 2-41)。

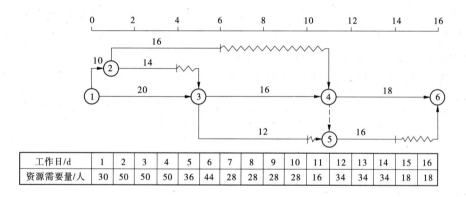

图 2-41　网络图及资源需要量

(2)检查时段(0,1)即第 1 个工作日,该时段内需要的资源数之和 $R = 30 < R_c$,资源无冲突。

(3)在时段(1,4)内,即第 2、3、4 工作日,$R = 50 > R_c$,发生资源冲突,需要调整。在时段(1,4)内引起资源冲突的工作有 B、C 和 D 三项,它们的 EF 值及 LS 值可从表 2-13 查得,即

工作 B:$EF_B = 5$,$LS_B = 0$;

工作 C:$EF_C = 4$,$LS_C = 2$;

工作 D:$EF_D = 6$,$LS_D = 6$。

其中,EF 值最小的是工作 C,LS 值最大的是工作 D,所以应将工作 D 安排在工作 C 结束后再开始。计划调整结果见图 2-42,其工期增值为

$$\Delta T_{CD} = EF_C - LS_D = 4 - 6 = -2(d)$$

说明总工期不会延长。

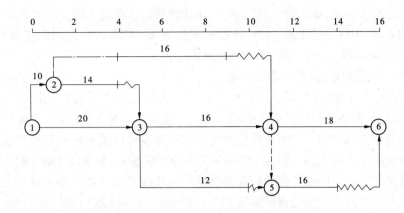

工作日/d	1	2	3	4	5	6	7	8	9	10	11	12	13	14	15	16
资源需要量/人	30	34	34	34	36	44	44	44	44	28	16	34	34	34	18	18

图 2-42　计划调整结果

(4)在时段(5,9)内,资源日需要量 $R = 44 > R_c = 40$,发生资源冲突。引起冲突的工作有 D、E、F 三项,它们的 EF 值及 LS 值分别为

工作 D:$EF_D = 9$,$LS_D = 6$;

工作 E:$EF_E = 11$,$LS_E = 5$;

工作 F:$EF_F = 10$,$LS_F = 8$。

其中,EF 值最小的是工作 D,LS 值最大的是工作 F,所以将工作 F 安排在工作 D 结束后再开始,其工期增值为

$$\Delta T_{DF} = EF_D - LS_F = 9 - 8 = 1$$

工期延长 1 d。

将网络图做相应调整,见图 2-43。

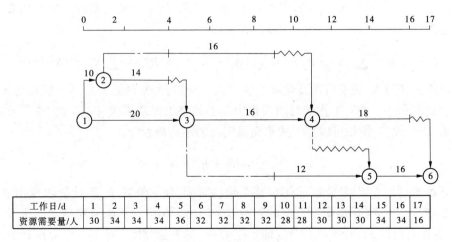

工作日/d	1	2	3	4	5	6	7	8	9	10	11	12	13	14	15	16	17
资源需要量/人	30	34	34	34	36	32	32	32	32	28	28	30	30	30	34	34	16

图 2-43　网络图调整

检查图 2-43 中各日的资源需要量,都没有资源冲突,调整结束。结果使工期延长1 d。

需要说明的是,如果在实际问题中,应比较延长工期遭受损失的方案及外调资源增加费用的方案,即将延长工期(1 d)遭受损失的方案,与不延长工期而在第9天调入人力(32+12)-40=4(人)的方案进行比较,择优选用。

(二)工期固定,资源均衡的优化

所谓限制工期,是指要求工程在合同工期或上级机关下达的工期指标范围内完成。一般情况下,网络计划的工期不能超过有关的规定。既然工期已定,只能考虑如何使资源需要量分布更加均衡。资源需要量分配的均衡程度可以用不同的指标表达。一种是"资源需要量的平方和",另一种是"资源需要量的峰谷差"。本书只介绍"最小平方和法"。

设某工程初步网络计划的资源需要量动态曲线见图2-44。为简便起见,假定每项工作在其持续时间内需要的资源强度相等。已知计划工期为 T,则所需资源的平均需要量 R_m 为

$$R_m = \sum_{t=1}^{T} R_t / T$$

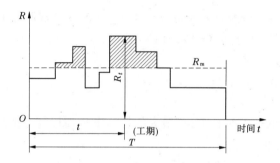

图 2-44 资源需要量动态曲线

理想的资源计划是每时间段的资源需要量 R_t,都等于 R_m。显然,对于实际资源过程来说,越接近这一理想标准,资源分配越平衡。因此,整个计划的资源分布不均衡程度 E 可表达为

$$E = \sum_{t=1}^{T} (R_t - R_m)^2 = \sum_{t=1}^{T} (R_t^2 - 2R_tR_m + R_m^2) = \sum_{t=1}^{T} R_t^2 - TR_m^2$$

显然 E 值越大,说明资源变化幅度也越大。所以,要使资源分配尽可能地均衡,就要使 E 值达到最小。在对工作的时间调整中关心的是怎样使 E 变小,而 R_m 是资源需要量的均值,不会改变,所以可以用下式来衡量资源的不均衡程度:

$$e = \sum_{t=1}^{T} R_t^2 = R_1^2 + R_2^2 + \cdots + R_T^2$$

下面通过图2-45来分析如何调整工作的时间,使 e 值减小,即使资源使用变均衡。在图2-45中,根据某网络资源分配的初始方案绘出了相应的资源需要量动态曲线。工作 K—L 为在时段 (i,j) 内的一项工作,即工作 K—L 的开始时间在第 i+1 个工作日的上班时开始,到第 j 个工作日下班时结束。假设工作 K—L 本身需要的资源量为 $T \times L$,其自由时差大于零。

若将工作 K—L 后移 1 d(图2-45中虚线位置),则引起的资源需要量变化为:

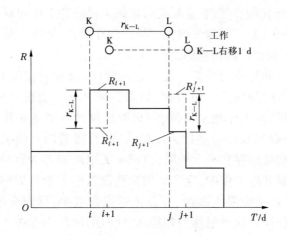

图 2-45 资源需要量调整

$(0,i)$时段,资源需要量不变;

$(i+1,j)$时段,资源需要量也不变;

$(j+1,T)$时段,虽然工作 K—L 在每一天的工作进展发生了变化,但资源需要量也没改变;

资源需要量发生变化的时段是第 $i+1$ 天内和第 $j+1$ 天内,即

第 $i+1$ 天,资源需要量变为

$$R'_{i+1} = R_{i+1} - r_{K-L}$$

第 $j+1$ 天,资源需要量变为

$$R'_{j+1} = R_{j+1} - r_{K-L}$$

这样,资源需要量不均衡指标 e 值的变化量为

$$\varepsilon_1 = e' - e = \left[(R_{j+1} + r_{K-L})^2 + (R_{i+1} - r_{K-L})^2 \right] - (R_{j+1}^2 + R_{i+1}^2)$$
$$= 2r_{K-L}(R_{j+1} - R_{i+1} + r_{K-L}) = 2r_{K-L}\Delta_1$$

显然,若 $\Delta_1 = R_{j+1} - R_{i+1} + r_{K-L}$ 为负值,即 ε_1 为负值,e 值就会减小,说明 K—L 后移 1 d 的结果会使资源分配更加均衡。若 $\Delta_1 > 0$,即 ε_1 为正值,e 值会增大,说明 K—L 后移 1 d 会使资源分配更不均衡,则不能进行这一调整。

如果工作 K—L 在其自由时差范围内再向后移 1 d,则 e 值的变化为

$$\varepsilon_2 = 2r_{K-L}(R_{j+1} - R_{i+1} + r_{K-L}) + 2r_{K-L}(R_{j+2} - R_{i+2} + r_{K-L})$$
$$= 2r_{K-L}(\Delta_1 + \Delta_2)$$

显然,如果 $\Delta_1 + \Delta_2 < 0$,则工作 K—L 右移 2 d 可以使资源分配变均衡。

工作 K—L 在其自由时差范围内继续后移引起 e 值的变化判断可按上述方法类推。

四、费用优化

费用优化是通过不同工期及其相应工程费用的比较,寻求与最低工程费用相对应的最优工期。

(1)工程费用包括直接费用和间接费用两部分。直接费用是指直接用于建筑工程上

的人工费、材料费、机械使用费等,它主要是由建筑工程的各工序的直接费用构成。间接费用主要指组织和管理建筑工程施工的各项经营管理费,如管理人员工资、行政办公费、职工福利与教育经费、银行贷款利息等。

(2)工程费用与工期有密切关系。在一定范围内,直接费用随着时间的延长而减少,而间接费用则随着时间的延长而增加,如图 2-46 所示。直接费用在一定范围内和时间成反比。如果要缩短工作施工时间,需采取加班加点多班制作业,增加保证质量和安全等目标的措施费用及相应辅助人工的投入,直接费用也随之增加。另外,由于边际效益的影响,工期缩短存在一个极限,也就是无论增加多少直接费用,也不能再缩短工期。例如,在隧洞开挖工作中,适当增加钻孔设备的数量可以缩短工作持续时间,但是当掌子面的钻孔设备数量太多时,不仅不能提高效率,反而会因为设备相互干扰影响而延长工作持续时间,此极限称为临界点,此时的时间为最短工期,此时的费用称为最短时间直接费用,如图 2-47 中的 A 点所示;若延长时间,则可减少直接费用,然而时间延长至某一极限,则无论将工期延至多长,也不能再减少直接费用,此极限称为正常点。此时的工期称为正常工期,此时的费用称为最低费用或正常费用,如图 2-47 中的 B 点所示。

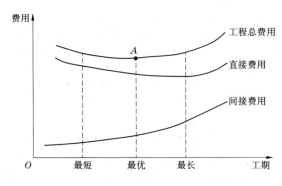

图 2-46　工程费用与工期的关系

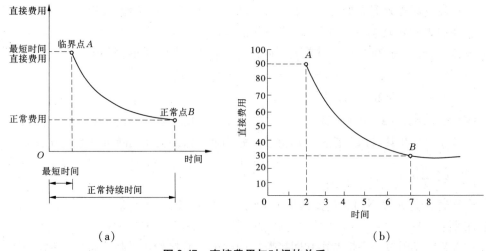

（a）　　　　　　　　　　　　　　　　（b）

图 2-47　直接费用与时间的关系

（3）工期-费用优化的计算。

①按工作正常持续时间找出关键工作及关键线路。

②按下式计算各项工作的费用率，即

$$\Delta C_{i-j} = \frac{\mathrm{CC}_{i-j} - \mathrm{CN}_{i-j}}{\mathrm{DN}_{i-j} - \mathrm{DC}_{i-j}}$$

式中　ΔC_{i-j}——工作的费用率；

　　　CC_{i-j}——将工作持续时间压缩到最短持续时间后，完成该工作所需的直接费用；

　　　CN_{i-j}——在正常条件下完成工作i—j所需的直接费用；

　　　DN_{i-j}——工作i—j的正常持续时间；

　　　DC_{i-j}——工作i—j的最短持续时间。

③在网络计划中找出费用率最低的一个关键工作或一组关键工作，作为缩短持续时间的对象。

④缩短所找出的关键工作或一组关键工作的持续时间，其缩短值必须符合不能压缩成非关键工作和缩短后持续时间不小于最短持续时间的原则。

⑤计算相应增加的直接费用。

⑥考虑工期变化带来的间接费用及其他损益，在此基础上计算总费用。

⑦重复步骤③~⑥，一直计算到总费用最低为止。

任务六　进度控制

在计划执行过程中，组织、管理、经济、技术、资源、环境和自然条件等影响因素，往往会造成实际进度与计划进度产生偏差，如果偏差不能及时纠正，必将影响进度目标的实现。因此，在计划执行过程中采取相应措施保证实际进度处于可控状态，对保证计划目标的顺利实现具有重要意义。

进度控制的目的是通过一系列工作以实现项目的进度目标。进度控制主要包含以下几个内容：

（1）检查并掌握实际进展情况。

（2）分析产生进度偏差的主要原因。

（3）确定相应的纠偏措施或调整方法。

一、进度计划的检查

（一）进度计划的检查方法

1.计划执行中的跟踪检查

在网络计划的执行过程中，必须建立相应的检查制度，定时定期地对计划的实际执行情况进行跟踪检查，收集反映实际进度的有关数据。

2.收集数据的加工处理

收集反映实际进度的原始数据量大面广,必须对其进行整理、统计和分析,形成与计划进度具有可比性的数据,以便在网络图上进行记录。根据记录的结果可以分析判断进度的实际状况,及时发现进度偏差,为网络图的调整提供信息。

3.实际进度检查记录的方式

(1)当采用时标网络计划时,可采用实际进度前锋线记录计划实际执行状况,进行实际进度与计划进度的比较。

实际进度前锋线是在原时标网络计划上,自上而下从计划检查时刻的时标点出发,用点画线依次将各项工作实际进度达到的前锋点连接而成的折线。通过实际进度前锋线与原进度计划中各工作箭线交点的位置可以判断实际进度与计划进度的偏差。

例如,图2-48是一份时标网络计划用前锋线进行检查记录的实例。该图有2条前锋线,分别记录了第50、70天(下班时刻)的两次检查结果。

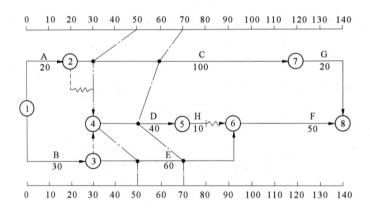

图2-48 某工程实际进度前锋线检查图

(2)当采用无时标网络计划时,可在图上直接用文字、数字、适当符号或列表记录计划的实际执行状况,进行实际进度与计划进度的比较。

(二)网络计划检查的主要内容

(1)关键工作进度。

(2)非关键工作的进度及时差利用情况。

(3)实际进度对各项工作之间逻辑关系的影响。

(4)资源状况。

(5)成本状况。

(6)存在的其他问题。

(三)对检查结果进行分析判断

通过对网络计划执行情况的检查结果进行分析判断,可为计划的调整提供依据。一般应进行如下分析判断:

(1)对时标网络计划宜利用绘制的实际进度前锋线,分析计划的执行情况及其发展趋势,对未来的进度做出预测、判断,找出偏离计划目标的原因及可供挖掘的潜力所在。

(2)对无时标网络计划宜按表 2-14 记录的情况对计划中未完成的工作进行分析判断。

表 2-14　网络计划检查结果分析表

工作编号	工作名称	检查时尚需工作天数/d	按计划最迟完成尚有天数/d	总时差/d		自由时差/d		情况分析
				原有	目前尚有	原有	目前尚有	

二、进度计划的调整

(一) 网络计划调整的内容

(1)调整关键线路的长度。

(2)调整非关键工作时差。

(3)增、减工作项目。

(4)调整逻辑关系。

(5)重新估计某些工作的持续时间。

(6)对资源的投入做相应的调整。

(二) 网络计划调整的方法

1. 调整关键线路的方法

(1)当关键线路的实际进度比计划进度拖后时,应在尚未完成的关键工作中,选择资源强度小或费用低的工作缩短其持续时间,并重新计算未完成部分的时间参数,将其作为一个新计划实施。

(2)当关键线路的实际进度比计划进度提前时,若不拟提前工期,应选用资源占用量大或者直接费用高的后续关键工作,适当延长其持续时间,以降低其资源强度或费用;当确定要提前完成计划时,应将计划尚未完成的部分作为一个新计划,重新确定关键工作的持续时间,按新计划实施。

2. 非关键工作时差的调整方法

非关键工作时差的调整应在其时差的范围内进行,以便更充分地利用资源、降低成本或满足施工的需要。每一次调整后都必须重新计算时间参数,观察该调整对计划全局的影响。可采用以下几种调整方法:

(1)将工作在其最早开始时间与最迟完成时间范围内移动。

(2)延长工作的持续时间。

(3)缩短工作的持续时间。

3. 增、减工作项目时的调整方法

增、减工作项目时应符合下列规定:

(1)不打乱原网络计划总的逻辑关系,只对局部逻辑关系进行调整。

（2）在增、减工作后应重新计算时间参数,分析对原网络计划的影响;当对工期有影响时,应采取调整措施,以保证计划工期不变。

4.调整逻辑关系

逻辑关系的调整只有当实际情况要求改变施工方法或组织方法时才可进行。调整时应避免影响原定计划工期和其他工作的顺利进行。

5.调整工作的持续时间

当发现某些工作的原持续时间估计有误或实现条件不充分时,应重新估算其持续时间,并重新计算时间参数,尽量使原计划工期不受影响。

6.调整资源的投入

当资源供应发生异常时,应采用资源优化方法对计划进行调整,或采取应急措施,使其对工期的影响最小。

网络计划的调整,可以定期进行,亦可根据计划检查的结果在必要时进行。

三、进度控制的措施

(一)进度控制的组织措施

正如前文所述,组织是目标能否实现的决定性因素,为实现项目的进度目标,应充分重视健全项目管理的组织体系。在项目组织结构中应有专门的工作部门和符合进度控制岗位资格的专人负责进度控制工作。

进度控制的主要工作环节包括进度目标的分析和论证、编制进度计划、定期跟踪进度计划的执行情况、采取纠偏措施及调整进度计划。这些工作任务和相应的管理职能应在项目管理组织设计的任务分工表和管理职能分工表中标示并落实。

应编制项目进度控制的工作流程,如:

(1)定义项目进度计划系统的组成。

(2)各类进度计划的编制程序、审批程序和计划调整程序等。

进度控制工作包含了大量的组织和协调工作,而会议是组织和协调的重要手段,应进行有关进度控制会议的组织设计,以明确以下事项:

(1)会议的类型。

(2)各类会议的主持人及参加单位和人员。

(3)各类会议的召开时间。

(4)各类会议文件的整理、分发和确认等。

(二)进度控制的管理措施

建设工程项目进度控制的管理措施涉及管理的思想、管理的方法、管理的手段、承发包模式、合同管理和风险管理等。在理顺组织的前提下,科学和严谨的管理显得十分重要。

建设工程项目进度控制在管理观念方面存在以下主要问题:

(1)缺乏进度计划系统的观念。分别编制各种独立而互不联系的计划,形成不了计划系统。

(2)缺乏动态控制的观念。只重视计划的编制,而不重视及时地进行计划的动态调整。

（3）缺乏进度计划多方案比较和选优的观念。合理的进度计划应体现资源的合理使用、工作面的合理安排、有利于提高建设质量、有利于文明施工和有利于合理地缩短建设周期。

用工程网络计划的方法编制进度计划必须很严谨地分析和考虑工作之间的逻辑关系，通过工程网络的计算可发现关键工作和关键线路，也可知道非关键工作可使用的时差，工程网络计划的方法有利于实现进度控制的科学化。

承发包模式的选择直接关系工程实施的组织和协调。为了实现进度目标，应选择合理的合同结构，以避免过多的合同交界面而影响工程的进展。工程物资的采购模式对进度有直接的影响，对此应做比较分析。

为实现进度目标，不但应进行进度控制，还应注意分析影响工程进度的风险，并在分析的基础上采取风险管理措施，以减少进度失控的风险量。常见的影响工程进度的风险，有组织风险、管理风险、合同风险、资源（人力、物力和财力）风险、技术风险等。

重视信息技术（包括相应的软件、局域网、互联网及数据处理设备）在进度控制中的应用。虽然信息技术对进度控制而言只是一种管理手段，但它的应用有利于提高进度信息处理的效率，有利于提高进度信息的透明度，有利于促进进度信息的交流和项目各参与方的协同工作。

（三）进度控制的经济措施

建设工程项目进度控制的经济措施涉及资金需求计划、资金供应条件和经济激励措施等。为确保进度目标的实现，应编制与进度计划相适应的资源需求计划（资源进度计划），包括资金需求计划和其他资源（人力和物力资源）需求计划，以反映工程实施的各时段所需要的资源。通过资源需求的分析，可发现所编制的进度计划实现的可能性，若资源条件不具备，则应调整进度计划。资金需求计划也是工程融资的重要依据。

资金供应条件包括可能的资金总供应量、资金来源（自有资金和外来资金）及资金供应的时间。在工程预算中应考虑加快工程进度所需要的资金，其中包括为实现进度目标将要采取的经济激励措施所需要的费用。

（四）进度控制的技术措施

建设工程项目进度控制的技术措施涉及对实现进度目标有利的设计技术和施工技术的选用。不同的设计理念、设计技术路线、设计方案会对工程进度产生不同的影响。在设计工作的前期，特别是在设计方案评审和选用时，应对设计技术与工程进度的关系做分析比较。在工程进度受阻时，应分析是否存在设计技术的影响因素，为实现进度目标有无设计变更的可能性。

施工方案对工程进度有直接的影响，在决策其是否选用时，不仅应分析技术的先进性和经济合理性，还应考虑其对进度的影响。在工程进度受阻时，应分析是否存在施工技术的影响因素，为实现进度目标有无改变施工技术、施工方法和施工机械的可能性。

【拓展训练】　根据如表 2-15 所示的钢筋混凝土电缆沟工程的工作明细，试用 Excel 绘制该项目施工进度横道图。

表 2-15　工作明细

分段	Ⅰ段			Ⅱ段			Ⅲ段		
施工内容	架立模板	绑扎钢筋	浇筑混凝土	架立模板	绑扎钢筋	浇筑混凝土	架立模板	绑扎钢筋	浇筑混凝土
所需时间/d	2	2	1	3	3	1	2	2	1

解答：

（1）将表 2-15 中工作名称及起止时间进行整理，如表 2-16 所示。

表 2-16　整理后的工作明细

序号	工作名称	开始时间	工作历时	序号	工作名称	开始时间	工作历时
1	架立模板Ⅰ	0	2	6	浇筑混凝土Ⅱ	8	1
2	绑扎钢筋Ⅰ	2	2	7	架立模板Ⅲ	5	2
3	浇筑混凝土Ⅰ	4	1	8	绑扎钢筋Ⅲ	8	2
4	架立模板Ⅱ	2	3	9	浇筑混凝土Ⅲ	10	1
5	绑扎钢筋Ⅱ	5	3				

（2）在 Excel 中选择表 2-16 的全部内容后，点"插入"，选择堆积条形码，单击，即可出现图 2-49 所示的横道图。

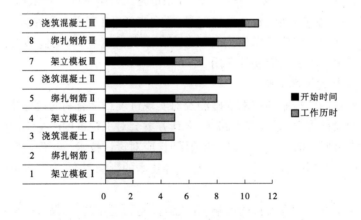

图 2-49　横道图制作过程（一）

（3）单击黑色条码，点击鼠标右键选择"设置数据系列格式"，在"填充"菜单中，选择"无填充"，之后出现如图 2-50 所示的横道图。

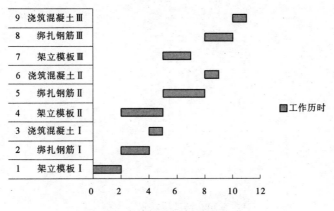

图 2-50　横道图制作过程(二)

(4)单击图 2-50 左侧纵坐标,点击鼠标右键选择"设置坐标轴格式",在"坐标轴选项"菜单栏中勾选"逆序类别",就变成了如图 2-51 所示的横道图。

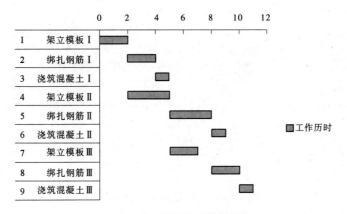

图 2-51　施工进度横道图

项目三
质量管理

主要内容

- ✿ 水利工程项目质量管理概述
  - ✿ 施工质量计划的内容与编制
    - ✿ 质量控制
- ✿ 水利工程质量检验与评定
  - ✿ 水利工程验收
    - ✿ 数理统计在质量管理中的应用

水利工程项目管理

【知识目标】

理解质量管理工作的职能内容;理解质量管理体系的组成内容及建设标准;掌握施工过程中质量控制的要求和方法;掌握质量检查的形式、方法及要求;掌握质量评定的标准及质量验收的组织、工作内容;掌握质量问题处理的原则及方法;掌握常用质量统计工具的应用方法;了解 BIM 技术在质量管理中的应用。

【技能目标】

能对具体水利工程建设项目的质量管理工作进行组织部署;能参与企业质量管理体系的建设,并胜任相关工作;能组织开展施工过程质量控制工作;能组织开展水利工程质量检查、检验工作;能组织开展单元工程、分部工程、单位工程的质量评定与验收工作;能针对具体工程质量问题提出处理方案;能应用直方图、排列图等相关工具统计工程质量数据,并分析质量活动是否受控。

【素质目标】

细致严谨的工作态度和责任感;团队协同,追求卓越质量;持续改进的内驱力。

【导入案例】

质量月(quality month)是指在国家质量工作主管部门的倡导和部署下,由全社会尤其是广大企业积极参与、旨在提高全民族质量意识、提高质量的一年一度的专题活动。

我国的质量月活动始于 1978 年。我国国民经济开始恢复初期,许多企业生产效率低、质量问题严重。为此,原国家经委于 1978 年 6 月 24 日向全国发出了《关于开展"质量月"活动的通知》,决定每年 9 月在全国工交战线开展质量月活动,大张旗鼓地宣传"质量第一"的思想,树立"生产优质品光荣、生产劣质品可耻"的风尚。

一般质量月的主要活动有召开主题大会、开展大规模咨询服务活动、组织宣讲《质量振兴纲要》、拍摄质量月主题公益电视广告、举办质量知识竞赛、组织开展"五查一访"、表彰质量效益型企业、专项监督检查及打假活动、宣传名牌产品、展示名牌战略成果等。

2022 年,全国质量月的主题为"推动质量变革创新　促进质量强国建设",时任国务院总理李克强对此次质量月活动做出批示:质量是立业之本、强国之基,事关民生福祉。各地区、各有关部门要以习近平新时代中国特色社会主义思想为指导,认真贯彻党中央、国务院决策部署,牢固树立质量第一意识,推动经济发展,不断提高质量效益。要加强政策引导,深入推进全面质量管理,优化产业链供应链质量管理。

质量月活动的实践证明,每年集中一段时间,确定一个主题,围绕实现国民经济发展目标,动员和组织社会各方面力量,采取多种形式,有针对性地开展质量月活动,对提高全民质量意识、推动质量振兴事业、促进国民经济健康发展有着重要的现实意义。

任务一　水利工程项目质量管理概述

一、相关概念

(一)质量

根据《质量管理体系　基础和术语》(GB/T 19000—2016)的定义,质量是指客体的一组固有特性满足要求的程度。

客体,对应于"赋予",是指可感知或可想象到的任何事物,包括产品、服务、过程、人员、组织、体系、资源等,可能是物质的(如一根钢筋、一袋水泥)、非物质的(如含水率、一个项目计划)或是想象的(如组织未来的状态)。固有特性,是指本来就存在的,尤其是那种永久的特性。质量由与要求有关的、客体的固有特性,即质量特性来表征;而要求是指明示的、通常隐含的或必须履行的需求或期望。质量差、好或优秀,以其质量特性满足质量要求的程度来衡量。

水利工程项目质量是指工程满足国家和水利行业相关标准及合同约定要求的程度,在安全、功能、适用、外观及环境保护等方面的特性总和。其质量特性主要体现在适用性、安全性、耐久性、可靠性、经济性及与环境的协调性等六个方面。

(二)质量管理

质量管理是指关于质量的管理,是在质量方面指挥和控制组织的协调活动,包括制定质量方针和质量目标,通过质量策划、质量保证、质量控制和质量改进来实现质量目标的过程。

(1)质量方针。以质量管理原则为基础,通常与组织的总方针相一致,可以与组织的愿景和使命相一致,并为制定质量目标提供框架。

(2)质量目标。依据质量方针制定,通常要在组织的相关职能、层级和过程分别制定质量目标。

(3)质量策划。致力于制定质量目标并规定必要的运行过程和相关资源以实现质量目标。编制质量计划可以是质量策划的一部分。

(4)质量保证。致力于提供质量要求会得到满足的信任。

(5)质量控制。致力于满足质量要求的一系列活动。

(6)质量改进。致力于增强满足质量要求的能力。质量要求可以是有关任何方面的,如有效性、效率或可追溯性。

(三)水利工程项目质量管理

工程项目质量管理是指为保证和提高工程项目质量而进行的一系列管理工作,其目的是以尽可能低的成本,按既定的工期完成一定数量的、达到质量标准的工程项目。它的任务就在于建立和健全质量管理体系,用企业的工作质量来保证工程项目的实体质量。

水利工程项目质量管理是指在水利工程项目实施过程中,指挥和控制项目参与各方关于质量的相互协调的活动,是围绕满足水利工程项目质量要求,而开展的策划、组织、计划、实施、检查、监督和审核等所有管理活动的总和。它是水利工程项目建设、勘察、设计、施工、监理等单位的共同职责。

水利工程项目质量是经过基本建设程序的各个阶段逐步形成的,包含工序质量、单元工程质量、分部工程质量和单位工程质量。同时,水利工程项目质量不仅包括工程实物质量,还包含工作质量。工作质量是指项目建设各参与方为了保证工程项目质量而从事的技术、组织工作的水平和完善程度。

二、水利工程项目质量的特点

(一)影响因素多

水利工程建设项目的勘测、规划、设计、材料、机械、环境、施工工艺、施工方案、操作方法、技术措施、管理制度、施工人员素质等均直接或间接地影响工程项目的质量。

(二)质量波动大

水利工程建筑产品因其具有的复杂性、单件性,不同于一般工业产品的生产,有固定的生产流水线、规范化的生产工艺、完善的质检技术、成套的生产设备、稳定的生产环境及相同系列规格和相同功能的产品,任一因素任一环节出现偏差,均会引起项目建设中的系统性质量变异,可能出现质量问题。

(三)质量隐蔽性强

工程项目在施工过程中,工序交接多、中间产品多、隐蔽工程多,若不及时检查并发现其存在的质量问题,容易造成质量隐患,覆盖后不易检查问题,容易误将不合格的对象认定为合格。

(四)最终检验局限大

水利工程项目建成后,不可能像某些工业产品那样,可以反复拆卸或解体来检查内在质量,最终验收时不易发现工程内在的、隐蔽的质量问题。

(五)失事后果严重

水利工程项目的破坏和失事,往往会给国家和社会造成巨大的灾害和损失。水利工程建设者应树立"质量第一"的意识,增强社会责任感和担当精神,守牢质量安全底线。

三、影响水利工程项目质量的因素

(一)人的因素

人是指直接参与项目建设的决策者、组织者、指挥者和操作者。人的品行素质、业务素质和身体素质是影响质量的首要因素。

(二)材料的因素

材料(包括原材料、半成品、成品、构配件等)是工程项目施工的物质条件,没有材料就无法施工。材料质量是工程项目质量的基础,材料质量不符合要求,工程项目质量就不可能符合标准。

(三)施工机械设备的因素

施工机械设备是实现施工机械化的重要物质基础,是现代化工程建设中必不可少的设施。机械设备的选型、主要性能参数和使用操作要求对工程项目的施工进度和质量均有直接影响。

(四)方法的因素

这里所指的方法,包含工程项目整个建设周期内所采取的技术方案、工艺流程、组织措施、检测手段、施工组织设计等。方法是否正确得当,是直接影响工程项目进度、质量、投资控制目标能否顺利实现的关键。

(五)环境的因素

影响工程项目质量的环境因素较多:工程技术环境,如工程地质、水文、气象等;工程项目管理环境,如质量保证体系、质量管理制度等;劳动环境,如劳动组合、劳动工具、工作面等。环境因素对工程项目质量的影响,具有复杂而多变的特点。

四、工程项目质量管理的原则和基础工作

(一)质量管理的原则

从 20 世纪 70 年代末起,我国工程建设领域开始引进并推行全面质量管理。全面质量管理是指一个企业以质量为中心,以全员参与为基础,目的在于通过让顾客满意和本企业所有成员及社会受益而达到长期成功的管理途径。根据全面质量管理的概念和要求,工程项目质量管理是对工程项目质量进行全面、全员、全过程的"三全"管理。

在《质量管理体系 基础和术语》(GB/T 19000—2016)中,对质量管理明确了以下原则。

1. 以顾客为关注焦点

组织依存于顾客。因此,组织应当理解顾客当前和未来的需求,满足顾客要求并争取超越顾客期望。

顾客是接受产品的组织或个人,既指组织外部的消费者、购物者、最终使用者、零售商、受益者和采购方,也指组织内部的生产、服务和活动中接受前一个过程输出的部门、岗位或个人。顾客是组织存在的基础,顾客的要求应放在组织的第一位。最终的顾客是使用产品的群体,对产品质量感受最深,其期望和需求对于组织意义重大。对潜在的顾客亦不容忽视,如果条件成熟,他们会成为组织的一大批现实的顾客。市场是变化的,顾客是动态的,顾客的需求和期望也是不断发展的。因此,组织要及时调整自己的经营策略,采取必要的措施,以适应市场的变化,满足顾客不断发展的需求和期望,争取超越顾客的需求和期望,使自己的产品或服务处于领先的地位。

2. 领导作用

领导者建立组织统一的宗旨和方向。他们应当创造并保持使员工能充分参与实现组织目标的内部环境。

一个组织的领导者(最高管理者),是在最高层指挥和控制组织的一个人或一组人。领导者要想指挥好和控制好一个组织,必须做好确定方向、策划未来、激励员工、协调活动和营造一个良好的内部环境等工作。领导者的领导作用、承诺和积极参与,对建立并保持一个有效的和高效的质量管理体系,并使所有相关方获益是必不可少的。

此外,在领导方式上,领导者要做到透明、务实和以身作则。

实施本原则可采取的措施包括:确定组织的质量方针,做好发展规划;确定组织机构的部门、岗位设置,以及各部门职能分工和各岗位人员职责;在整个组织及各级、各有关职能部门设定富有挑战性的目标;提倡公开和诚恳的交流和沟通,提高组织运作的效率和有效性;定期对组织的管理体系进行评审,发现管理体系的改进机会,决定改进管理的措施。

3. 全员积极参与

各级人员是组织之本,只有他们的充分参与,才能使他们的才干为组织带来收益。组织的质量管理有赖于各级人员的全员参与,组织应对员工进行以顾客为关注焦点的质量意识和敬业爱岗的职业道德教育,激励他们的工作积极性和责任感。此外,员工还应具备足够的知识、技能和经验,以胜任工作,实现对质量管理的充分参与。

实施本原则可采取的措施包括:鼓励员工参与组织方针、目标的制定;把组织的总目标分解到职能部门和层次;在本职工作中,应让员工有一定的自主权并承担解决问题的责任。

4. 过程方法

将活动和相关的资源作为过程进行管理,可以更高效地得到期望的结果。

过程方法的目的是获得持续改进的动态循环,并使组织的总体业绩得到显著的提高。过程方法通过识别组织内的关键过程,随后加以实施和管理并不断进行持续改进来达到使顾客满意的目的。

实施本原则可采取的措施包括:识别质量管理体系所需的过程;针对每一过程,确定这个过程的活动组成和相互关系;针对每一个活动,根据这个活动应满足的管理要求(如质量标准要求),确定活动的职责分工、准则方法、形成记录;对过程实施监视和测量,并对其结果进行数据分析,及时做出响应。

5. 持续改进

持续改进整体业绩应该是企业的一个永恒目标。

进行质量管理的目的就是保持和提高产品质量,没有改进就不可能提高。改进的途径可以是日常渐进的改进活动,也可以是突破性的改进项目。

实施本原则可采取的措施包括:不断地制定新的发展目标;按照规定的准则和方法,对管理体系、过程、产品进行监视和测量;对监视和测量结果进行分析,需要时采取纠正和预防措施;按规定的时间间隔对管理体系进行评审。

6. 循环决策

有效决策是建立在数据和信息分析的基础上的。

对数据和信息的逻辑分析或直觉判断是有效决策的基础。以事实为依据做决策,可以防止决策失误。通过合理运用统计技术,来测量、分析和说明产品和过程的变异性,通过对质量信息和资料的科学分析,确保信息和资料的准确性和可靠性,基于对事实的分析、过去的经验和直观判断做出决策并采取行动。

实施本原则可增强通过实际来验证过去决策的正确性的能力,可增强对各种意见和决策进行评审、质疑和更改的能力,发扬民主决策的作风,使决策更切合实际。

实施本原则可采取的措施包括:收集与目标有关的数据和信息,并规定收集信息的种类、渠道和职责;通过鉴别,确保数据和信息的准确性和可靠性;采取各种有效方法,对数据和信息进行分析,确保数据和信息能被使用者得到和利用;根据对事实的分析、过去的经验和直觉判断做出决策并采取行动。

7. 关系管理

组织与供方是相互依存的,互利的供方关系可增强双方创造价值的能力。

供方提供的产品将对组织向顾客提供满意的产品产生重要影响,能否处理好与供方的关系,影响到组织能否持续稳定地向顾客提供满意的产品。对供方不能只讲控制,不讲合作与利益,特别对关键供方,更要建立互利互惠的合作关系,这对组织和供方来说都是非常重要的。

实施本原则可采取的措施包括:识别并选择重要供方,考虑眼前和长远的利益;创造通畅公开的沟通渠道;与重要供方共享专门技术、信息和资源,激发、鼓励和承认供方的改进及其成果。

(二)水利工程项目质量管理的基础工作

1. 质量教育

为了保证和提高水利工程项目质量,必须加强对全体职工的质量教育,其主要内容如下:

(1)质量意识教育。要使全体职工认识到保证和提高质量对国家、企业和个人的重要意义,树立"质量第一"和"为用户服务"的思想。

(2)质量管理知识的宣传。要使企业全体职工了解质量管理的基本思想、基本内容,掌握常用的质量标准和数理统计方法,懂得质量管理小组的性质、任务和工作方法等。

(3)技术培训。让工人熟练掌握"应知应会"技术和操作规程等。技术人员和管理人员要熟悉施工验收规范,质量评定标准,原材料、构(配)件和设备的技术要求及质量标准,以及质量管理的方法等。专职质量检验人员能正确掌握检验、测量和试验的方法,熟练使用仪器、仪表和设备。

2. 质量管理标准化

质量管理标准化包括技术工作和管理工作的标准化。技术工作标准有产品质量标准、操作标准、各种技术定额等;管理工作标准有各种管理业务标准、工作标准等,即管理工作的内容、方法、程序和职责权限。质量管理标准化工作的要求如下:

(1)不断提高标准化程度。各种标准要齐全、配套和完整,并在贯彻执行中及时总结、修订和改进。

(2)加强标准化的严肃性。要认真严格执行,使各种标准真正起到法规作用。

3. 质量管理的计量检测工作

质量管理的计量检测工作包括施工生产时的投料计量检测,施工过程中对在建和已完成单元工程、分部工程、单位工程的检测、验收计量,对原材料、构(配)件和设备的试验、检测、分析计量等。搞好质量管理计量检测工作的要求如下:

(1)合理配备计量检测器具和仪表设备,且妥善保管。

(2)制定有关测试规程和制度,合理使用计量检测设备。

(3)改革计量检测器具和测试方法,实现计量检测手段现代化。

4. 质量信息

质量信息是反映项目实体质量、工作质量的有关信息。其来源:一是通过对工程项目使用情况的回访,调查或收集用户的意见;二是企业内部收集到的基本数据、原始记录等信息;三是国内外同行业收集的反映质量发展的新水平、新技术的有关信息等。

质量信息工作是有效实现"预防为主"方针的重要手段。其基本要求是准确、及时、全面、系统。

5. 建立健全质量责任制

企业每一个部门、每一个岗位都应有明确的责任,形成一个严密的质量管理工作体系。它包括各级行政领导和技术负责人的责任制、管理部门和管理人员的责任制以及工人岗位责任制。其主要内容如下:

(1)建立质量管理体系,开展全面质量管理工作。

(2)建立健全保证质量的管理制度,做好各项基础工作。

(3)组织各种形式的质量检查,经常开展质量动态分析,针对质量通病和薄弱环节,制定措施加以防治。

(4)认真执行奖惩制度,奖励表彰先进,积极发动和组织各种质量竞赛活动。

(5)组织对重大质量事故的调查、分析和处理。

6. 开展质量管理小组活动

质量管理小组简称QC小组,是质量管理的群众基础,也是职工参加管理和"三结合"攻关解决质量问题、提高企业素质的一种形式。QC小组的组织形式主要有两种:一是由施工班组的工人或职能科室的管理人员组成;二是由工人、技术(管理)人员、领导干部组成"三结合"小组。

五、工程项目质量管理体系

(一)质量管理体系的建立

质量管理体系是以保证和提高工程项目质量为目标,运用系统的概念和方法,把企业各部门、各环节的质量管理职能和活动合理地组织起来,形成一个有明确任务、职责、权限且互相协调、互相促进的有机整体。一般应做好下列工作。

1. 建立和健全专职质量管理机构,明确各级各部门的职责分工

一般公司设置质量管理部门;分公司(工程处)和项目部建立质量管理小组或配备专职检查人员;班组要有不脱产的质量管理员。同时,各级各部门都按各自分工明确相应的质量职责,形成一个横向到边、纵向到底的完整的质量管理组织系统。

2. 建立灵敏的质量信息反馈系统

企业内有来自对材料及构(配)件的检测、工序控制、质量检查、施工工艺、技术革新和合理化建议等方面的信息,企业外有来自材料及构(配)件和设备供应单位、用户、协作单位、上级主管部门及国内外同行业情况等信息,为此,要抓好信息流转环节,注意和掌握对数据的检测、收集、处理、传递和储存。

3. 实现管理业务标准化、管理流程程序化

质量管理的许多活动都是重复发生的,具有一定的规律性。应当按照客观要求分类归纳,并将处理办法定成规章制度,使管理业务标准化。把管理业务处理过程所经过的各

个环节、各管理岗位、先后工作步骤等,经过分析研究,加以改进,制定管理程序,使之程序化。

(二)企业质量管理体系文件的构成

质量管理标准所要求的质量管理体系文件由下列内容构成,这些文件的详略程度无统一规定,以适合于企业使用,使过程受控为准则。

1. 质量方针和质量目标

质量方针和质量目标一般都以简明的文字来表述,是企业质量管理的方向目标,应反映用户及社会对工程质量的要求及企业相应的质量水平和服务承诺,也是企业质量经营理念的反映。

2. 质量手册

质量手册是质量管理体系的规范,是阐明一个企业的质量政策、质量体系和质量实践的文件,是实施和保持质量体系过程中长期遵循的纲领性文件。其内容一般包括:企业的质量方针、质量目标;组织机构及质量职责;体系要素或基本控制程序;质量手册的评审、修改和控制的管理办法。

质量手册作为企业质量管理系统的纲领性文件应具备指令性、系统性、协调性、先进性、可行性和可检查性。

3. 程序性文件

各种生产、工作和管理的程序性文件是质量手册的支持性文件,是企业各职能部门为落实质量手册要求而规定的细则。企业为落实质量管理工作而建立的各项管理标准、规章制度都属程序文件范畴。各企业程序文件的内容及详略可视企业情况而定。一般有以下六个方面的程序为通用性管理程序,适用于各类企业:

(1)文件控制程序。

(2)质量记录管理程序。

(3)内部审核程序。

(4)不合格品控制程序。

(5)纠正措施控制程序。

(6)预防措施控制程序。

除以上六个方面的程序外,涉及产品质量形成过程各环节控制的程序文件,如生产过程、服务过程、管理过程、监督过程等管理程序文件,可视企业质量控制的需要而制定,不做统一规定。为确保过程的有效运行和控制,在程序文件的指导下,尚可按管理需要编制相关文件,如作业指导书、具体工程的质量计划等。

4. 质量记录

质量记录是产品质量水平和质量体系中各项质量活动进行及结果的客观反映,对质量体系程序文件所规定的运行过程及控制测量检查的内容如实加以记录,用以证明产品质量达到合同要求及质量保证的满足程度。如在控制体系中出现偏差,则质量记录不仅需反映偏差情况,而且应反映出针对不足之处所采取的纠正措施及纠正效果。

质量记录应完整地反映质量活动实施、验证和评审的情况,并记载关键活动的过程参数,具有可追溯性的特点。质量记录以规定的形式和程序进行,并应有实施、验证、审核等签署意见。

(三)质量管理体系的运行模式

质量管理体系运转的基本形式是 PDCA 管理循环,通过四个阶段把生产经营过程的质量管理活动有机地联系起来。

第一阶段:计划阶段(P)。可分为四个工作步骤:①分析现状,找出存在的质量问题;②分析产生质量问题的原因和各种影响因素,找出影响质量的主要原因;③制订改善质量的措施;④提出行动计划和预计效果。

在这一阶段,要明确回答:为什么要提出这样的计划,为什么要这样改进,改进后要达到什么目的,有什么效果,改进措施在何处,哪个环节、哪道工序执行,计划和措施在什么时间执行完成,由谁来执行,用什么方法来完成等问题。

第二阶段:实施阶段(D)。主要是根据措施和计划,组织各方面的力量分别去贯彻执行。

第三阶段:检查阶段(C)。主要是检查实施效果和发现问题。

第四阶段:处理阶段(A)。主要是对检查结果进行总结和处理。通过经验总结,纳入标准、制度或规定,巩固成绩,防止问题再发生。同样,将本次循环遗留的问题提出来,以便转入下一循环去解决。

质量管理活动的全部过程就是反复按照 PDCA 循环不停地、周而复始地运转,每完成一次循环,解决一定质量问题,质量水平就提高一步,管理循环不停地运转,质量水平也就随之不断提高。

(四)企业质量管理体系的认证与监督

《中华人民共和国建筑法》规定,国家对从事建筑活动的单位推行质量体系认证制度。质量体系认证制度是由公正的第三方认证机构对企业的产品及质量体系做出正确可靠的评价,从而使社会对企业的产品建立信心。

具有法人资格,已按 GB/T 19000/ISO 9000 族标准或其他国际公认的质量体系规范建立了文件化的质量管理体系,并在生产经营全过程贯彻执行的企业可提出认证申请。认证机构经审查符合要求后接受申请,派出审核组对申请方质量管理体系进行检查和评定,包括文件审查、现场审核,并提出审核报告。对符合标准者予以批准并注册,发给认证证书。

企业质量管理体系获准认证的有效期为 3 年。获准认证后,企业应通过经常性的内部审核,维持质量管理体系的有效性,并接受认证机构对企业质量管理体系实施监督管理。

六、水利工程质量监督管理

(一)质量监督管理权限

县级以上人民政府水行政主管部门、流域管理机构在管辖范围内负责对水利工程质量的监督管理:

(1)贯彻执行水利工程质量管理的法律、法规、规章和工程建设强制性标准,并组织对贯彻落实情况实施监督检查。

（2）制定水利工程质量管理制度。

（3）组织实施水利工程建设项目的质量监督。

（4）组织、参与水利工程质量事故的调查与处理。

（5）建立举报渠道，受理水利工程质量投诉、举报。

（6）履行法律法规规定的其他职责。

（二）质量监督管理权限

县级以上人民政府水行政主管部门可以委托水利工程质量监督机构具体承担水利工程建设项目的质量监督工作。

县级以上人民政府水行政主管部门、流域管理机构可以采取购买技术服务的方式对水利工程建设项目实施质量监督。

县级以上人民政府水行政主管部门、流域管理机构、受委托的水利工程质量监督机构应当采取抽查等方式，对水利工程建设有关单位质量行为和工程实体质量进行监督检查。有关单位和个人应当支持配合，不得拒绝或者阻碍质量监督检查人员依法执行职务。

水利工程质量监督工作主要包括以下内容：

（1）核查项目法人、勘察、设计、施工、监理、质量检测等单位和人员的资质或者资格。

（2）检查项目法人、勘察、设计、施工、监理、质量检测、监测等单位履行法律、法规、规章规定的质量责任情况。

（3）检查工程建设强制性标准执行情况。

（4）检查工程项目质量检验和验收情况。

（5）检查原材料、中间产品、设备和工程实体质量情况。

（6）实施其他质量监督工作。

质量监督工作不代替项目法人、勘察、设计、施工、监理及其他单位的质量管理工作。

县级以上人民政府水行政主管部门、流域管理机构、受委托的水利工程质量监督机构履行监督检查职责时，依法采取下列措施：

（1）要求被监督检查单位提供有关工程质量等方面的文件和资料。

（2）进入被监督检查工程现场和其他相关场所进行检查、抽样检测等。

县级以上人民政府水行政主管部门、流域管理机构、受委托的水利工程质量监督机构履行监督检查职责时，发现有下列行为之一的，责令改正，采取处理措施：

（1）项目法人质量管理机构和人员设置不满足工程建设需要，质量管理制度不健全，未组织编制工程建设执行技术标准清单，未组织或者委托监理单位组织勘察、设计交底，未按照规定履行设计变更手续，对发现的质量问题未组织整改落实的。

（2）勘察、设计单位未严格执行勘察、设计文件的校审、会签、批准制度，未按照规定进行勘察、设计交底，未按照规定在施工现场设立设计代表机构或者派驻具有相应技术能力的人员担任设计代表，未按照规定参加工程验收，未按照规定执行设计变更，对发现的质量问题未组织整改落实的。

（3）施工单位未经项目法人书面同意擅自更换项目经理或者技术负责人，委托不具有相应资质等级的水利工程质量检测单位对检测项目实施检测，单元工程（工序）施工质量未经验收或者验收不通过擅自进行下一单元工程（工序）施工，隐蔽工程未经验收或者验收不通过擅自隐蔽，伪造工程检验或者验收资料，对发现的质量问题未组织整改落实的。

（4）监理单位未经项目法人书面同意擅自更换总监理工程师或者监理工程师，未对施工单位的施工质量管理体系、施工组织设计、专项施工方案、归档文件等进行审查，伪造监理记录和平行检验资料，对发现的质量问题未组织整改落实的。

（5）有影响工程质量的其他问题的。

项目法人应当将重要隐蔽单元工程及关键部位单元工程、分部工程、单位工程质量验收结论报送承担项目质量监督的水行政主管部门或者流域管理机构。

任务二 施工质量计划的内容与编制

在项目质量管理中，质量计划是指为了实现项目质量目标和要求而制定的文件或记录。它是项目管理团队在项目启动阶段或早期阶段编制的一个重要文档。

一、质量计划的内容

质量计划包括项目质量管理的整体安排和策略，用于指导项目团队在整个项目生命周期中执行质量管理活动。质量计划通常由质量管理部门或专职质量经理编制，与项目管理计划相互关联、相互支持。

质量计划一般包括质量目标和要求、质量管理活动、质量标准和依据、质量控制措施、质量保证计划、质量改进计划等内容。

质量目标和要求：明确项目的质量目标和具体要求，例如建筑产品质量标准、工作流程规范等。

（1）质量管理活动。描述项目团队将采取的质量管理措施（如品质检查、测试、评审等），同时也需要确定各质量活动的时间表和责任人。

（2）质量标准和依据。列出适用的质量标准、规范和相关法规，以确保项目的交付物符合相关要求。

（3）质量控制措施。说明如何对项目过程和结果进行监控和测量，以便及时发现并纠正偏差。

（4）质量保证计划。描述如何保证项目质量，包括组织、管理、技术、经济等方面的措施。

（5）质量改进计划。规划如何收集和分析项目中的质量数据，并基于这些数据采取持续改进的行动。

质量计划为项目团队提供了一个明确的质量管理框架，指导他们在项目执行过程中进行质量控制和质量保证活动。它还帮助项目管理者和利益相关方了解项目的质量目标和策略,以便更好地监督和支持项目的顺利实施。

二、水利工程施工质量计划

按照我国质量管理体系标准,质量计划是质量管理体系文件的组成内容。在合同环境下,质量计划是企业向顾客表明质量管理方针、目标及其具体实现的方法、手段和措施的文件,体现企业对质量责任的承诺和实施的具体步骤。

(一)施工质量计划的形式

目前,我国除已经建立质量管理体系的施工企业采用将施工质量计划作为一个独立文件的形式外,通常还采用在工程项目施工组织设计或施工项目管理实施规划中包含质量计划内容的形式。

施工组织设计或施工项目管理实施规划之所以能发挥施工质量计划的作用,这是因为根据建筑生产的技术经济特点,每个工程项目都需要进行施工生产过程的组织与计划,包括施工质量、进度、成本、安全等目标的设定,实现目标的步骤和技术措施的安排等。因此,施工质量计划所要求的内容,理所当然地被包含于施工组织设计或项目管理实施规划中,而且能够充分体现施工项目管理目标(质量、工期、成本、安全)的关联性、制约性和整体性,这也和全面质量管理的思想方法相一致。

(二)施工质量计划的基本内容

施工质量计划的基本内容一般应包括:

(1)工程特点及施工条件(合同条件、法规条件和现场条件等)分析。

(2)质量总目标及其分解目标。

(3)质量管理组织机构和职责,人员及资源配置计划。

(4)确定施工工艺与操作方法的技术方案和施工组织方案。

(5)施工材料、设备等物资的质量管理及控制措施。

(6)施工质量检验、检测、试验工作的计划安排及其实施方法与检测标准。

(7)施工质量控制点及其跟踪控制的方式与要求。

(8)质量记录的要求等。

三、施工质量控制点的设置与管理

施工质量控制点的设置是施工质量计划的重要组成内容。施工质量控制点是施工质量控制的重点对象。

(一)质量控制点的设置

质量控制点应选择那些技术要求高、施工难度大、对工程质量影响大或是发生质量问题时危害大的对象进行设置。一般选择下列部位或环节作为质量控制点:

(1)对工程质量形成过程产生直接影响的关键部位、工序、环节及隐蔽工程。

(2)施工过程中的薄弱环节,或者质量不稳定的工序、部位或对象。

(3)对下道工序有较大影响的上道工序。

(4)采用新技术、新工艺、新材料的部位或环节。

（5）对施工质量无把握的、施工条件困难的或技术难度大的工序或环节。

（6）用户反馈指出的和过去有过返工的不良工序。一般建筑工程质量控制点的设置可参考表3-1。

表3-1 一般建筑工程质量控制点的设置

序号	工程项目	质量控制要点	控制手段与方法
1	土石方工程	开挖范围(尺寸及边坡比)	测量、巡视
		高程	测量
2	一般基础工程	位置(轴线及高度)	测量
		高程	测量
		地基承载能力	试验测定
		地基密实度	检测、巡视
3	碎石桩基础	桩底土承载力	测试、旁站
		孔位、孔斜、成桩垂直度	量测、巡视
		投石量	量测、旁站
		桩身及桩间土	试验、旁站
		复合地基承载力	试验、旁站
4	换填基础	原状土地基承载力	测试、旁站
		混合料配合比、均匀性	审核配合比、取样检查、巡视
		碾压遍数、厚度	旁站
		碾压密实度	仪器、测量
5	水泥搅拌桩	桩位(轴线、坐标、高程)	测量
		桩身垂直度	量测
		桩顶、桩端地层高程	测量
		外掺剂掺量及搅拌头叶片外径	量测
		水泥掺量、水泥浆液、搅拌喷浆速度	量测
		成桩质量	N10轻便触探器检验、抽芯检测
6	灌注桩	孔位(轴线、坐标、高程)	测量
		造孔、孔径、垂直度	量测
		终孔、桩端地层、高程	检测、终孔岩样做超前钻探
		钢筋混凝土浇筑	审核混凝土配合比、坍落度、施工工艺、规程,旁站
		混凝土密实度	用大小应变超声波等检测、巡视

续表 3-1

序号	工程项目	质量控制要点		控制手段与方法
7	混凝土浇筑	位置轴线、高程	测量	1. 保证原材料质量,碎石冲洗,外加剂检查试验。 2. 混凝土拌和:拌和时间不少于 120 s。 3. 混凝土运输方式。 4. 混凝土入仓方式。 5. 浇筑程序、方式、方法。 6. 平仓、控制下料厚度、分层。 7. 振捣间距,不超过振动棒长度的 1.25 倍,不漏振。 8. 浇筑时间要快,不能停顿,但要控制层面时间。 9. 加强养护
		断面尺寸	量测	
		钢筋:数量、直径、位置、接头、绑扎、焊接	量测、现场检查	
		施工缝处理和结构缝措施	现场检查	
		止水材料的搭接、焊接	现场检查	
		混凝土强度、配合比、坍落度	现场制作试块,审核试验报告,旁站	
		混凝土外观	量测	

(二)质量控制点的重点控制对象

设定了质量控制点,还要根据对重要质量特性进行重点控制的要求,选择质量控制点的重点部位、重点工序和重点的质量因素作为质量控制点的重点控制对象,进行重点预控和监控。质量控制点的重点控制对象主要包括以下几个方面:

(1)人的行为。某些工序或操作重点应控制人的行为,避免人的失误造成质量问题,如高空作业、水下作业、爆破作业等危险作业。

(2)材料的质量和性能。材料的质量和性能是直接影响工程质量的主要因素,尤其是某些工序,更应将材料的质量和性能作为控制的重点。如预应力钢筋的加工,就对钢筋的弹性模量、含硫量等有较严的要求。

(3)关键的操作。

(4)施工顺序。有些工序或操作,必须严格相互之间的先后顺序。

(5)技术参数。有些技术参数与质量密切相关,亦必须严格控制。如外加剂的掺量、混凝土的水灰比等。

(6)常见的质量通病。如混凝土的起砂、蜂窝、麻面、裂缝等都与工序中质量控制不严格有关,应事先制定好对策,提出预防措施。

(7)新工艺、新技术、新材料的应用。当新工艺、新技术、新材料虽已通过鉴定、试验,但是施工操作人员缺乏经验,又是初次施工时,也必须对其工序进行严格控制。

(8)质量不稳定、质量问题较多的工序。通过质量数据统计,表明质量波动、不合格率较高的工序,也应作为质量控制点设置。

(9)特殊地基和特种结构。对于湿陷性黄土、膨胀土、红黏土等特殊地基的处理,以及大跨度结构、高耸结构等技术难度大的施工环节和重要部位,更应特别控制。

(10)关键工序。如钢筋混凝土工程的混凝土振捣,灌注桩的钻孔,隧洞开挖的钻孔布置、方向、深度、用药量和填塞等。

质量控制点的设置要准确有效,因此究竟选择哪些对象作为控制点,这需要由有经验的质量控制人员通过对工程性质和特点、自身特点及施工过程的要求充分进行分析后进行选择。

(三)两类质量检验点

从理论上讲,或在工程实践中,要求监理人对施工全过程的所有施工工序和环节,都能实施检验,以保证施工的质量,然而在实际中难以做到这一点。因此,监理人应在工程开工前,督促施工承包人在施工前全面、合理地选择质量控制点。根据质量控制点的重要程度及监督控制要求的不同,将质量控制点区分为质量检验见证点和质量检验待检点。

1. 见证点

所谓"见证点",是指承包人在施工过程中达到这一类质量检验点时,应事先书面通知监理人到现场见证,观察和检查承包人的实施过程。然而在监理人接到通知后未能在约定时间到场的情况下,承包人有权继续施工。

例如,在建筑材料生产时,承包人应事先书面通知监理人对采石场的采石、筛分进行见证。当生产过程的质量较为稳定时,监理人可以到场见证,也可以不到场见证,承包人在监理人不到场的情况下可继续生产,然而需做好详细的施工记录,供监理人随时检查。在混凝土生产过程中,监理人不一定对每一次拌和都到场检验混凝土的温度、坍落度、配合比等指标,而可以由承包人自行取样,并做好详细的检验记录,供监理人检查。然而,在混凝土强度等级改变或发现质量不稳定时,监理人可以要求承包人事先书面通知监理人到场检查,否则不得开拌。此时,这种质量检验点就成了"待检点"。

2. 待检点

对于某些更为重要的质量检验点,必须要在监理人到场监督、检查的情况下承包人才能进行检验,这种质量检验点称为"待检点"。

例如,在混凝土工程中,由基础面或混凝土施工缝处理,模板、钢筋、止水、伸缩缝和坝体排水管及混凝土浇筑等工序构成的混凝土单元工程,其中每一道工序都应由监理人进行检查认证,每一道工序检验合格后才能进入下一道工序。根据承包人以往的施工情况,有的可能在模板架立时容易发生漏浆或模板走样事故,有的可能在混凝土浇筑方面经常出现问题。此时,就可以选择模板架立或混凝土浇筑作为"待检点",承包人必须事先书面通知监理人,并在监理人到场进行检查监督的情况下,才能进行施工。

又例如,在隧洞开挖中,当采用爆破掘进时,钻孔的布置、钻孔的深度、角度、炸药量、填塞深度、起爆间隔时间等爆破要素,对于开挖的效果有很大影响,特别是在遇到有地质构造带(如断层、夹层、破碎带)的情况下,正确的施工方法及支护对施工安全影响极大。此时,应该将钻孔的检查和爆破参数的检查,定为"待检点",每一工序必须要通过监理人的检查确认。

当然，从广义上讲，隐蔽工程覆盖前的验收和混凝土工程开仓前的检验，也可以认为是"待检点"。

"见证点"和"待检点"的设置，是监理人对工程质量进行检验的一种行之有效的方法。这些检验点应根据承包人的施工技术力量、工程经验、具体的施工条件、环境、材料、机械等各种因素的情况来选定。各承包人的这些因素不同，"见证点"或"待检点"也就不同。有些检验点在施工初期，当承包人对施工还不太熟悉、质量还不稳定时，可以定为"待检点"。而当施工承包人已熟练地掌握施工过程的内在规律、工程质量较稳定时，又可以改为"见证点"。某些质量控制点，对于这个承包人可能是"待检点"，而对于另一个承包人可能是"见证点"。

（四）质量控制点的管理

对施工质量控制点的控制，首先要做好质量控制点的事前质量预控工作，包括：明确质量控制的目标与控制参数；编制作业指导书和质量控制措施；确定质量检查检验方式及抽样的数量与方法；明确检查结果的判断标准及质量记录与信息反馈要求等。

其次，要向施工作业班组进行认真交底，使每一个控制点上的作业人员明白施工作业规程及质量检验评定标准，掌握施工操作要领；在施工过程中，相关技术管理人员和质量控制人员要在现场进行重点指导和检查验收。

同时，还要做好施工质量控制点的动态设置和动态跟踪管理。所谓动态设置，是指在工程开工前、设计交底和图纸会审时，可确定项目的一批质量控制点，随着工程的展开、施工条件的变化，随时或定期进行控制点的调整和更新。动态跟踪是应用动态控制原理，落实专人负责跟踪和记录控制点质量控制的状态和效果，并及时向项目管理组织的高层管理者反馈质量控制信息，保持施工质量控制点的受控状态。

对于危险性较大的分部分项工程或特殊施工过程，除按一般过程质量控制的规定执行外，还应由专业技术人员编制专项施工方案或作业指导书，经施工单位技术负责人、项目总监理工程师、建设单位项目负责人审阅签字后执行。超过一定规模的危险性较大的分部分项工程，还要组织专家对专项施工方案进行论证。作业前施工员、技术员做好交底和记录，使操作人员在明确工艺标准、质量要求的基础上进行作业。为保证质量控制点的目标实现，应严格按照三级检查制度进行检查控制。在施工中发现质量控制点有异常时，应立即停止施工，召开分析会，查找原因并采取对策予以解决。

施工单位应积极主动地支持、配合监理工程师的工作，应根据现场工程监理机构的要求，对施工作业质量控制点，按照不同的性质和管理要求，细分为"见证点"和"待检点"进行施工质量的监督和检查。凡属"见证点"的施工作业，如重要部位、特种作业、专门工艺等，施工方必须在该项作业开始前，书面通知现场监理机构到位旁站，见证施工作业过程；凡属"待检点"的施工作业，如隐蔽工程等，施工方必须在完成施工质量自检的基础上，提前通知项目监理机构进行检查验收，然后才能进行工程隐蔽或下道工序的施工。未经过项目监理机构检查验收合格，不得进行工程隐蔽或下道工序的施工。

任务三 质量控制

一、质量控制的内容

质量控制是质量管理的一部分,是致力于满足质量要求的一系列相关活动。这些活动主要包括:

(1)设定目标。按照质量要求,确定需要达到的标准和控制的区间、范围、区域。

(2)测量检查。测量实际成果满足所设定目标的程度。

(3)评价分析。评价控制的能力和效果,分析偏差产生的原因。

(4)纠正偏差。对不满足设定目标的偏差,及时采取针对性措施尽量纠正偏差。

综上所述,质量控制是在具体的条件下围绕明确的质量目标,通过行动方案和资源配置的计划、实施、检查和监督,进行事前预控、事中控制和事后控制,致力于实现预期质量目标的系统过程。

工程项目的质量要求主要是由业主方提出的,包括显性要求和隐形要求。项目的质量目标,是业主的建设意图通过项目策划(包括项目的定义及建设规模、系统构成、使用功能和价值、规格、档次、标准等的定位策划和目标决策)来确定的。项目承包方为了实现较高的顾客满意度,也可以提出更高的质量目标,满足业主方既没有明示,也不是通常隐含或必须履行的期望。工程项目质量控制,就是在项目实施的整个过程中,包括项目的勘察设计、招标采购、施工安装、竣工验收等各个阶段,项目各参与方致力于实现项目质量总目标的一系列活动。工程项目质量控制包括项目的建设、勘察、设计、施工、监理等各参与方的质量控制活动。

二、水利工程项目质量控制的目标与任务

水利工程项目质量目标应从多方面进行定义,包括建设要求及有关技术规范和标准等方面的要求,体现在结构安全、施工质量、水资源利用、环境保护、运行维护管理、安全生产、技术创新、社会效益和经济效益等多个环节,见图3-1。项目质量目标本身构成系统。

建设工程项目质量控制的目标,就是实现由项目决策所决定的项目质量目标,使项目的适用性、安全性、耐久性、可靠性、经济性及与环境的协调性等方面满足业主需要,并符合国家法律、行政法规和技术标准、规范的要求。项目的质量涵盖设计质量、材料质量、设备质量、施工质量和影响项目运行或运营的环境质量等,各项质量均应符合相关的技术规范和标准的规定,满足业主方的质量要求。

工程项目质量控制的任务就是对项目的建设、勘察、设计、施工、监理单位的工程质量行为,以及涉及项目工程实体质量的设计质量、材料质量、设备质量、施工安装质量进行控制。由于项目的质量目标最终是由项目工程实体的质量来体现的,而项目工程实体的质量最终是通过施工作业过程直接形成的,设计质量、材料质量、设备质量往往也要在施工

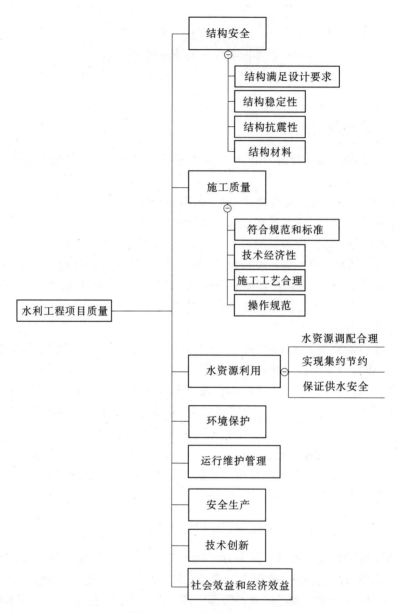

图 3-1 某水利工程项目质量目标体系

过程中进行检验,因此施工质量控制是项目质量控制的重点。

工程项目质量控制的主要工作内容包括:

(1)确定项目质量要求和标准(包括设计、施工、工艺、材料和设备等方面)。

(2)编制或组织编制设计竞赛文件,确定有关设计质量方面的评选原则。

(3)审核各设计阶段的设计文件(图纸与说明等)的质量要求和标准。

(4)确定或审核招标文件和合同文件中的质量条款。

(5)审核或检测材料、成品、半成品和设备的质量。

(6)检查施工质量,组织或参与单元工程、分部工程、分项工程和各隐蔽工程验收及竣工验收。

(7)审查或组织审查施工组织设计和施工安全措施。

(8)处理工程质量、安全事故的有关事宜。

(9)确认施工单位选择的分包单位,并审核施工单位的质量保证体系。

三、施工质量控制的依据

(一)共同性依据

共同性依据指适用于施工质量管理有关的、通用的、具有普遍指导意义和必须遵守的基本法规。主要包括国家和政府有关部门颁布的与工程质量管理有关的法律法规性文件,如《中华人民共和国建筑法》《中华人民共和国招标投标法》和《建设工程质量管理条例》等。

(二)专业技术性依据

专业技术性依据指针对不同的行业、不同质量控制对象制定的专业技术规范文件,包括规范、规程、标准、规定等,例如:水利水电工程单元工程施工质量检验与评定标准,有关建筑材料、半成品和构(配)件质量方面的专门技术法规性文件,有关材料验收、包装和标志等方面的技术标准和规定,施工工艺质量等方面的技术法规性文件,有关新工艺、新技术、新材料、新设备的质量规定和鉴定意见等。

(三)项目专用性依据

项目专用性依据指本项目的工程建设合同、勘察设计文件、设计交底及图纸会审记录、设计修改和技术变更通知,以及相关会议记录和工程联系单等。

四、施工质量控制的基本环节

施工质量控制应贯彻全面、全员、全过程质量管理的思想,运用动态控制原理,进行质量的事前预控、事中控制和事后质量控制。

(一)事前预控

事前预控,即在正式施工前进行的事前主动质量控制,通过编制施工质量计划,明确质量目标,制订施工方案,设置质量管理点,落实质量责任,分析可能导致质量目标偏离的各种影响因素,针对这些影响因素制订有效的预防措施,防患于未然。

事前预控要求针对质量控制对象的控制目标、活动条件、影响因素进行周密分析,找出薄弱环节,制订有效的控制措施和对策。

(二)事中控制

事中控制,指在施工质量形成过程中,对影响施工质量的各种因素进行全面的动态控制。事中控制也称作业活动过程质量控制,包括质量活动主体的自我控制和他人监控的控制方式。

自我控制是第一位的,即作业者在作业过程中对自己质量活动行为的约束和技术能力的发挥,以完成符合预定质量目标的作业任务;他人监控是对作业者的质量活动过程和结果,由来自企业内部管理者和企业外部有关方面进行监督检查,如工程监理机构、政府质量监督部门等的监控。

施工质量的自控和监控是相辅相成的系统过程。自控主体的质量意识和能力是关键,是施工质量的决定因素;各监控主体所进行的施工质量监控是对自控行为的推动和约束。因此,自控主体必须正确处理自控和监控的关系,在致力于施工质量自控的同时,还必须接受来自业主、监理等方面对其质量行为和结果所进行的监督管理,包括质量检查、评价和验收。自控主体不能因为监控主体的存在和监控职能的实施而减轻或推脱其质量责任。事中控制的目标是确保工序质量合格,杜绝质量事故发生;控制的关键是坚持质量标准;控制的重点是工序质量、工作质量和质量控制点的控制。

(三)事后质量控制

事后质量控制也称为事后质量把关,以使不合格的工序或最终产品(包括单位工程或整个工程项目)不流入下道工序、不进入市场。事后质量控制包括:对质量活动结果的评价、认定;对工序质量偏差的纠正;对不合格产品进行整改和处理。控制的重点是发现施工质量方面的缺陷,并通过分析提出施工质量改进的措施,保证质量处于受控状态。

以上三大环节不是互相孤立和截然分开的,它们共同构成有机的系统过程,实质上也就是质量管理 PDCA 循环的具体化,在每一次滚动循环中不断提高,达到质量管理和质量控制的持续改进。

五、水利工程质量控制工作

(一)施工准备阶段的质量控制

1. 图纸学习与会审

对设计文件和图纸的学习是进行质量控制和规划的一项重要而有效的方法。一方面使施工人员熟悉、了解工程特点、设计意图,掌握关键部位的工程质量要求,更好地做到按图施工;另一方面通过图纸审查,及时发现存在的问题和矛盾,提出修改与洽商意见,帮助设计单位减少差错,提高设计质量,避免产生技术事故或工程质量问题。

图纸会审由建设单位或监理单位主持,设计单位、施工单位参加,并写出会审纪要。图纸审查必须抓住关键,特别注意对构造和结构的审查,必须形成图纸审查与修改文件,并作为档案保存。

2. 编制施工组织设计

施工组织设计是对施工的各项活动做出全面的构思和安排,指导施工准备和施工全过程的技术经济文件。其基本任务是使工程施工建立在科学合理的基础上,保证项目取得良好的经济效益和社会效益。

施工组织设计根据设计阶段和编制对象的不同,大致可分为施工组织总设计、单位工程施工组织设计和危险性较大或新技术项目的分部分项工程的专项施工方案设计三大类。施工组织设计通常应包括工程概况、施工部署和施工方案、施工准备工作计划、施工进度计划、技术质量措施、安全文明施工措施、各项资源需要量计划及施工平面图、技术经济指标等基本内容。

施工组织设计中对质量控制起主要作用的是施工方案,主要包括施工程序的安排、施工段的划分、主要项目的施工方法、施工机械的选择,以及保证质量、安全施工、冬雨季施工、污染防治等方面的预控方法和针对性的技术组织措施。

3. 组织技术交底

技术交底是指单位工程、分部工程、分项工程正式施工前,对参与施工的有关管理人员、技术人员和工人进行不同重点和技术深度的技术性交代和说明。其目的是使参与项目施工的人员对施工对象的设计情况、建筑结构特点、技术要求、施工工艺、质量标准和技术安全措施等方面有一个较详细的了解,做到心中有数,以便科学地组织施工和合理地安排工序,避免发生技术错误或操作错误。

技术交底是一项经常性的技术工作,可分级分阶段进行。技术交底应以设计图纸、施工组织设计、质量验收标准、施工验收规范、操作规程和施工工艺卡为依据,编制交底文件,必要时可用图表、实样、小样、现场示范操作等形式进行,并做好书面交底记录。

4. 控制物资采购

施工中所需的物资包括建筑材料、建筑构(配)件和设备等。如果生产、供应单位提供的物资不符合质量要求,施工企业在采购前和施工中又没有有效的质量控制手段,往往会埋下工程隐患,甚至酿成质量事故。因此,采购前应按先评价后选择的原则,由熟悉物资技术标准和管理要求的人员,通过对拟选择供方的技术、管理、质量检测、工序质量控制和售后服务等质量保证能力的调查,对其信誉、产品质量的实际检验评价及各供方之间的综合比较,做出综合评价,最后选择合格的供方,建立起供求关系。

5. 严格选择分包单位

工程总承包商或主承包商将总包的工程项目按专业性质或工程范围(区域)分包给若干个分包商来完成,是一种普遍采用的经营方式。为了确保分包工程的质量、工期和现场管理能满足总合同的要求,应由总承包商的相关主管部门和人员,通过审查资格文件、考察已完工程和施工工程质量等方法,对拟选择的分包商(包括建设单位指定的分包商)的技术及管理实务、特殊及主体工程人员资格、机械设备能力及施工经验,认真进行综合评价,决定是否可作为合作伙伴。

(二)施工阶段的质量控制

1. 严格进行材料、构(配)件试验和施工试验

对进入现场的物料,包括甲方供应的物料及施工过程中的半成品,如钢材、水泥、钢筋连接接头、混凝土、砂浆、预制构件等,必须按规范、标准和设计的要求,根据对质量的影响程度和使用部位的重要程度,在使用前采用抽样检查或全数检查等形式,对涉及结构安全的应由建设单位或监理单位现场见证取样,送交有法定资格的单位检测,判断其质量的可靠性。检验和试验的方法有书面检验、外观检验、理化检验和无损检验四种。严禁将未经检验和试验或检验和试验不合格的材料、构(配)件、设备、半成品等投入使用和安装。

2. 实施工序质量监控

工程的施工过程,是由一系列相互关联、相互制约的工序所构成的。例如,混凝土工程由搅拌、运输、浇灌、振捣、养护等工序组成。工序质量包含两个相互关联的内容,一是工序活动条件的质量,即每道工序投入的人、材料、机械设备、方法和环境是否符合要求;二是工序活动效果的质量,即每道工序施工完成的工程产品是否达到有关质量标准。

工序质量监控的对象是影响工序质量的因素,特别是对主导因素的监控,其核心是管因素、管过程,而不单纯是管结果,其重点内容包括:①设置工序质量控制点;②严格遵守

工艺规程;③控制工序活动条件的质量;④及时检查工序活动效果的质量。

3.组织过程质量检验

过程质量检验主要指工序施工中或上道工序完工即将转入下道工序时所进行的质量检验,目的是通过判断工序施工内容是否合乎设计或标准要求,决定该工序是否继续进行(转交)或停止。具体形式有:①质量自检和互检;②专业质量监督;③工序交接检查;④隐蔽工程验收;⑤工程预检(技术复核);⑥基础、主体工程检查验收。

4.重视设计变更管理

施工过程中往往会发生没有预料到的新情况(如设计与施工的可行性发生矛盾,建设单位对工程使用目的、功能或质量要求发生变化),而导致设计变更。设计变更必须经建设、设计、监理、施工各方同意,共同签署设计变更洽商记录,由设计单位负责修改,并向施工单位签发设计变更通知书。对建设规模、投资方案有较大影响的设计变更,必须经原批准初步设计的单位同意,方可进行修改。接到设计变更,应立即按要求改动,避免发生重大差错,影响工程质量和使用。

5.加强成品保护

在施工过程中,有些分项工程、分部工程已经完成,其他部位或工程尚在施工,对已完成的成品,如不采取妥善的措施加以保护,就会造成损伤,影响质量,更为严重的是,有些损伤难以恢复到原样,成为永久性缺陷。产品保护工作主要有合理安排施工顺序和采取有效的防护措施两个主要环节。

6.积累工程施工技术资料

工程施工技术资料是施工中的技术、质量和管理活动的记录,是实行质量追溯的主要依据,是评定单位工程质量等级的三大条件之一,也是工程档案的主要组成部分。施工技术资料管理是确保工程质量和完善施工管理的一项重要工作,施工企业必须按各专业质量检验评定标准的规定和各地的实施细则,全面、科学、准确、及时地记录施工及试(检)验资料,按规定积累、计算、整理、归档,手续必须完备,并不得有伪造、涂改、后补等现象。

(三)竣工验收交付阶段的质量控制

1.坚持竣工验收标准

由于水利工程建设项目涉及门类很多,性能、条件和要求各异,水利工程、建筑工程、安装工程、人防工程、管道工程、桥梁工程、电气工程及铁路建筑安装工程等分别参照其相应行业的竣工验收标准。凡达不到竣工标准的工程,一律不得通过验收。

2.做好技术预验收

技术预验收是在各专业工作组检查意见的基础上形成竣工技术预验收工作报告,作为竣工验收鉴定书的附件,并以此为基础形成竣工验收鉴定书初稿。技术预验收可避免正式验收时,由于时间紧、专业性不强、工作深度不够等可能导致的验收质量不高等问题的发生。

(四)保修期的质量控制

缺陷责任期内,发包人对已接收使用的工程负责日常维护,承包人对已交付使用的工程承担缺陷责任。在保修范围和保修期限内发生质量问题的,承包人应负责修复,直至检验合格为止,不留隐患。如属发包人等原因造成的质量问题,发包人应承担修复和查验的费用,并支付承包人合理利润。

任务四　水利工程质量检验与评定

质量检验,是指通过检查、量测、试验等方法,对工程质量特性进行的符合性评价。质量评定,是将质量检验结果与国家和行业技术标准及合同约定的质量标准所进行的比较活动。水利工程质量检验与评定工作是工程各参建方(其中主要是施工单位、监理单位和项目法人)的职责,是工程质量监督机构承担的监督职责。

一、水利工程质量检验

(1)承担工程检测业务的检测机构应具有水行政主管部门颁发的资质证书。其设备和人员的配备应与所承担的任务相适应,有健全的管理制度。

(2)工程施工质量检验中使用的计量器具、试验仪器仪表及设备应定期进行检定,并具备有效的检定证书。国家规定需强制检定的计量器具应经县级以上计量行政部门认定的计量检定机构或其授权设置的计量检定机构进行检定。

(3)检测人员应熟悉检测业务,了解被检测对象的性质和所用仪器设备的性能,经考核合格后,持证上岗。参与中间产品及混凝土(砂浆)试件质量资料复核的人员应具有工程师以上工程系列技术职称,并从事过相关试验工作。

(4)工程质量检验项目和数量应符合《水利水电工程施工质量验收评定标准》(根据不同专业共分为九项分项标准,简称为“单元工程评定标准”)规定。

(5)工程质量检验方法,应符合“单元工程评定标准”和国家及行业现行技术标准的有关规定。

(6)工程质量检验数据应真实可靠,检验记录及签证应完整齐全。

(7)工程项目中如遇“单元工程评定标准”中尚未涉及的项目质量评定标准,其质量标准及评定表格,由项目法人组织监理、设计及施工单位按水利部有关规定进行编制和报批。

(8)工程中永久性房屋、专用公路、专用铁路等项目的施工质量检验与评定可按相应行业标准执行。

(9)项目法人、监理、设计、施工和工程质量监督等单位根据工程建设需要,可委托具有相应资质等级的水利工程质量检测单位进行工程质量检测。施工单位自检性质的委托检测项目及数量,应按“单元工程评定标准”及施工合同约定执行。对已建工程质量有重大分歧时,应由项目法人委托第三方具有相应资质等级的质量检测单位进行检测,检测数量视需要确定,检测费用由责任方承担。

(10)堤防工程竣工验收前,项目法人应委托具有相应资质等级的质量检测单位进行抽样检测,工程质量抽检项目和数量由工程质量监督机构确定。

(11)对涉及工程结构安全的试块、试件及有关材料,应实行见证取样。见证取样资料由施工单位制备,记录应真实齐全,参与见证取样人员应在相关文件上签字。

(12)当工程中出现检验不合格的项目时,应按以下规定进行处理:

①原材料、中间产品一次抽样检验不合格时,应及时对同一取样批次另取 2 倍数量进行检验。如仍不合格,则该批次原材料或中间产品应定为不合格,不得使用。

②单元(工序)工程质量不合格时,应按合同要求进行处理或返工重作,并经重新检验且合格后方可进行后续工程施工。

③混凝土(砂浆)试件抽样检验不合格时,应委托具有相应资质等级的质量检测单位对相应工程部位进行检验。如仍不合格,应由项目法人组织有关单位进行研究,并提出处理意见。

④工程完工后的质量抽检不合格,或其他检验不合格的工程,应按有关规定进行处理,合格后才能进行验收或后续工程施工。

二、质量检验的职责范围

(1)永久性工程(包括主体工程及附属工程)施工质量检验应符合下列规定:

①施工单位应依据工程设计要求、施工技术标准和合同约定,结合"单元工程评定标准"的规定确定检验项目及数量并进行自检,自检过程应有书面记录,同时结合自检情况如实填写水利部颁发的《水利水电工程施工质量评定表填表说明与示例》(办建管〔2002〕182 号)。

②监理单位应根据"单元工程评定标准"和抽样检测结果复核工程质量。其平行检测和跟踪检测的数量按《水利工程施工监理规范》(SL 288—2014)(以下简称《监理规范》)或合同约定执行。

③项目法人应对施工单位自检和监理单位抽检过程进行督促检查,对报工程质量监督机构核备、核定的工程质量等级进行认定。

④工程质量监督机构应对项目法人、监理、勘测、设计、施工单位及工程其他参建单位的质量行为和工程实物质量进行监督检查。检查结果应按有关规定及时公布,并书面通知有关单位。

(2)临时工程质量检验及评定标准,应由项目法人组织监理、设计及施工等单位根据工程特点,参照"单元工程评定标准"和其他相关标准确定,并报相应的工程质量监督机构核备。

三、质量检验的内容

(1)质量检验包括施工准备检查,原材料与中间产品质量检验,水工金属结构、启闭机及机电产品质量检查,单元(工序)工程质量检验,质量事故检查和质量缺陷备案,工程外观质量检验等。

(2)主体工程开工前,施工单位应组织人员进行施工准备检查,并经项目法人或监理单位确认合格且履行相关手续后,才能进行主体工程施工。

(3)施工单位应按"单元工程评定标准"及有关技术标准对水泥、钢材等原材料与中间产品质量进行检验,并报监理单位复核。不合格产品,不得使用。

（4）水工金属结构、启闭机及机电产品进场后，有关单位应按有关合同进行交货检查和验收。安装前，施工单位应检查产品是否有出厂合格证、设备安装说明书及有关技术文件，对在运输和存放过程中发生的变形、受潮、损坏等问题应做好记录，并进行妥善处理。无出厂合格证或不符合质量标准的产品不得用于工程中。

（5）施工单位应按"单元工程评定标准"检验工序及单元工程质量，做好书面记录，在自检合格后，填写"水利水电工程施工质量评定表"报监理单位复核。监理单位根据抽检资料核定单元（工序）工程质量等级。如发现不合格单元（工序）工程，应要求施工单位及时进行处理，合格后才能进行后续工程施工。对施工中的质量缺陷应书面记录备案，进行必要的统计分析，并在相应单元（工序）工程施工质量评定表"评定意见"栏内注明。单元（工序）工程质量检验程序见图3-2。

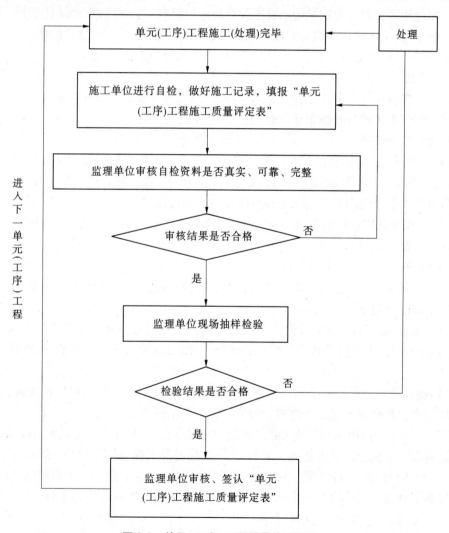

图3-2　单元（工序）工程质量检验程序

（6）施工单位应及时将原材料、中间产品及单元（工序）工程质量检验结果报监理单位复核,并按月将施工质量情况报监理单位,由监理单位汇总分析后报项目法人和工程质量监督机构。

(7)单位工程完工后,项目法人应组织监理、设计、施工及工程运行管理等单位组成工程外观质量评定组,现场进行工程外观质量检验评定,并将评定结论报工程质量监督机构核定。参加工程外观质量评定的人员应具有工程师以上技术职称或相应执业资格。评定组人数应不少于5人,大型工程不宜少于7人。

四、水利工程施工质量评定

(一)项目划分

一项水利工程的建成,由施工准备工作开始到竣工交付使用,要经过若干工序、若干工种的配合施工。而工程质量的形成不仅取决于原材料、构(配)件、产品的质量,同时也取决于各工种、工序的作业质量。因此,为了实现对工程全方位、全过程的质量控制和检验评定,按照工程的形成过程,考虑设计布局、施工布置等因素,将水利工程依次划为单位工程、分部工程和单元(工序)工程。单元(工序)工程是进行日常考核和质量评定的基本单位。水利工程项目划分应结合工程结构特点、施工部署及施工合同要求进行,划分结果应有利于保证施工质量及施工质量管理。

1.项目划分程序

(1)由项目法人组织监理、设计及施工等单位进行工程项目划分,并确定主要单位工程、主要分部工程、重要隐蔽单元工程和关键部位单元工程。项目法人在主体工程开工前将项目划分表及说明书面报相应工程质量监督机构确认。

(2)工程质量监督机构收到项目划分书面报告后,应在14个工作日内对项目划分进行确认并将确认结果书面通知项目法人。

(3)在工程实施过程中,需对单元工程、主要分部工程、重要隐蔽单元工程和关键部位单元工程的项目划分进行调整时,项目法人应重新报送工程质量监督机构确认。

2.单位工程划分

单位工程,是指具有独立发挥作用或独立施工条件的建筑物。单位工程通常可以是一项独立的工程,也可以是独立工程的一部分,一般按设计及施工部署划分,并应遵循以下原则:

(1)枢纽工程一般以每个独立的建筑物为一个单位工程。当工程规模大时,也可将一个建筑物中具有独立施工条件的一部分划为一个单位工程。

(2)堤防工程按招标标段或工程结构划分单位工程。规模较大的交叉连接建筑物及管理设施以每个独立的建筑物为一个单位工程,如堤身工程、堤岸防护工程等。

(3)引水(渠道)工程按招标标段或工程结构划分单位工程,大、中型引水(渠道)建筑物以每个独立的建筑物为一个单位工程。大型渠道建筑物也可以每个独立的建筑物为一个单位工程,如进水闸、分水闸、隧洞。

(4)除险加固工程,按招标标段或加固内容,并结合工程量划分单位工程。

3.分部工程划分

分部工程,是指在一个建筑物内能组合发挥一种功能的建筑安装工程,是组成单位工程的部分。对单位工程安全、功能或效益起决定性作用的分部工程称为主要分部工程。

分部工程的划分应遵循以下原则：

(1)枢纽工程。土建部分按设计的主要组成部分划分；金属结构及启闭机安装工程和机电设备安装工程按组合功能划分。

(2)堤防工程，按长度或功能划分。

(3)引水(渠道)工程中的河(渠)道按施工部署或长度划分。大、中型建筑物按工程结构主要组成部分划分。

(4)除险加固工程，按加固内容或部位划分。

(5)同一个单位工程中，同类型的各个分部工程的工程量(或投资)不宜相差太大，每个单位工程中的分部工程数目，不宜少于5个。

4. 单元工程划分

单元工程是在分部工程中由几个工序(或工种)施工完成的最小综合体，是日常考核工程质量的基本单位。单元工程按《水利水电工程单元工程施工质量验收评定标准》(以下简称《评定标准》)规定进行划分。

水利水电工程中的单元工程一般划分为划分工序的单元工程、不分工序的单元工程。例如：钢筋混凝土单元工程可以分为基础面或施工缝处理、模板制作及安装、钢筋制作及安装、预埋件(止水、伸缩缝等)制作及安装、混凝土浇筑(含养护、脱模)、外观质量检查六个工序；岩石洞室开挖单元工程只有一个工序，分为光面爆破和预裂爆破效果，洞、井轴线，不良地质处理，爆破控制，洞室壁面清撬，岩石壁面局部超、欠挖及平整度检查等几个检查项目。

水利水电工程单元工程是依据设计结构、施工部署或质量考核要求，把建筑物划分为若干个层、块、段来确定单元工程。具体划分如下：

(1)岩石岸坡开挖工程。按设计或施工检查验收的区、段划分，每一个区、段为一个单元工程。

(2)岩石地基开挖工程。按施工检查验收的区、段划分，每一个区、段为一个单元工程。

(3)岩石洞室开挖工程。平洞开挖工程以施工检查验收的区、段或混凝土衬砌的设计分缝确定的块划分，每一个检查验收的区、段或一个浇筑块为一个单元工程；竖井(斜井)开挖工程以施工检查验收段每5~15 m划分为一个单元工程。

(4)土方开挖工程。按设计结构或施工检查验收区、段划分，每一区、段为一个单元工程。

(5)混凝土工程。按混凝土浇筑仓号或一次检查验收范围划分。对混凝土浇筑仓号，按每一仓号为一个单元工程；对排架、梁、板、柱等构件，按一次检查验收的范围分为一个单元工程。

(6)钢筋混凝土预制构件安装工程。按每一次检查验收的根、组、批划分，或按安装的桩号、高程划分，每一根、组、批或某桩号、高程之间的预制构件安装划分为一个单元工程。

(7)混凝土坝坝体接缝灌浆工程。按设计或施工确定的灌浆区、段划分，每一灌浆区、段为一个单元工程。

(8)岩石地基水泥灌浆工程。帷幕灌浆以一个坝段(块)或相邻的 10~20 个孔为一个单元工程,对于 3 排以上的帷幕,沿轴线相邻不超过 30 个孔划分为一个单元工程;固结灌浆按混凝土浇筑块、段划分,每一块、段的固结灌浆为一个单元工程。

(9)地基排水工程。按排水工程施工质量检查验收的区、段划分,每一区、段为一个单元工程。

(10)喷锚支护工程。按每一施工区、段划分,每一区、段为一个单元工程。

(11)振冲法地基加固工程。按一个独立基础、一个坝段或不同要求地基区、段划分为一个单元工程。按不同要求地基区、段划分时,如面积太大、单元内桩数较多,可根据实际情况划分为几个单元工程。

(12)混凝土防渗墙工程。按每一槽孔为一个单元工程。

(13)钻孔灌注桩基础工程。按柱(墩)基础划分,每一柱(墩)下的灌注桩基础为一个单元工程。

(14)河道疏浚工程。按设计或施工控制质量要求的段划分,每一疏浚河段为一个单元工程。当设计无特殊要求时,河道疏浚施工按 200~500 m 疏浚段划分为一个单元工程。

(15)堤防工程。对不同的堤防工程按不同的原则划分单元工程。例如:土方填筑按层、段划分。新堤填筑按施工段 100~500 m 划分为一个单元工程;老堤加培按工程量 500~2 000 m³ 划分为一个单元工程;吹填工程按围堰区段(仓)划分或按堤轴线施工段长 100~500 m 划分为一个单元工程;防护工程按施工段划分,每 60~80 m 或每个丁坝、垛的护脚划分为一个单元工程等。

不要将单元工程与国标中的分项工程相混淆。国标中的分项工程完成后不一定形成工程实物量,或者形成未就位安装零部件及结构件,如模板分项工程、钢筋焊接分项工程、钢筋绑扎分项工程、钢结构件焊接制作分项工程等。

(二)工程质量评定

质量评定时,应按从低层到高层的顺序依次进行,这样可以从微观上按照施工工序和有关规定,在施工过程中把好质量关,由低层到高层逐级进行工程质量控制和质量检验。其评定的顺序是单元(工序)工程、分部工程、单位工程、工程项目。

1. 工序施工质量验收评定

单元工程中的工序分为主要工序和一般工序。其划分原则及质量评定标准按《评定标准》(一)~(九)规定执行,工序施工质量评定分为合格和优良两个等级。

(1)工序。指按施工的先后顺序将单元工程划分成的若干个具体施工过程或施工步骤。对单元工程质量影响较大的工序称为主要工序。

(2)主控项目。指对单元工程功能起决定性作用或对工程安全、卫生、环境保护有重大影响的检验项目。

(3)一般项目。指除主控项目外的检验项目。

2. 单元工程质量评定标准

单元工程质量分为合格和优良两个等级。

单元工程质量等级标准是进行工程质量等级评定的基本尺度。由于工程类别不一样,单元工程质量评定标准的内容、合格率标准等也不一样。单元(工序)工程施工质量合格标准应按照《评定标准》(一)~(九)或合同约定的合格标准执行。当达不到合格标准时,应及时处理,处理后的质量等级按下列规定重新确定:

(1)全部返工重做的,可重新评定质量等级。

(2)经加固补强并经设计和监理单位鉴定能达到设计要求,其质量评为合格。

(3)处理后的工程部分质量指标仍达不到设计要求时,经设计复核,项目法人及监理单位确认能满足安全和使用功能要求,可不再进行处理;或经加固补强后,改变了外形尺寸或造成工程永久性缺陷的,经项目法人、监理及设计单位确认能基本满足设计要求,其质量可定为合格,但应按规定进行质量缺陷备案。

3. 分部工程质量评定等级标准

(1)分部工程施工质量同时满足下列标准时,其质量评为合格:

①所含单元工程的质量全部合格。质量事故及质量缺陷已按要求处理,并经检验合格。

②原材料、中间产品及混凝土(砂浆)试件质量全部合格,金属结构及启闭机制造质量合格,机电产品质量合格。

(2)分部工程施工质量同时满足下列标准时,其质量评为优良:

①所含单元工程质量全部合格,其中70%以上达到优良,重要隐蔽单元工程和关键部位单元工程质量优良率达90%以上,且未发生过质量事故。

②中间产品质量全部合格,混凝土(砂浆)试件质量达到优良(当试件组数小于30时,试件质量合格)。原材料质量、金属结构及启闭机制造质量合格,机电产品质量合格。

重要隐蔽单元工程:是指在主要建筑物的地基开挖、地下洞室开挖、地基防渗、加固处理和排水等重要隐蔽工程中,对工程安全或功能有严重影响的单元工程。

关键部位单元工程:是指对工程安全性,或效益,或功能有显著影响的单元工程。

中间产品:是指工程施工中使用的砂石骨料、石料、混凝土拌和物、砂浆拌和物、混凝土预制构件等土建类工程的成品及半成品。

4. 水利水电工程项目优良率的计算

(1)单元工程优良率计算公式如下:

$$单元工程优良率 = \frac{单元工程优良个数}{单元工程总数} \times 100\%$$

(2)分部工程优良率计算公式如下:

$$分部工程优良率 = \frac{分部工程优良个数}{分部工程总数} \times 100\%$$

(3)单位工程优良率计算公式如下:

$$单位工程优良率 = \frac{单位工程优良个数}{单位工程总数} \times 100\%$$

5. 单位工程质量评定标准

(1)单位工程施工质量同时满足下列标准时,其质量评为合格:

①所含分部工程质量全部合格。

②质量事故已按要求进行处理。

③工程外观质量得分率达到70%以上。

④单位工程施工质量检验与评定资料基本齐全。

⑤工程施工期及试运行期,单位工程观测资料分析结果符合国家和行业技术标准及合同约定的标准要求。

(2)单位工程施工质量同时满足下列标准时,其质量评为优良:

①所含分部工程质量全部合格,其中70%以上达到优良等级,主要分部工程质量全部优良,且施工中未发生过较大质量事故。

②质量事故已按要求进行处理。

③外观质量得分率达到85%以上。

④单位工程施工质量检验与评定资料齐全。

⑤工程施工期及试运行期,单位工程观测资料分析结果符合国家和行业技术标准及合同约定的标准要求。

主要分部工程:对单位工程安全性、使用功能或效益起决定性作用的分部工程。

6. 单位工程外观质量评定

外观质量是通过检查和必要的量测所反映的工程外表质量。

水利水电工程外观质量评定办法,按工程类型分为枢纽工程、堤防工程、引水(渠道)工程、其他工程四类。

项目法人应在主体工程开工初期,组织监理、设计、施工等单位,根据工程特点(工程等级及使用情况)和相关技术标准,提出表3-2所列各项目的质量标准,报工程质量监督机构确认。

单位工程完工后,项目法人应组织监理、设计、施工及工程运行管理等单位组成工程外观质量评定组,现场进行工程外观质量检验评定,并将评定结论报工程质量监督机构核备。参加工程外观质量评定的人员应具有工程师以上技术职称或相应执业资格。评定组人数应不少于5人,大型工程不宜少于7人。

工程外观质量评定结果由项目法人报工程质量监督机构核备。

水工建筑物单位工程外观质量评定表见表3-2。

表3-2 水工建筑物单位工程外观质量评定表

单位工程名称			施工单位				
主要工程量			评定日期		年 月 日		
项次	项目	标准分/分	评定得分/分				备注
			一级 100%	二级 90%	三级 70%	四级 0	
1	建筑物外部尺寸	12					
2	轮廓线	10					
3	表面平整度	10					
4	立面垂直度	10					

续表 3-2

单位工程名称				施工单位			
主要工程量				评定日期		年 月 日	

项次	项目		标准分/分	评定得分/分				备注
				一级 100%	二级 90%	三级 70%	四级 0	
5	大角方正		5					
6	曲面与平面联结		9					
7	扭面与平面联结		9					
8	马道及排水沟		3(4)					
9	梯步		2(3)					
10	栏杆		2(3)					
11	扶梯		2					
12	闸坝灯饰		2					
13	混凝土表面缺陷情况		10					
14	表面钢筋割除		2(4)					
15	砌体勾缝	宽度均匀、平整	4					
16		竖、横缝平直	4					
17	浆砌卵石露头情况		8					
18	变形缝		3(4)					
19	启闭平台梁、柱、排架		5					
20	建筑物表面		10					
21	升压变电工程围墙（栏栅）、杆、架、塔、柱		5					
22	水工金属结构外表面		6(7)					
23	电站盘柜		7					
24	电缆线路敷设		4(5)					
25	电站油气、水、管路		3(4)					
26	厂区道路及排水沟		4					
27	厂区绿化		8					
合计				应得____分,实得____分,得分率____%				

续表 3-2

单位工程名称			施工单位	
主要工程量			评定日期	年 月 日

	单位	单位名称	职称	签名
外观质量评定组成员	项目法人			
	监理			
	设计			
	施工			
	运行管理			

核定意见：	
工程质量监督机构	核定人： (签名)加盖公章 年 月 日

注：量大时，标准分采用括号内数值。

水工建筑物单位工程评定程序如下：

(1)检查、检测项目经工程外观质量评定组全面检查后抽检 25%，且各项不少于 10 点。

(2)评定等级标准。测点中符合质量标准的点数占总测点数的百分率为 100%时，评为一级；合格率为 90%~99.9%时，评为二级；合格率为 70%~89.9%时，评为三级；合格率小于 70%时，评为四级。每项评分得分按下式计算：

各项评定得分＝该项标准分×该项得分百分率

(3)检查项目(如表 3-2 中项次 6、7、12、17~27)由工程外观质量评定组根据现场检查结果共同讨论决定其质量等级。

(4)外观质量评定表由工程外观质量评定组根据现场检查、检测结果填写。

(5)表尾由各单位参加工程外观质量评定的人员签名(施工单位 1 人，如本工程由分包单位施工，则由总包单位、分包单位各派 1 人参加；项目法人、监理机构、设计单位各派 1~2 人；工程运行管理单位 1 人)。

7.工程项目质量评定标准

(1)工程项目施工质量同时满足以下标准时，其质量评为合格：

①单位工程质量全部合格。

②工程施工期及试运行期，各单位工程观测资料分析结果均符合国家和行业技术标

准及合同约定的标准要求。

（2）工程项目施工质量同时满足下列标准时，其质量评为优良：

①单位工程质量全部合格，其中70%以上单位工程质量达到优良等级，且主要单位工程质量全部优良。

②工程施工期及试运行期，各单位工程观测资料分析结果均符合国家和行业技术标准及合同约定的标准要求。

8. 质量评定工作的组织与管理

（1）单元（工序）工程质量在施工单位自评合格后，报监理单位复核，由监理工程师核定质量等级并签证认可。

（2）重要隐蔽单元工程及关键部位单元工程质量经施工单位自评合格、监理单位抽检后，由项目法人（或委托监理）、监理、设计、施工、工程运行管理（施工阶段已经有时）等单位组成联合小组，共同检查核定其质量等级并填写签证表，报工程质量监督机构核备。

（3）分部工程质量，在施工单位自评合格后，由监理单位复核，项目法人认定。分部工程验收的质量结论由项目法人报工程质量监督机构核备。大型枢纽工程主要建筑物的分部工程验收的质量结论由项目法人报工程质量监督机构核备。

（4）单位工程质量，在施工单位自评合格后，由监理单位复核，项目法人认定。单位工程验收的质量结论由项目法人报工程质量监督机构核备。

（5）工程项目质量，在单位工程质量评定合格后，由监理单位进行统计并评定工程项目质量等级，经项目法人认定后，报工程质量监督机构核备。

（6）阶段验收前，工程质量监督机构应提交工程质量评价意见。

（7）工程质量监督机构应按有关规定在工程竣工验收前提交工程质量监督报告，工程质量监督报告应有工程质量是否合格的明确结论。

任务五 水利工程验收

一、工程验收的意义和依据

工程验收是工程建设进入到某一阶段的程序，借以全面考核该阶段工程是否符合批准的设计文件要求，以确定工程能否继续进入到下一阶段施工或投入运行，并履行相关的签证和交接验收手续。

水利工程建设项目验收的依据是：国家有关法律、法规、规章和技术标准；有关主管部门的规定；经批准的工程立项文件、初步设计文件、调整概算文件；经批准的设计文件及相应的工程变更文件；施工图纸及主要设备技术说明书等。法人验收还应当以施工合同为验收依据。

工程验收可以检查工程是否按照批准的设计文件进行建设；检查已完工程在设计、施工、设备制造安装等方面的质量，并对验收遗留问题提出处理要求；检查工程投资控制和资金使用情况;检查工程是否具备运行或进行下一阶段建设的条件;总结工程建设中的经验教训,并对工程做出评价;及时移交工程,尽早发挥投资效益。

二、工程验收

为加强水利工程建设项目验收管理、明确验收责任、规范验收行为,结合水利工程建设项目的特点,水利部于 2006 年 12 月 18 日颁布《水利工程建设项目验收管理规定》(2006 年水利部令第 30 号),并于 2007 年 4 月 1 日起施行,为适应水利工程验收的工作,水利部对《水利工程建设项目验收管理规定》进行了三次修订(2014 年 8 月 19 日水利部令第 46 号、2016 年 8 月 1 日水利部令第 48 号及 2017 年 12 月 22 日水利部令第 49 号)。

为加强水利水电建设工程验收管理,使水利水电建设工程验收制度化、规范化,保证工程验收质量,水利部于 2008 年 3 月 3 日发布《水利水电建设工程验收规程》(SL 223—2008),自 2008 年 6 月 3 日实施。该规程适用于由中央、地方财政全部投资或部分投资建设的大中型水利水电建设工程(含 1 级、2 级、3 级堤防工程)的验收,其他水利水电建设工程的验收可参照执行。

水利工程建设项目验收,按验收主持单位性质不同分为法人验收和政府验收两类。法人验收是指在项目建设过程中由项目法人组织进行的验收。法人验收是政府验收的基础。政府验收是指由有关人民政府、水行政主管部门或者其他有关部门组织进行的验收,包括专项验收、阶段验收和竣工验收。

(一)法人验收

工程建设完成分部工程、单位工程、单项合同工程,或者中间机组启动前,应当组织法人验收。项目法人可以根据工程建设的需要增设法人验收的环节。

(1)项目法人应当自工程开工之日起 60 个工作日内,制订法人验收工作计划,报法人验收监督管理机关和竣工验收主持单位备案。

(2)施工单位在完成相应工程后,应当向项目法人提出验收申请。项目法人经检查认为建设项目具备相应的验收条件的,应当及时组织验收。

(3)法人验收由项目法人主持。验收工作组由项目法人、设计、施工、监理等单位的代表组成,必要时可以邀请工程运行管理单位等参建单位以外的代表及专家参加。项目法人可以委托监理单位主持分部工程验收,有关委托权限应当在监理合同或者委托书中明确。

(4)分部工程具备验收条件时,施工单位应向项目法人提交验收申请报告,项目法人应在收到验收申请报告之日起 10 个工作日内决定是否同意进行验收。分部工程验收通过后,项目法人向施工单位发送分部工程验收鉴定书。施工单位应及时完成分部工程验收鉴定书载明应由施工单位处理的遗留问题。

(5)单位工程完工并具备验收条件时,施工单位应向项目法人提出验收申请报告。项目法人应在收到验收申请报告之日起 10 个工作日内决定是否同意进行验收。项目法人组织单位工程验收时,应提前通知质量和安全监督机构。主要建筑物单位工程验收应通知法人验收监督管理机关。法人验收监督管理机关可视情况决定是否列席验收会议,质量和安全监督机构应派员列席验收会议。单位工程验收通过后,项目法人向施工单位发送单位工程验收鉴定书。施工单位应及时完成单位工程验收鉴定书载明应由施工单位处理的遗留问题。需提前投入使用的单位工程在专用合同条款中明确。单位工程投入使用验收和单项合同工程完工验收通过后,项目法人应当与施工单位办理工程的有关交接手续。

(6)合同工程具备验收条件时,施工单位应向项目法人提出验收申请报告。项目法人应在收到验收申请报告之日起20个工作日内决定是否同意进行验收。合同工程完工验收通过后,项目法人向施工单位发送合同工程完工验收鉴定书。施工单位应及时完成合同工程完工验收鉴定书,并载明应由施工单位处理的遗留问题。

合同工程完工验收通过后,项目法人应当与施工单位办理工程的有关交接工作。工程缺陷责任期从通过单项合同工程完工验收之日算起,缺陷责任期限按合同约定执行。

项目法人应当自法人验收通过之日起30个工作日内,制作法人验收鉴定书,发送参加验收单位并报送法人验收监督管理机关备案。

(二)政府验收

1. 验收主持单位

(1)阶段验收、竣工验收由竣工验收主持单位主持。竣工验收主持单位可以根据工作需要委托其他单位主持阶段验收。专项验收依据国家有关规定执行。

(2)国家重点水利工程建设项目,竣工验收主持单位依据国家有关规定确定。

除前款规定外,在国家确定的重要江河、湖泊建设的流域控制性工程、流域重大骨干工程建设项目,竣工验收主持单位为水利部。

除前两款规定外的其他水利工程建设项目,竣工验收主持单位按照以下原则确定:

①水利部或者流域管理机构负责初步设计审批的中央项目,竣工验收主持单位为水利部或者流域管理机构。

②水利部负责初步设计审批的地方项目,以中央投资为主的,竣工验收主持单位为水利部或者流域管理机构;以地方投资为主的,竣工验收主持单位为省级人民政府(或者其委托的单位)或者省级人民政府水行政主管部门(或者其委托的单位)。

③地方负责初步设计审批的项目,竣工验收主持单位为省级人民政府水行政主管部门(或者其委托的单位)。

竣工验收主持单位为水利部或者流域管理机构的,可以根据工程实际情况,会同省级人民政府或者有关部门共同主持。

竣工验收主持单位应当在工程初步设计的批准文件中明确。

2. 专项验收

枢纽工程导(截)流、水库下闸蓄水等阶段验收前,涉及移民安置的,应当完成相应的移民安置专项验收。

工程竣工验收前,应当按照国家有关规定,进行环境保护、水土保持、移民安置以及工程档案等专项验收。经有关部门同意,专项验收可以与竣工验收一并进行。

专项验收主持单位依照国家有关规定执行。

项目法人应当自收到专项验收成果文件之日起10个工作日内,将专项验收成果文件报送竣工验收主持单位备案。专项验收成果文件是阶段验收或者竣工验收成果文件的组成部分。

3. 阶段验收

工程建设进入枢纽工程导（截）流、水库下闸蓄水、引（调）排水工程通水、首（末）台机组启动等关键阶段，应当组织进行阶段验收。

竣工验收主持单位根据工程建设的实际需要，可以增设阶段验收的环节。

阶段验收的验收委员会由验收主持单位、该项目的质量监督机构和安全监督机构、运行管理单位的代表及有关专家组成；必要时，应当邀请项目所在地的地方人民政府以及有关部门参加。工程参建单位是被验收单位，应当派代表参加阶段验收工作。

大型水利工程在进行阶段验收前，可以根据需要进行技术预验收，按有关竣工技术预验收的规定进行；水库下闸蓄水验收前，项目法人应当按照有关规定完成蓄水安全鉴定。

验收主持单位应当自阶段验收通过之日起 30 个工作日内，制作阶段验收鉴定书，发送参加验收的单位并报送竣工验收主持单位备案。阶段验收鉴定书是竣工验收的备查资料。

4. 竣工验收

竣工验收应当在工程建设项目全部完成并满足一定运行条件后 1 年内进行。不能按期进行竣工验收的，经竣工验收主持单位同意，可以适当延长期限，但最长不得超过 6 个月。逾期仍不能进行竣工验收的，项目法人应当向竣工验收主持单位做出专题报告。

竣工财务决算应当由竣工验收主持单位组织审查和审计。竣工财务决算审计通过 15 日后，方可进行竣工验收。

工程具备竣工验收条件的，项目法人应当提出竣工验收申请，经法人验收监督管理机关审查后报竣工验收主持单位。竣工验收主持单位应当自收到竣工验收申请之日起 20 个工作日内决定是否同意进行竣工验收。

竣工验收原则上按照经批准的初步设计所确定的标准和内容进行。项目有总体初步设计又有单项工程初步设计的，原则上按照总体初步设计的标准和内容进行，也可以先进行单项工程竣工验收，最后按照总体初步设计进行总体竣工验收。项目有总体可行性研究报告但没有总体初步设计而有单项工程初步设计的，原则上按照单项工程初步设计的标准和内容进行竣工验收。建设周期长或者因故无法继续实施的项目，对已完成的部分工程可以按单项工程或者分期进行竣工验收。

竣工验收分为竣工技术预验收和竣工验收两个阶段。

大型水利工程在竣工技术预验收前，项目法人应当按照有关规定对工程建设情况进行竣工验收技术鉴定。中型水利工程在竣工技术预验收前，竣工验收主持单位可以根据需要决定是否进行竣工验收技术鉴定。

竣工技术预验收由竣工验收主持单位及有关专家组成的技术预验收专家组负责。

工程参建单位的代表应当参加技术预验收，汇报并解答有关问题。

竣工验收的验收委员会由竣工验收主持单位、有关水行政主管部门和流域管理机构、有关地方人民政府和部门、该项目的质量监督机构和安全监督机构、工程运行管理单位的代表及有关专家组成。工程投资方代表可以参加竣工验收委员会。

竣工验收主持单位可以根据竣工验收的需要，委托具有相应资质的工程质量检测机构对工程质量进行检测。所需费用由项目法人承担,但因施工单位原因造成质量不合格的除外。

项目法人全面负责竣工验收前的各项准备工作,设计、施工、监理等工程参建单位应当做好有关验收准备和配合工作,派代表出席竣工验收会议,负责解答验收委员会提出的问题,并作为被验收单位在竣工验收鉴定书上签字。

竣工验收主持单位应当自竣工验收通过之日起 30 个工作日内,制作竣工验收鉴定书,并发送有关单位。竣工验收鉴定书是项目法人完成工程建设任务的凭据。

5. 验收遗留问题处理与工程移交

项目法人和其他有关单位应当按照竣工验收鉴定书的要求妥善处理竣工验收遗留问题和完成尾工。验收遗留问题处理完毕和尾工完成并通过验收后,项目法人应当将处理情况和验收成果报送竣工验收主持单位。

项目法人与工程运行管理单位是不同的,工程通过竣工验收后,应当及时办理移交手续。工程移交后,项目法人及其他参建单位应当按照法律法规的规定和合同约定,承担后续的相关质量责任。项目法人已经撤销的,由撤销该项目法人的部门承接相关的责任。

任务六　数理统计在质量管理中的应用

统计质量管理是 20 世纪 30 年代发展起来的科学管理理论与方法,它把数理统计方法应用于产品生产过程的抽样检验,通过研究样本质量特性数据的分布规律,分析和推断生产过程质量的总体状况,改变了传统的事后把关的质量控制方式,为工业生产的事前质量控制和事中质量控制提供了有效的科学手段。可以说,没有数理统计方法就没有现代工业质量管理。建筑业虽然是现场型的单件性建筑产品生产,数理统计方法直接在现场施工过程质量检验中的应用,受到客观条件的某些限制,但在建筑构件的制造、半成品加工和进场材料的抽样检验、试块试件的检测试验等方面,仍然有广泛的应用。尤其是人们应用数理统计原理所创立的分层法、因果分析图法、排列图法、直方图法等定量和定性方法,对施工现场质量管理都有实际的应用价值。本任务主要介绍分层法、因果分析图法、排列图法、直方图法的应用。

一、分层法的应用

分层法又叫分类法,是将调查收集的原始数据,根据不同的目的和要求,按某一性质进行分组、整理的分析方法。

由于项目质量的影响因素众多,对工程质量状况的调查和质量问题的分析,必须分门别类地进行,以便准确有效地找出问题及其原因所在,这就是分层法的基本思想。

例如,一个焊工班组有 A、B、C 三位工人实施焊接作业,共抽检 120 个焊接点,发现有 36 个不合格,占 30%。如果是操作者的原因,那么问题出在谁身上呢?根据分层调查的统计数据表(见表 3-3)可知,主要是作业工人 C 的焊接质量影响了总体的质量水平。

表 3-3　按操作者分层

作业工人	抽检点数/个	不合格点数/个	个体不合格率/%	占不合格点总数百分率/%
A	40	4	10	11
B	40	8	20	22
C	40	24	60	67
合计	120	36	—	100

此外,还可以按照焊条供应厂家分层,焊条由甲、乙两个厂家提供,得到如表 3-4 所示的结论,可以看出不管是采用甲厂的焊条,还是采用乙厂的焊条,不合格率都很高且相差不大。

表 3-4　按焊条供应厂家分层

工厂	不合格点数/个	合格点数/个	个体不合格率/%
甲	19	40	32
乙	17	44	28
合计	36	84	30

应用分层法的关键是调查分析的类别和层次划分,根据管理需要和统计目的,通常可按照以下分层方法取得原始数据:

(1)按施工时间分,如月、日、上午、下午、白天、晚间、季节。

(2)按地区部位分,如区域、城市、乡村、楼层、外墙、内墙。

(3)按产品材料分,如产地、厂商、规格、品种。

(4)按检测方法分,如方法、仪器、测定人、取样方式。

(5)按作业组织分,如工法、班组、工长、工人、分包商。

(6)按工程类型分,如住宅、办公楼、道路、桥梁、隧道。

(7)按合同结构分,如总承包、专业分包、劳务分包。

经过第一次分层调查和分析,找出主要问题的所在以后,还可以针对这个问题再次分层进行调查分析,直到分析结果满足管理需要为止。层次类别划分越明确、越细致,就越能够准确有效地找出问题及其原因所在。

二、因果分析图法的应用

(一)因果分析图法的基本原理

因果分析图法,也称为质量特性要因分析法,其基本原理是对每一个质量特性或问题,采用如图 3-3 所示的方法,逐层深入排查可能原因,然后确定其中最主要的原因,进行有的放矢的处置和管理。

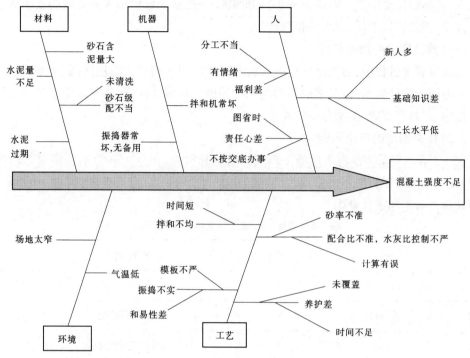

图3-3　混凝土强度不足问题的因果分析图

(二)因果分析图法的应用示例

因果分析图由质量特性(指某个质量问题)、要因(产生质量问题的主要原因)、枝干(指一系列箭线表示不同层次的原因)、主干(指较粗的直接指向质量问题的水平箭线)等组成。本例的质量特性是混凝土强度不足,要因由影响质量的五个因素——人材机法环,也就是4M1E组成;如人这一要因的枝干包含基础知识差、责任心差、有情绪等,再往下细分,如基础知识差的原因,又是由新人多、工长水平低等因素造成的。

(三)因果分析图法应用时的注意事项

(1)一个质量特性或一个质量问题使用一张图分析。如果把不同问题结合在一起进行考虑,往往会互相影响,干扰判断。

(2)分析原因时,要尽可能多地集思广益,征求质量形成过程中各个环节可能相关者的意见,深入地进行研讨。

(3)绘制因果分析图不是目的,而是要根据图中所反映的主要原因,制订改进的措施和对策,限期解决问题,保证工程质量。

三、排列图法的应用

排列图法又称为巴雷特图法。巴雷特是意大利一位经济学家,他在研究多国国民收入时发现,社会上20%的人占有80%的社会财富,据此提出了"关键少数法则",也就是著名的"二八定律"。管理学家约瑟夫·朱兰博士在管理学中采纳了这个思想,认为在任何情况下,事物的主要结果只取决于一小部分因素,并把这个思想用于分析现场发生的各类问题,指导质量管理工作,提出了排列图法。

(一)排列图法的适用范围

在质量管理过程中,通过抽样检查或检验试验所得到的关于质量问题、偏差、缺陷、不合格等方面的统计数据,以及造成质量问题的原因分析统计数据,均可采用排列图法进行状况描述,它具有直观、主次分明的特点。

(二)排列图法的应用示例

表3-5表示对某项模板工序施工精度进行抽样检查,得到150个不合格点数的统计数据,然后按照质量特性不合格点数(频数)由大到小的顺序,重新整理,如表3-6所示,并分别计算出频率和累计频率。

表 3-5　模板工序施工精度抽样检查统计

序号	检查项目	不合格点数	序号	检查项目	不合格点数
1	轴线位置	1	5	平面水平度	15
2	垂直度	8	6	表面平整度	75
3	标高	4	7	预埋设施中心位置	1
4	截面尺寸	45	8	预留孔洞中心位置	1

表 3-6　排列图计算

序号	项目	频数	频率/%	累计频率/%
1	表面平整度	75	50.0	50.0
2	截面尺寸	45	30.0	80.0
3	平面水平度	15	10.0	90.0
4	垂直度	8	5.3	95.3
5	标高	4	2.7	98.0
6	其他	3	2.0	100.0
	合计	150	100.0	

根据表3-6的统计数据画出排列图,如图3-4所示,并将其中累计频率在0~80%区间的问题定为A类问题,即主要问题,进行重点管理;将累计频率在80%~90%区间的问题定为B类问题,即次要问题,作为次重点管理;将其余累计频率在90%~100%区间的问题定为C类问题,即一般问题,按照常规适当加强管理。以上方法称为ABC分类管理法。

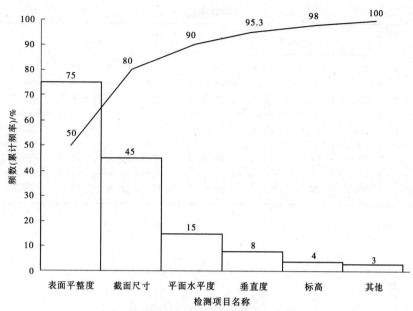

图 3-4　模板工序施工精度抽样检查排列图

四、直方图法的应用

(一)直方图法的主要用途

(1)整理统计数据,了解统计数据的分布特征,即数据分布的集中或离散状况,从中掌握质量能力状态。

(2)观察分析生产过程质量是否处于正常、稳定和受控状态及质量水平是否保持在公差允许的范围内。

(二)直方图法的应用示例

首先收集当前生产过程质量特性抽检的数据,然后制作直方图进行观察分析,判断生产过程的质量状况和能力。表 3-7 为某工程 10 组试块的抗压强度数据 100 个,从这些数据很难直接判断其质量状况是否正常、稳定程度和受控情况,如将其数据整理后绘制成直方图,就可以根据正态分布的特点进行分析判断,如图 3-5 所示。

表 3-7　混凝土抗压强度抽检数据统计

组次	试块抗压强度/MPa									
1	29.4	27.3	28.2	27.1	28.3	28.5	28.9	28.3	29.9	28.0
2	28.9	27.9	28.1	28.3	28.9	28.3	27.8	27.5	28.4	27.9
3	28.8	27.1	27.1	27.9	28.0	28.5	28.6	28.3	28.9	28.8
4	28.5	29.1	28.4	29.0	28.6	28.9	27.9	27.8	28.6	28.4
5	28.7	29.2	29.0	29.1	28.0	28.5	28.9	27.7	27.9	27.7

续表 3-7

组次	试块抗压强度/MPa									
6	29.1	29.0	28.7	27.6	28.3	28.3	28.6	28.0	28.3	28.5
7	28.5	28.7	28.3	28.3	28.7	28.3	29.1	28.5	27.7	29.3
8	28.8	28.3	27.8	28.1	28.4	28.9	28.1	27.3	27.5	28.4
9	28.4	29.0	28.9	28.3	28.6	27.7	28.7	27.7	29.0	29.4
10	29.3	28.1	29.7	28.5	28.9	29.0	28.8	28.1	29.4	27.9

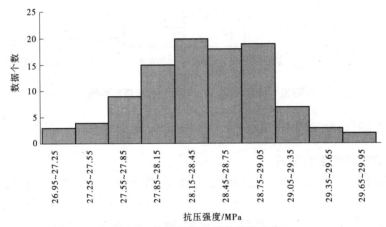

图 3-5　抗压强度数据统计直方图

(三)直方图的观察分析

1. 通过分布形状观察分析

(1)所谓形状观察分析,是指将绘制好的直方图形状与正态分布图的形状进行比较分析,一看形状是否相似,二看分布区间的宽窄。直方图的分布形状及分布区间宽窄是由质量特性统计数据的平均值和标准偏差决定的。

(2)正常直方图呈正态分布,其形状特征是中间高、两边低、对称,如图 3-6(a)所示。正常直方图反映生产过程质量处于正常、稳定状态。数理统计研究证明,当随机抽样方案合理且样本数量足够大时,在生产能力处于正常、稳定状态时,质量特性检测数据趋于正态分布。

(3)异常直方图呈偏态分布,常见的异常直方图有折齿型、缓坡型、孤岛型、双峰型、绝壁型,如图 3-6(b)~(f)所示。出现异常的原因可能是生产过程存在影响质量的系统因素,或收集整理数据制作直方图的方法不当,要具体分析。

2. 通过分布位置观察分析

(1)所谓位置观察分析,是指将直方图的分布位置与质量控制标准的上下限范围进行比较分析,如图 3-7 所示。

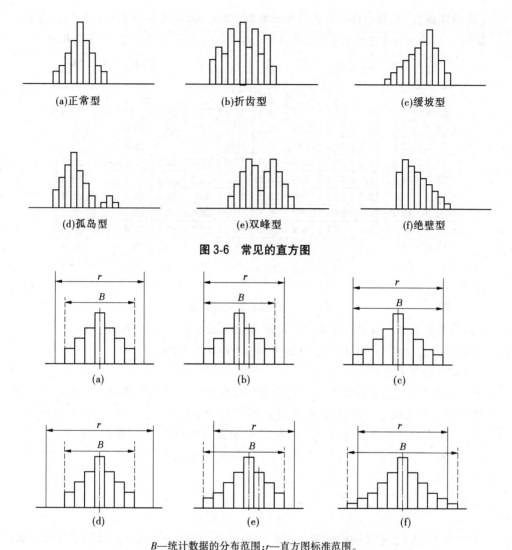

图 3-6　常见的直方图

(a)正常型　(b)折齿型　(c)缓坡型

(d)孤岛型　(e)双峰型　(f)绝壁型

(a)　(b)　(c)

(d)　(e)　(f)

B—统计数据的分布范围；r—直方图标准范围。

图 3-7　直方图与质量控制标准的上下限位置关系

（2）生产过程的质量正常、稳定和受控，还必须在公差标准上下限范围内达到质量合格的要求。只有这样的正常、稳定和受控才是经济合理的受控状态，如图 3-7(a)所示。

（3）图 3-7(b)的质量特性数据分布偏下限，易出现不合格，在管理上必须提高总体能力。

（4）图 3-7(c)的质量特性数据的分布宽度边界达到质量标准的上下界限，其质量能力处于临界状态，易出现不合格，必须分析原因，采取措施。

（5）图 3-7(d)的质量特性数据的分布居中且边界与质量标准的上下界限有较大的距离，说明其质量能力偏大，不经济。

（6）图 3-7(e)、(f)的数据分布均已超出质量标准的上下限，这些数据说明生产过程存在质量不合格，需要分析原因，采取措施进行纠偏。

【拓展训练】 根据表 3-7 的质量统计数据,使用 Excel 绘制该组统计数据的直方图。

解答:(1)在 Excel 中找出每组(每行)数据中的最大值和最小值,如图 3-8 所示。

	B	C	D	E	F	G	H	I	J	K	L	M
	\multicolumn{10}{c}{试块抗压强度/MPa}	min	max
	29.4	27.3	28.2	27.1	28.3	28.5	28.9	28.3	29.9	28	27.1	29.9
	28.9	27.9	28.1	28.3	28.9	28.3	27.8	27.5	28.4	27.9	27.5	28.9
	28.8	27.1	27.1	27.9	28	28.5	28.6	28.3	28.9	28.8	27.1	28.9
	28.5	29.1	28.4	29	28.6	28.9	27.9	27.8	28.6	28.4	27.8	29.1
	28.7	29.2	29	29.1	28	28.5	28.9	27.7	27.9	27.7	27.7	29.2
	29.1	29	28.7	27.6	28.3	28.3	28.6	28	28.3	28.5	27.6	29.1
	28.5	28.7	28.3	28.3	28.7	28.3	29.1	28.5	27.7	29.3	27.7	29.3
	28.8	28.3	27.8	28.1	28.4	28.9	28.1	27.3	27.5	28.4	27.3	28.9
	28.4	29	28.9	28.3	28.6	27.7	28.7	27.7	29	29.4	27.7	29.4
	29.3	28.1	29.7	28.5	28.9	29	28.8	28.1	29.4	27.9	27.9	29.7
	\multicolumn{10}{c}{f_{cu} 最小值,最大值}	27.1	29.9

图 3-8 抗压强度统计数据整理

(2)计算极差 R。找出全部数据中的最大值与最小值,计算出极差。

本例中 $f_{cu,min}=27.1$ MPa,$f_{cu,max}=29.9$,极差 $R=2.8$ MPa。

(3)确定组数和组距。

①确定组数 k。确定组数的原则是分组的结果能正确地反映数据的分布规律。组数应根据数据多少来确定。组数过少,会掩盖数据的分布规律;组数过多,使数据过于零乱分散,也不能显示出质量分布状况。一般可由经验数值确定,50~100 个数据时,可分为 6~10 组;100~250 个数据时,可分为 7~12 组;数据 250 个以上时,可分为 10~20 组。本例中取组数 $k=10$。

②确定组距 h。组距是组与组之间的间隔,也即一个组的范围。各组距应相等,于是

$$组距 = 极差/组数$$

本例中组距 $h=2.8/10=0.28$,为了计算方便,这里取 $h=0.3$。其中,组中值按下式计算:

$$某组组中值 = (某组下界限值 + 某组上界限值)/2$$

(4)确定组界值。

确定组界值就是确定各组区间的上下界限值。为了避免 $f_{cu,min}$ 落在第一组的界限上,第一组的下界限值应比 $f_{cu,min}$ 小;同理,最后一组的上界限值应比 $f_{cu,max}$ 大。此外,为保证所有数据全部落在相应的组内,各组的组界值应当是连续的,而且组界值要比原数据的精度提高一级。

一般以数据的最小值开始分组。第一组上下界限值按下式计算:

第一组下界限值

$$f_{cu,min} - h/2 = 27.1 - 0.3/2 = 26.95 (MPa)$$

第一组上界限值

$$f_{cu,min} + h/2 = 27.1 + 0.3/2 = 27.25 (MPa)$$

第一组的上界限值就是第二组的下界限值;第二组的上界限值等于下界限值加组距

h,其余类推。得到 10 个分组区间,如图 3-9 所示。

(5)分组区间中频数分布统计。

在 Excel 中使用 FREQUENCY 函数;增加一个列"频率",然后选定 P3:P12 单元格,输入如下公式:=FREQUENCY(B3:K12,P3:P12),再按下"Ctrl+Shift+Enter"组合键,就可以得到各抗压强度区间中的统计频数,如图 3-10 所示。

O	P
分组区间	
26.95	27.25
27.25	27.55
27.55	27.85
27.85	28.15
28.15	28.45
28.45	28.75
28.75	29.05
29.05	29.35
29.35	29.65
29.65	29.95

图 3-9　分组区间

O	P	Q
分组区间		频数
26.95	27.25	3
27.25	27.55	4
27.55	27.85	9
27.85	28.15	15
28.15	28.45	20
28.45	28.75	18
28.75	29.05	19
29.05	29.35	7
29.35	29.65	3
29.65	29.95	2

图 3-10　抗压强度区间频数统计

(6)形成柱状图(直方图)。

选定表格中 Q3:Q12 区域,再点击 Excel 的"插入"功能区,单击"柱形图"后,在跳出的菜单中选择"簇状柱形图"按钮,即生成柱形图(直方图)。根据需要及习惯,对自动生成的图表进行图表标题修改、分类间距调整等必要的美化处理,得到最终直方图,见图 3-5。

项目四

成本管理

主要内容

- ✿ 施工成本管理措施
- ✿ 施工成本计划
- ✿ 施工成本控制
- ✿ 施工成本分析与降低成本的途径

水利工程项目管理

【知识目标】

掌握施工成本分析的基本内容;了解施工成本的基本组成;掌握成本管理的基本措施;了解降低成本的途径。

【技能目标】

能够进行施工成本分析;能够编制施工成本计划;能够运用赢得值法对项目的进度和费用进行分析。

【素质目标】

较高的数理分析能力,能够将施工成本编制、分析、管理等理论知识应用在实际工作中;具有良好的责任意识、积极的工作态度和严格的职业操守。

【导入案例】

某水利工程项目的施工前期出现进度滞后、成本超支的情况,经采用 PDCA 循环控制体系进行动态成本控制,在执行纠偏措施过程中,根据赢得值法分析指标阶段性考核成本控制效果,总结经验,不断循环,在项目后期成本与进度均得到改善。由于项目施工前期材料采购价格较高,在后期通过二次询价,最终选择了质优价廉的供应商,使成本偏差得到改善。同时,合理压缩关键路径上的工期及合理穿插工序减少间歇期来弥补进度的滞后,虽然进度滞后问题开工次年第三季度才得到解决,但证明运用 PDCA 循环控制体系结合赢得值法指标计算在该项目成本控制中有效。

对该水利施工项目采用赢得值法进行成本控制,使成本与进度实现同步管理。赢得值法引入前,该项目采用传统的静态成本管理模式,对成本的控制只是简单的事后控制,产生偏差只能被动接受,无法从根源上了解是进度或是成本控制出现的问题。赢得值法的引入兼顾了成本与进度双因素的影响,克服了因单一指标评价项目成本控制情况产生的误差,同时构建 PDCA 循环控制体系,这种动态的成本管理方法能让项目管理人员及时发现问题,并及时采取措施对项目进度和成本进行调控,保证成本与进度始终处于动态控制中,提高了项目成本控制的精准度。

该水利工程建设项目采用赢得值法进行成本控制,提高了全体项目人员成本控制意识。赢得值法的运用需将工作分解成若干细小的工作,职责细分到每个人,能有效解决科室间出现问题互相推诿的可能,提高了科室之间的沟通协作能力。同时,赢得值法的运用还要求全员参与到日常数据的收集中来,每项任务都有对应的人员进行跟进,责任能有效落实到每一个人,成本控制意识得到了明显提升。

任务一　施工成本管理措施

施工成本是指在建设工程项目的施工过程中所发生的全部生产费用的总和,包括所消耗的原材料、辅助材料、构(配)件等的费用,周转材料的摊销费或租赁费等,施工机械的使用费或租赁费等,支付给生产工人的工资、奖金、工资性质的津贴等,以及进行施工组织与管理所发生的全部费用支出。建设工程项目施工成本由直接成本和间接成本组成。

根据建筑产品成本运行规律,成本管理责任体系应包括组织管理层和项目经理部。组织管理层的成本管理除生产成本外,还包括经营管理费用;项目经理部应对生产成本进行管理。组织管理层贯穿于项目投标、实施和结算过程,体现效益中心的管理职能;项目经理部则着眼于执行组织确定的施工成本管理目标,发挥现场生产成本控制中心的管理职能。

一、施工成本管理的任务

施工成本管理的任务主要包括施工成本预测、施工成本计划、施工成本控制、施工成本核算、施工成本分析、施工成本考核。

(一)施工成本预测

施工成本预测就是根据成本信息和施工项目的具体情况,运用一定的专门方法,对未来的成本水平及其可能发展趋势做出科学的估计,其是在工程施工以前对成本进行的估算。通过成本预测,可以在满足项目业主和本企业要求的前提下,选择成本低、效益好的最佳成本方案,并能够在施工项目成本形成过程中,针对薄弱环节,加强成本控制,克服盲目性,提高预见性。因此,施工成本预测是施工项目成本决策与计划的依据。施工成本预测,通常是对施工项目计划工期内影响其成本变化的各个因素进行分析,比照近期已完工施工项目或将完工施工项目的成本(单位成本),预测这些因素对工程成本中有关项目的影响程度,预测出工程的单位成本或总成本。

(二)施工成本计划

施工成本计划是以货币形式编制施工项目在计划期内的生产费用、成本水平、成本降低率,以及为降低成本所采取的主要措施和规划的书面方案。它是建立施工项目成本管理责任制,开展成本控制和核算的基础。它是该项目降低成本的指导文件,是设立目标成本的依据。可以说,成本计划是目标成本的一种形式。

1. 施工成本计划的要求

(1)合同规定的项目质量和工期要求。

(2)组织对施工成本管理目标的要求。

(3)以经济合理的项目实施方案为基础的要求。

(4)有关定额及市场价格的要求。

2. 施工成本计划的具体内容

1)编制说明

编制说明指对工程的范围、投标竞争过程及合同条件、承包人对项目经理提出的责任成本目标、施工成本计划编制的指导思想和依据等的具体说明。

2)施工成本计划的指标

施工成本计划的指标应经过科学的分析预测确定,可以采用对比法、因素分析法等进行测定。

施工成本计划一般情况下有以下三类指标:

(1)成本计划的数量指标,如按子项汇总的工程项目计划总成本指标,按分部汇总的各单位工程(或子项)计划成本指标,按人工、材料、机械等各主要生产要素计划成本指标。

（2）成本计划的质量指标，如施工项目总成本计划降低率，可采用下式计算：

设计预算成本计划降低率=设计预算总成本计划降低额/设计预算总成本

责任目标成本计划降低率=责任目标总成本计划降低额/责任目标总成本

（3）成本计划的效益指标，如工程项目成本计划降低额，可采用下式计算：

设计预算成本计划降低额=设计预算总成本-计划总成本

责任目标成本计划降低额=责任目标总成本-计划总成本

3.按工程量清单列出的单位工程计划成本汇总表

单位工程计划成本汇总表，见表4-1。

表4-1　单位工程计划成本汇总表

序号	清单项目编码	清单项目名称	合同价格	计划成本
1				
2				
…				

4.按成本性质划分的单位工程成本汇总表

根据清单项目的造价分析，分别对人工费、材料费、机械使用费、企业管理费和税费进行汇总，形成单位工程成本计划表。

项目计划成本应在项目实施方案确定和不断优化的前提下进行编制，因为不同的实施方案将导致直接工程费、措施费和企业管理费的差异。成本计划的编制是施工成本预控的重要手段。

因此，应在工程开工前编制完成，以便将计划成本目标分解落实，为各项成本的执行提供明确的目标、控制手段和管理措施。

（三）施工成本控制

施工成本控制是指在施工过程中，对影响施工成本的各种因素加强管理，并采取各种有效措施，将施工中实际发生的各种消耗和支出严格控制在成本计划范围内，随时揭示并及时反馈，严格审查各项费用是否符合标准，计算实际成本和计划成本之间的差异并进行分析，进而采取多种措施，消除施工中的损失浪费现象。

建设工程项目施工成本控制应贯穿于项目从投标阶段开始直至竣工验收的全过程，它是企业全面成本管理的重要环节。施工成本控制可分为事前控制、事中控制（过程控制）和事后控制。在项目的施工过程中，需按动态控制原理对实际施工成本的发生过程进行有效控制。

合同文件和成本计划是成本控制的目标，进度报告和工程变更与索赔资料是成本控制过程中的动态资料。

成本控制的程序体现了动态跟踪控制的原理。成本控制报告可单独编制，也可以根据需要与进度、质量、安全和其他进展报告结合，提出综合进展报告。

施工成本控制应满足下列要求：

(1)要按照计划成本目标值来控制生产要素的采购价格,并认真做好材料、设备进场数量和质量的检查、验收与保管。

(2)要控制生产要素的利用效率和消耗定额,如任务单管理、限额领料、验工报告审核等。同时,要做好不可预见成本风险的分析和预控,包括编制相应的应急措施等。

(3)控制影响效率和消耗量的其他因素(如工程变更等)所引起的成本增加。

(4)把施工成本管理责任制度与对项目管理者的激励机制结合起来,以增强管理人员的成本意识和控制能力。

(5)承包人必须有一套健全的项目财务管理制度,按规定的权限和程序对项目资金的使用和费用的结算支付进行审核、审批,使其成为施工成本控制的一个重要手段。

(四)施工成本核算

施工成本核算包括两个基本环节:一是按照规定的成本开支范围对施工费用进行归集和分配,计算出施工费用的实际发生额;二是根据成本核算对象,采用适当的方法,计算出该施工项目的总成本和单位成本。施工成本管理需要正确及时地核算施工过程中发生的各项费用,计算施工项目的实际成本。施工成本核算所提供的各种成本信息,是成本预测、成本计划、成本控制、成本分析和成本考核等各个环节的依据。

施工成本一般以单位工程为成本核算对象,但也可以按照承包工程项目的规模、工期、结构类型、施工组织和施工现场等情况,结合成本管理要求,灵活划分成本核算对象。

施工成本核算的基本内容包括:①人工费核算;②材料费核算;③周转材料费核算;④结构件费核算;⑤机械使用费核算;⑥其他措施费核算;⑦分包工程成本核算;⑧间接费核算;⑨项目月度施工成本报告编制。

施工成本核算制是明确施工成本核算的原则、范围、程序、方法、内容、责任及要求的制度。项目管理必须实行施工成本核算制,它和项目经理责任制等共同构成了项目管理的运行机制。组织管理层与项目管理层的经济关系、管理责任关系、管理权限关系,以及项目管理组织所承担的责任成本核算的范围、核算业务流程和要求等,都应以制度的形式做出明确的规定。

项目经理部要建立一系列项目业务核算台账和施工成本会计账户,实施全过程的成本核算,具体可分为定期的成本核算和竣工工程成本核算。定期的成本核算,如每天、每周、每月的成本核算,是竣工工程全面成本核算的基础。

形象进度、产值统计、实际成本归集三同步,即三者的取值范围应是一致的。形象进度表达的工程量、统计施工产值的工程量和实际成本归集所依据的工程量均应是相同的数值。

对竣工工程成本核算,应区分为竣工工程现场成本核算和竣工工程全面成本核算,分别由项目经理部和企业财务部门进行核算分析,其目的在于分别考核项目管理绩效和企业经营效益。

(五)施工成本分析

施工成本分析是在施工成本核算的基础上,对成本的形成过程和影响成本升降的因素进行分析,以寻求进一步降低成本的途径,包括有利偏差的挖掘和不利偏差的纠正。施工成本分析贯穿于施工成本管理的全过程,是在成本的形成过程中,主要利用施工项目的成本核算资料(成本信息),与目标成本、预算成本及类似的施工项目的实际成本等进行比较,了解成本的变动情况,同时也要分析主要技术经济指标对成本的影响,系统地研究成本变动的因素,检查成本计划的合理性,并通过成本分析深入揭示成本变动的规律,寻找降低施工项目成本的途径,以便有效地进行成本控制。成本偏差的控制,分析是关键,纠偏是核心,要针对分析得出的偏差发生原因,采取切实可行的措施,加以纠正。

1. 工程成本的影响因素

技术经济指标完成得好坏,最终会直接或间接地影响工程成本的增减。下面就主要工程技术经济指标变动对工程成本的影响做简要分析。

1)产量变动对工程成本的影响

工程成本一般可分为变动成本和固定成本两部分。固定成本不随产量变化,因此随着产量的提高,各单位工程所分摊的固定成本将相应减少,单位工程成本也就会随产量的增加而有所减少,即

$$D_Q = R_Q \cdot C$$

式中　D_Q——因产量变动而使工程成本降低的数额,简称成本降低额;

C——原工程总成本;

R_Q——成本降低率,即 D_Q/C。

2)劳动生产率变动对工程成本的影响

提高劳动生产率,是增加产量、降低成本的重要途径。在分析劳动生产率的影响时,还须考虑人工平均工资的增长影响。其计算公式为

$$R_L = \left(1 - \frac{1 + \Delta W}{1 + \Delta L} \right) \cdot W_w$$

式中　R_L——由于劳动生产率(含工资增长)变动而使成本降低的成本降低率;

ΔW——平均工资增长率;

ΔL——劳动生产率增长率;

W_w——人工费占总成本的比重。

3)资源、能源利用程度对工程成本的影响

影响资源、能源费用的因素主要是用量和价格两个方面。就企业角度而言,降低耗用量(当然包含损耗量)是降低成本的主要方面。其计算公式为

$$R_m = \Delta m \cdot W_m$$

式中　R_m——因降低资源、能源耗用量而引起的成本降低率;

Δm——资源、能源耗用量降低率;

W_m——资源、能源费用在工程成本中的比重。

如果用利用率表示,则有

$$R_m = \left(1 - \frac{m_0}{m_n} \right) \cdot W_m$$

式中　m_0、m_n——资源、能源原来的利用率和变动后的利用率;

其他符号含义同前。

在建筑工程中,有时要根据不同原因,在保证工程质量的前提下,采用一些替代材料,

由此引起的工程成本降低额为

$$D_r = Q_0 P_0 - Q_r P_r$$

式中　　D_r——替代材料引起的成本降低额；

Q_0、P_0——原拟用材料用量和单价；

Q_r、P_r——替代材料用量和单价。

4）机械利用率变动对工程成本的影响

机械利用率变动对工程成本的影响，为便于随时测定，可用以下两式计算：

$$R_T = \left(1 - \frac{1}{P_T}\right) \cdot W_d$$

$$R_P = \frac{P_P - 1}{P_T P_P} \cdot W_d$$

式中　　R_T、R_P——机械作业时间和生产能力变动引起的单位成本降低率；

P_T、P_P——机械作业时间的计划完成率和生产能力的计划完成率；

W_d——固定成本占总成本的比重。

5）工程质量变动对工程成本的影响

质量提高，返工减少，既能加快施工速度、促进产量增加，又能节约材料、人工、机械和其他费用消耗，从而降低工程成本。

水利工程虽不设废品等级，但对废品存在返工、修补、加固等要求。一般用返工损失金额来综合反映工程成本的变化。其计算式为

$$R_d = \frac{C_d}{B}$$

式中　　R_d——返工损失率，即返工对工程成本的影响程度，一般用千分比表示；

C_d——返工损失金额；

B——施工总产值（亦可用工程总成本）。

6）技术措施变动对工程成本的影响

在施工过程中，施工企业应尽力发挥潜力，采用先进的技术措施，这不仅是企业发展的需要，也是降低工程成本最有效的手段。其对工程成本的影响程度为

$$R_s = \frac{Q_s S}{C} W_s$$

式中　　R_s——采取技术措施引起的成本降低率；

Q_s——措施涉及的工程量；

S——采取措施后单位工程量节约额；

W_s——措施涉及工程原成本占总成本的比重；

C——工程总成本。

7）施工管理费变动对工程成本的影响

施工管理费在工程成本中占有较大的比重，如能注意精减机构，提高管理工作质量和效率，节省开支，对降低工程成本也具有很大的作用。其成本降低率为

$$R_g = W_g \cdot \Delta G$$

式中　R_g——节约管理费引起的成本降低率;

　　　ΔG——管理费节约百分率;

　　　W_g——管理费占工程成本的比重。

2. 工程成本综合分析

工程成本综合分析,就是从总体上对企业成本计划执行的情况进行较为全面概略的分析。

在经济活动分析中,一般把工程成本分为三种:预算成本、计划成本和实际成本。

预算成本,一般为施工图预算所确定的工程成本;在实行招标承包工程中,一般为工程承包合同价款减去法定利润后的成本。因此,又称为承包成本。

计划成本,是在预算成本的基础上,根据成本降低目标,结合本企业的技术组织措施计划和施工条件等所确定的成本。是企业降低生产消耗费用的奋斗目标,也是企业成本控制的基础。

实际成本,是指企业在完成建筑安装工程施工中实际发生费用的总和,是反映企业经济活动效果的综合性指标。

计划成本与预算成本之差即为计划成本降低额,实际成本与预算成本之差即为实际成本降低额。将实际成本降低额与计划成本降低额比较,可以考察企业降低成本的执行情况。

工程成本综合分析,一般可分为以下三种情况:

(1)实际成本与计划成本进行比较,以检查完成降低成本计划情况及各成本项目降低和超支情况。

(2)对企业间各单位之间进行比较,从而找出差距。

(3)本期与前期进行比较,以便分析成本管理的发展情况。

在进行成本分析时,既要看成本降低额,又要看成本降低率。成本降低率是相对数,便于进行比较,看出成本降低水平。

成本分析的方法可以单独使用,也可以结合使用。尤其是在进行成本综合分析时,必须使用基本方法。为了更好地说明成本升降的具体原因,必须依据定量分析的结果进行定性分析。

成本偏差分为局部成本偏差和累计成本偏差。局部成本偏差包括项目的月度(或周、天等)核算成本偏差、专业核算成本偏差及分部分项作业成本偏差等;累计成本偏差是指已完工程在某一时间点上实际总成本与相应的计划总成本的差异。对成本偏差的原因分析,应采取定量和定性相结合的方法。

(六)施工成本考核

施工成本考核是指在施工项目完成后,对施工项目成本形成中的各责任者,按施工项目成本目标责任制的有关规定,将成本的实际指标与计划、定额、预算进行对比和考核,评定施工项目成本计划的完成情况和各责任者的业绩,并以此给予相应的奖励和处罚。通过成本考核,做到有奖有惩、赏罚分明,才能有效地调动每一位员工在各自施工岗位上努力完成目标成本的积极性,为降低施工项目成本和增加企业的积累,做出自己的贡献。

施工成本考核是衡量成本降低的实际成果,也是对成本指标完成情况的总结和评价。

成本考核制度包括考核的目的、时间、范围、对象、方式、依据、指标、组织领导、评价与奖惩原则等内容。

以施工成本降低额和施工成本降低率作为成本考核的主要指标，要加强组织管理层对项目经理部的指导，并充分依靠技术人员、管理人员和作业人员的经验和智慧，防止项目管理在企业内部异化为靠少数人承担风险的以包代管模式。成本考核也可分别考核组织管理层和项目经理部。

项目管理组织对项目经理部进行考核与奖惩时，既要防止虚盈实亏，也要避免实际成本归集差错等的影响，使施工成本考核真正做到公平、公正、公开，在此基础上兑现施工成本管理责任制的奖惩或激励措施。

施工成本管理的每一个环节都是相互联系和相互作用的。成本预测是成本决策的前提，成本计划是成本决策所确定目标的具体化。成本计划控制则是对成本计划的实施进行控制和监督，保证决策的成本目标的实现，而成本核算又是对成本计划是否实现的最后检验，它所提供的成本信息又对下一个施工项目成本预测和决策提供基础资料。成本考核是实现成本目标责任制的保证和实现决策目标的重要手段。

二、施工成本管理的措施

为了取得施工成本管理的理想效果，应当从多方面采取措施实施管理，通常可以将这些措施归纳为组织措施、技术措施、经济措施、合同措施。

(一)组织措施

组织措施是从施工成本管理的组织方面采取的措施。施工成本控制是全员的活动，如实行项目经理责任制，落实施工成本管理的组织机构和人员，明确各级施工成本管理人员的任务和职能分工、权利和责任。施工成本管理不仅是专业成本管理人员的工作，而且各级项目管理人员都负有成本控制责任。

另外，组织措施是编制施工成本控制工作计划，确定合理详细的工作流程。要做好施工采购规划，通过生产要素的优化配置、合理使用、动态管理，有效控制实际成本；加强施工定额管理和施工任务单管理，控制活劳动和物化劳动的消耗；加强施工调度，避免因施工计划不周和盲目调度造成窝工损失、机械利用率降低、物料积压等而使施工成本增加。成本控制工作只有建立在科学管理的基础之上，具备合理的管理体制、完善的规章制度、稳定的作业秩序、完整准确的信息传递，才能取得成效。组织措施是其他各类措施的前提和保障，而且一般不需要增加什么费用，运用得当即可以收到良好的效果。

(二)技术措施

(1)施工过程中降低成本的技术措施，如进行技术经济分析，确定最佳的施工方案。

(2)结合施工方法，进行材料使用的比选，在满足功能要求的前提下，通过代用、改变配合比、使用添加剂、改革工艺、创建新工法等方法降低材料消耗的费用，如不同环境下的钢筋连接，混凝土配合比中合理地掺合粉煤灰替代水泥，控制爆破不耦合装药，洞室开挖潜孔多循环、宁欠挖勿超挖等。

(3)确定最合适的施工机械，合理匹配施工机械方案。结合项目的施工组织设计及自然地理条件，降低材料的库存成本和运输成本，减少运输时间，降低动力消耗。

(4)先进的施工技术的应用，新材料的运用，新开发机械设备的使用等。

在实践中,也要避免仅从技术角度选定方案而忽视对其经济效果的分析论证。技术措施不仅对解决施工成本管理过程中的技术问题是不可缺少的,而且对纠正施工成本管理目标偏差也有相当重要的作用。因此,运用技术纠偏措施的关键,一是要能提出多个不同的技术方案;二是要对不同的技术方案进行技术经济分析。

(三)经济措施

经济措施是最易为人们所接受和采用的措施。管理人员应编制资金使用计划,确定、分解施工成本管理目标。对施工成本管理目标进行风险分析,并制订防范性对策。对各种支出,应认真做好资金的使用计划,并在施工中严格控制各项开支。及时准确地记录、收集、整理、核算实际发生的成本。对各种变更,及时做好增减账,及时落实业主签证,及时结算工程款。通过偏差分析和未完工工程预测,可发现一些潜在的问题,将引起未完工工程施工成本增加,对这些问题应以主动控制为出发点,及时采取预防措施。由此可见,经济措施的运用绝不仅仅是财务人员的事情。

(四)合同措施

采用合同措施控制施工成本,应贯穿整个合同周期,包括从合同谈判开始到合同终结的全过程。首先,选用合适的合同结构,对各种合同结构模式进行分析、比较,在合同谈判时,要争取选用适合于工程规模、性质和特点的合同结构模式。其次,在合同的条款中应仔细考虑一切影响成本和效益的因素,特别是潜在的风险因素。通过对引起成本变动的风险因素进行识别和分析,采取必要的风险对策,如通过合理的方式,增加承担风险的个体数量,降低损失发生的比例,并最终使这些策略反映在合同的具体条款中。在合同执行期间,合同管理的措施既要密切注视对方合同执行的情况,以寻求合同索赔的机会;同时也要密切关注自己履行合同的情况,以防止被对方索赔。

任务二　施工成本计划

一、施工成本计划的类型

对于一个施工项目而言,其成本计划的编制是一个不断深化的过程。在这一过程的不同阶段形成深度和作用不同的成本计划,按其作用可分为三类。

(一)竞争性成本计划

竞争性成本计划,即工程项目投标及签订合同阶段的估算成本计划。这类成本计划是以招标文件中的合同条件、投标者须知、技术规程、设计图纸或工程量清单等为依据,以有关价格条件说明为基础,结合调研和现场考察获得的情况,根据本企业的工料消耗标准、水平、价格资料和费用指标,对本企业完成招标工程所需要支出的全部费用的估算。在投标报价过程中,虽也着力考虑降低成本的途径和措施,但总体上较为粗略。

(二)指导性成本计划

指导性成本计划,即选派项目经理阶段的预算成本计划,是项目经理的责任成本目标。它是以合同标书为依据,按照企业的预算定额标准制定的设计预算成本计划,且一般情况下只是确定责任总成本指标。

(三)实施性成本计划

实施性成本计划,即项目施工准备阶段的施工预算成本计划。它是以项目实施方案为依据,以落实项目经理责任目标为出发点,采用企业的施工定额,通过施工预算的编制而形成的实施性施工成本计划。

施工预算和施工图预算虽仅一字之差,但区别较大。

1.编制的依据不同

施工预算的编制以施工定额为主要依据,施工图预算的编制以预算定额为主要依据,而施工定额比预算定额划分得更详细、更具体,并对其中所包括的内容,如质量要求、施工方法及所需劳动工日、材料品种、规格型号等均有较详细的规定或要求。

2.适用的范围不同

施工预算是施工企业内部管理用的一种文件,与建设单位无直接关系;而施工图预算既适用于建设单位,又适用于施工单位。

3.发挥的作用不同

施工预算是施工企业组织生产、编制施工计划、准备现场材料、签发任务书、考核功效、进行经济核算的依据,也是施工企业改善经营管理、降低生产成本和推行内部经营承包责任制的重要手段;而施工图预算则是投标报价的主要依据。

以上三类成本计划互相衔接和不断深化,构成了整个工程施工成本的计划过程。其中,竞争性成本计划带有成本战略的性质,是项目投标阶段商务标书的基础,而有竞争力的商务标书又是以其先进合理的技术标书为支撑的。因此,它奠定了施工成本的基本框架和水平。指导性成本计划和实施性成本计划,都是战略性成本计划的进一步展开和深化,是对战略性成本计划的战术安排。此外,根据项目管理的需要,实施性成本计划又可按施工成本组成、子项目组成、工程进度分别编制施工成本计划。

二、施工成本计划的编制依据

施工成本计划是施工项目成本控制的一个重要环节,是实现降低施工成本任务的指导性文件。如果针对施工项目所编制的成本计划达不到目标成本要求,就必须组织施工项目管理班子的有关人员重新研究寻找降低成本的途径,重新进行编制。同时,编制施工成本计划的过程也是动员全体施工项目管理人员的过程,是挖掘降低成本潜力的过程,是检验施工技术质量管理、工期管理、物资消耗和劳动力消耗管理等是否落实的过程。

编制施工成本计划,需要广泛收集相关资料并进行整理,以作为施工成本计划编制的依据。在此基础上,根据有关设计文件、工程承包合同、施工组织设计、施工成本预测资料等,按照施工项目应投入的生产要素,结合各种因素的变化和拟采取的各种措施,估算施工项目生产费用支出的总水平,进而提出施工项目的成本计划控制指标,确定目标总成本。目标成本确定后,应将总目标分解落实到各个机构、班组、便于进行控制的子项目或工序。最后,通过综合平衡,编制完成施工成本计划。

施工成本计划的编制依据包括:

(1)投标报价文件。

（2）企业定额、施工预算。

（3）施工组织设计或施工方案。

（4）人工、材料、机械台班的市场价。

（5）企业颁布的材料指导价格、企业内部机械台班价格、劳动力内部挂牌价格。

（6）周转设备内部租赁价格、摊销损耗标准。

（7）已签订的工程合同、分包合同（或估价书）。

（8）结构件外加工计划和合同。

（9）有关财务成本核算制度和财务历史资料。

（10）施工成本预测资料。

（11）拟采取的降低施工成本的措施。

（12）其他相关资料。

三、施工成本计划的编制方法

施工成本计划的编制以成本预测为基础，关键是确定目标成本。计划的制订，需结合施工组织设计的编制过程，通过不断优化施工技术方案和合理配置生产要素，进行工料机消耗的分析，制订一系列节约成本和挖潜措施，确定施工成本计划。一般情况下，施工成本计划总额应控制在目标成本的范围内，并使成本计划建立在切实可行的基础上。

施工总成本目标确定之后，还需通过编制详细的实施性施工成本计划把目标成本层层分解，落实到施工过程的每个环节，有效地进行成本控制。施工成本计划的编制方式如下：

（1）按施工成本组成编制施工成本计划。

（2）按项目组成编制施工成本计划。

（3）按工程进度编制施工成本计划。

（一）按施工成本组成编制施工成本计划的方法

《水利工程设计概（估）算编制规定》（水总〔2014〕429号），水利工程建筑及安装工程费由直接费、间接费、利润、材料补差及税金组成。

1.直接费

直接费指建筑安装工程施工过程中直接消耗在工程项目上的活劳动和物化劳动。由基本直接费、其他直接费组成。

基本直接费包括人工费、材料费、施工机械使用费。

其他直接费包括冬雨季施工增加费、夜间施工增加费、特殊地区施工增加费、临时设施费、安全生产措施费和其他。

1）基本直接费

（1）人工费。

人工费指直接从事建筑安装工程施工的生产工人开支的各项费用，内容包括：

①基本工资。由岗位工资和年应工作天数内非作业天数的工资组成。岗位工资指按照职工所在岗位各项劳动要素测评结果确定的工资。生产工人年应工作天数以内非作业天数的工资，包括生产工人开会学习、培训期间的工资，调动工作、探亲、休假期间的工资，因气候影响的停工工资，女工哺乳期间的工资，病假在六个月以内的工资及产、婚、丧假期

的工资。

②辅助工资。指在基本工资外,以其他形式支付给生产工人的工资性收入,包括根据国家有关规定属于工资性质的各种津贴,主要包括地区津贴、施工津贴、夜餐津贴、节假日加班津贴等。

(2)材料费。

材料费指用于建筑安装工程项目上的消耗性材料、装置性材料和周转性材料摊销费。包括定额工作内容规定应计入的未计价材料和计价材料。

材料预算价格一般包括材料原价、运杂费、运输保险费和采购及保管费四项。

①材料原价。指材料指定交货地点的价格。

②运杂费。指材料从指定交货地点至工地分仓库或相当于工地分仓库(材料堆放场)所发生的全部费用。包括运输费、装卸费、调车费及其他杂费。

③运输保险费。指材料在运输途中的保险费。

④采购及保管费。指材料在采购、供应和保管过程中所发生的各项费用。主要包括材料的采购、供应和保管部门工作人员的基本工资、辅助工资、职工福利费、劳动保护费、养老保险费、失业保险费、医疗保险费、工伤保险费、生育保险费、住房公积金、教育经费、办公费、差旅交通费及工具用具使用费;仓库、转运站等设施的检修费、固定资产折旧费、技术安全措施费和材料检验费;材料在运输、保管过程中发生的损耗等。

(3)施工机械使用费。

施工机械使用费指消耗在建筑安装工程项目上的机械磨损、维修和动力燃料费等。包括折旧费、修理及替换设备费、安装拆卸费、机上人工费和动力燃料费等。

①折旧费。指施工机械在规定使用年限内回收原值的台时折旧摊销费用。

②修理及替换设备费。修理费指施工机械使用过程中,为了使机械保持正常功能而进行修理所需的摊销费用和机械正常运转及日常保养所需的润滑油料、擦拭用品的费用,以及保管机械所需的费用。替换设备费指施工机械正常运转时所耗用的替换设备及随机使用的工具附具等摊销费用。

③安装拆卸费。指施工机械进出工地的安装、拆卸、试运转和场内转移及辅助设施的摊销费用。部分大型施工机械的安装拆卸费不在其施工机械使用费中计列,包含在其他施工临时工程中。

④机上人工费。指施工机械使用时机上操作人员人工费用。

⑤动力燃料费。指施工机械正常运转时所耗用的风、水、电、油和煤等费用。

2)其他直接费

(1)冬雨季施工增加费。

冬雨季施工增加费指在冬雨季施工期间为保证工程质量所需增加的费用。包括增加施工工序,增设防雨、保温、排水等设施增耗的动力、燃料、材料及因人工、机械效率降低而增加的费用。

(2)夜间施工增加费。

夜间施工增加费指施工场地和公用施工道路的照明费用。照明线路工程费用包括在"临时设施费"中;施工附属企业系统、加工厂、车间的照明费用,列入相应的产品中,均不包括在本项费用之内。

（3）特殊地区施工增加费。

特殊地区施工增加费指在高海拔、原始森林、沙漠等特殊地区施工而增加的费用。

（4）临时设施费。

临时设施费指施工企业为进行建筑安装工程施工所必需的但又未被划入施工临时工程的临时建筑物、构筑物和各种临时设施的建设、维修、拆除、摊销等，如供风、供水（支线）、供电（场内）、照明、供热系统及通信支线，土石料场，简易砂石料加工系统，小型混凝土拌和浇筑系统，木工、钢筋、机修等辅助加工厂，混凝土预制构件厂，场内施工排水，场地平整、道路养护及其他小型临时设施等。

（5）安全生产措施费。

安全生产措施费指为保证施工现场安全作业环境及安装施工、文明施工所需要，在工程设计已考虑的安全支护措施外发生的安全生产、文明施工相关费用。

（6）其他。

其他包括施工工具用具使用费、检验试验费，工程定位复测及施工控制网测设，工程点交、竣工场地清理，工程项目及设备仪表移交生产前的维护费，工程验收检测费等。

①施工工具用具使用费。指施工生产所需，但不属于固定资产的生产工具，检验、试验用具等的购置、摊销和维护费。

②检验试验费。指对建筑材料、构件和建筑安装物进行一般鉴定、检查所发生的费用，包括自设实验室所耗用的材料和化学药品费用，以及技术革新和研究试验费，不包括新结构、新材料的试验费和建设单位要求对具有出厂合格证明的材料进行试验、对构件进行破坏性试验，以及其他特殊要求检验试验的费用。

③工程项目及设备仪表移交生产前的维护费。指竣工验收前对已完工程及设备进行保护所需费用。

④工程验收检测费。指工程各级验收阶段为检测工程质量发生的检测费用。

2.间接费

间接费指施工企业为建筑安装工程施工而进行组织与经营管理所发生的各项费用。间接费构成产品成本。由规费和企业管理费组成。

1）规费

规费指政府和有关部门规定必须缴纳的费用。包括社会保险费和住房公积金。

（1）社会保险费。

①养老保险费。指企业按照规定标准为职工缴纳的基本养老保险费。

②失业保险费。指企业按照规定为职工缴纳的失业保险费。

③医疗保险费。指企业按照规定为职工缴纳的基本医疗保险费。

④工伤保险费。指企业按照规定为职工缴纳的工伤保险费。

⑤生育保险费。指企业按照规定为职工缴纳的生育保险费。

（2）住房公积金。

住房公积金指企业按照规定为职工缴纳的住房公积金。

2）企业管理费

企业管理费指施工企业为组织施工生产和经营管理活动所发生的费用。内容包括：

（1）管理人员工资。指管理人员的基本工资、辅助工资。

（2）差旅交通费。指施工企业管理人员因公出差、工作调动的差旅费，误餐补助费，职工探亲路费，劳动力招募费，职工离退休、退职一次性路费，工伤人员就医路费，工地转移费，交通工具运行费及牌照费等。

（3）办公费。指企业办公用文具、印刷、邮电、书报、会议、水电、燃煤（气）等费用。

（4）固定资产使用费。指企业属于固定资产的房屋、设备、仪器等的折旧、大修理、维修费或租赁费等。

（5）工具用具使用费。指企业管理使用不属于固定资产的工具、用具、家具、交通工具和检验、试验、测绘、消防用具等的购置、维修和摊销费。

（6）职工福利费。指企业按照国家规定支出的职工福利费，以及由企业支付离退休职工的易地安家补助费、职工退休金、六个月以上的病假人员工资、按规定支付给离休干部的各项经费。职工发生工伤时企业依法在工伤保险基金外支付的费用，其他在社会保险基金外依法由企业支付给职工的费用。

（7）劳动保护费。指企业按照国家有关部门规定标准发放的一般劳动防护用品的购置及修理费、保健费、防暑降温费、高空作业及进洞津贴、技术安全措施以及洗澡用水、饮用水的燃料费等。

（8）工会经费。指企业按职工工资总额计提的工会经费。

（9）职工教育经费。指企业为职工学习先进技术和提高文化水平按职工工资总额计提的费用。

（10）保险费。指企业财产保险、管理用车辆等保险费用，高空、井下、洞内、水下、水上作业等特殊工种安全保险费、危险作业意外伤害保险费等。

（11）财务费用。指施工企业为筹集资金而发生的各项费用，包括企业经营期间发生的短期融资利息净支出、汇兑净损失、金融机构手续费，企业筹集资金发生的其他财务费用，以及投标和承包工程发生的保函手续费等。

（12）税金。指企业按规定缴纳的房产税、管理用车辆使用税、印花税等。

（13）其他。包括技术转让费、企业定额测定费、施工企业进退场费、施工企业承担的施工辅助工程设计费、投标报价费、工程图纸资料费及工程摄影费、技术开发费、业务招待费、绿化费、公证费、法律顾问费、审计费、咨询费等。

3. 利润

利润指按规定应计入建筑安装工程费用中的利润。

4. 材料补差

材料补差指根据主要材料消耗量、主要材料预算价格与材料基价之间的差值，计算的主要材料补差金额。材料基价是指计入基本直接费的主要材料的限制价格。

5. 税金

税金指国家对施工企业承担建筑、安装工程作业收入所征收的营业税、城市维护建设税和教育费附加。

(二)施工成本基础单价

施工成本基础单价是计算建筑、安装工程单价的基础,包括人工预算单价,材料预算价格,电、风、水预算价格,施工机械台时费,砂石料单价,混凝土材料单价。

1.人工预算单价

人工预算单价是指生产工人在单位时间(工时)的费用。根据工程性质的不同,人工预算单价有枢纽工程、引水及河道工程两种计算方法和标准。每种计算方法将人工均划分为工长、高级工、中级工、初级工四个档次。

2.材料预算价格

材料预算价格是指购买地运到工地分仓库(或堆放场地)的出库价格。材料预算价格一般包括材料原价、运杂费、运输保险费、采购及保管费四项,个别材料若规定另计包装费的需另行计算。

1)材料原价

除电及火工产品外,材料原价按工程所在地区就近的大物资供应公司、材料交易中心的市场成交价或设计选定的生产厂家的出厂价格计算。有时也可以按工程所在地建设工程造价管理部门公布的信息价计算。电及火工产品执行国家定价。

2)包装费

包装费一般包含在材料原价中。若材料原价中未包括包装费,而在运输和保管过程中必须包装的材料,则应另计包装费。包装费按照包装材料的品种、规格、包装费用和正常的折旧摊销费进行计算。

包装费按工程所在地实际资料和有关规定计算。

3)运杂费

运杂费指材料由交货地点运至工地分仓库(或堆放场地)所发生的各种运载车辆的运费、调车费、装卸费和其他杂费等费用。一般分铁路、公路、水路几种运输方式计算其运杂费。

4)运输保险费

运输保险费指材料在运输过程中发生的保险费。按工程所在省、自治区、直辖市或中国人民保险公司的有关规定计算。

$$运输保险费=材料原价×材料运输保险费率$$

5)采购及保管费

采购及保管费指材料采购和保管过程中所发生的各项费用。按材料运到工地仓库价格(不包括运输保险费)的3%计算。

3.施工机械台时费

施工机械台时费是指一台施工机械正常工作1 h所支出和分摊的各项费用之和。施工机械台时费是计算建筑安装工程单价中机械使用费的基础价格。机械使用费中的机械台时量可由定额查到,机械台时费应根据《水利工程施工机械台时费定额》及有关规定计算。现行部颁的施工机械台时费由第一、二类费用组成。

1)第一类费用

第一类费用由折旧费、修理及替换设备费、安装拆卸费组成。施工机械台时费定额中,第一类费用是按定额编制年的物价水平,以金额形式表示。编制台时费单价时,应按概(估)算编制年价格水平进行调整。

2)第二类费用

第二类费用指施工机械正常运转时的机上人工及动力、燃料消耗费。在施工机械台时费定额中,以台时实物消耗量指标表示。编制台时费时,其数量指标一般不允许调整。

4.混凝土材料单价

混凝土配合比的各项材料用量,已考虑了材料的场内运输及操作损耗(至拌和楼进料仓止),混凝土拌制后的熟料运输及操作损耗,已反映在不同浇筑部位定额的"混凝土"材料量中。混凝土配合比的各项材料用量应根据工程试验提供的资料计算,若无试验资料也可按有关定额规定计算。

(三)工程单价分析

工程单价是指以价格形式表示的完成单位工程量(如 1 m³、1 t、1 套等)所耗用的全部费用。包括直接工程费、间接费、企业利润和税金四部分内容。水利工程概(估)算单价分为建筑工程单价和安装工程单价两类,它是编制水利工程投资的基础。建筑、安装工程单价由"量、价、费"三要素组成。

(1)量:指完成单位工程量所需的人工、材料和施工机械台时数量。须根据设计图纸及施工组织设计等资料,正确选用定额相应子目的规定量。

(2)价:指人工预算单价、材料预算价格和机械台时费等基础单价。

(3)费:指按规定计入工程单价的其他直接费、现场经费、间接费、企业利润和税金。须按《水利工程设计概(估)算编制规定》(水总〔2014〕429 号)的取费标准计算。

建筑、安装工程单价计算一般采用表 4-2 的格式计算。

表 4-2 建筑、安装工程单价计算格式表

序号	费用名称	计算公式
1	直接工程费	(1)+(2)+(3)
(1)	直接费	①+②+③
①	人工费	∑定额人工工时数×人工预算单价
②	材料费	∑定额材料用量×材料预算价格
③	机械使用费	∑定额机械台时用量×机械台时费
(2)	其他直接费	(1)×其他直接费费率
(3)	现场经费	(1)×现场经费费率
2	间接费	1×间接费费率
3	企业利润	(1+2)×企业利润率
4	税金	(1+2+3)×税率
5	工程单价	1+2+3+4

编制时,也经常用到综合系数法,即按直接费乘以综合系数计算工程单价。

综合系数 = (1+其他直接费费率+现场经费费率)×(1+间接费费率)×

(1+企业利润率)×(1+税率)

投标时通常用表4-3的格式编制综合单价。

表4-3 工程单价计算格式表

序号	费用名称	计算公式
1	直接费	①+②+③
①	人工费	∑人工工时数×人工预算单价
②	材料费	∑材料用量×材料预算价格
③	机械使用费	∑机械台时用量×机械台时费
2	施工管理费	1×施工管理费费率
3	企业利润	(1+2)×企业利润率
4	税金	(1+2+3)×税率
5	工程单价	1+2+3+4

编制时,也经常用到综合系数法,即按直接费乘以综合系数计算工程单价。

综合系数 = (1+施工管理费费率)×(1+企业利润率)×(1+税率)

(四)按项目组成编制施工成本计划的方法

(1)按项目组成编制施工成本计划的方法较适合于大中型工程项目。通常是由若干单项工程构成的,而每个单项工程包括了多个单位工程,每个单位工程又是由若干个分部分项工程组成的。因此,首先要把项目总施工成本分解到单项工程和单位工程中,再进一步分解到分部工程和分项工程,见图4-1。

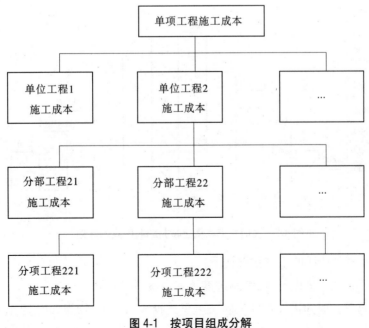

图4-1 按项目组成分解

（2）在完成施工项目成本目标分解之后，接下来就要编制分项工程的成本支出计划，从而得到详细的成本计划表，见表4-4。

表4-4　分项工程成本计划表

分项工程编码	工程内容	计量单位	工程数量	计划成本	本分项总计
（1）	（2）	（3）	（4）	（5）	（6）

在编制成本支出计划时，要在项目的方面考虑总的预备费，也要在主要的分项工程中安排适当的不可预见费，避免在具体编制成本计划时，可能发现个别单位工程或工程量表中某项内容的工程量计算有较大出入，使原来的成本预算失实，并在项目实施过程中对其尽可能地采取一些措施。

（五）按工程进度编制施工成本计划的方法

按工程进度编制施工成本计划的表现形式是通过对施工成本目标按时间进行分解，在网络计划的基础上，获得项目进度计划的横道图，并在此基础上编制成本计划。网络计划在编制时，既要考虑进度控制对项目划分的要求，又要考虑确定施工成本支出计划对项目划分的要求，做到两者兼顾。

其表示方式有两种：一种是在时标网络图上按月编制的成本计划，如图4-2所示；另一种是利用时间-成本累计曲线（S形曲线）表示，如图4-3所示。

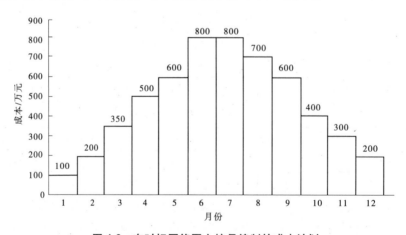

图4-2　在时标网络图上按月编制的成本计划

时间-成本累计曲线的绘制步骤如下：

（1）确定工程项目进度计划，编制进度计划的横道图。

（2）根据每单位时间内完成的实物工程量或投入的人力、物力和财力，计算单位时间

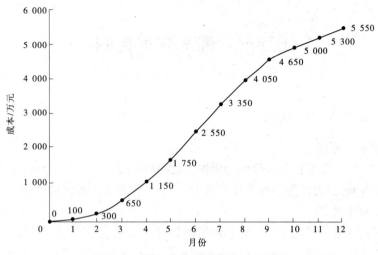

图 4-3　时间-成本累计曲线（S 形曲线）

（月或旬）的成本，在时标网络图上按时间编制成本支出计划，见图 4-2。

（3）计算规定时间 t 计划累计支出的成本额。其计算方法为：各单位时间计划完成的成本额累加求和，可按下式计算：

$$Q_t = \sum_{n=1}^{t} q_n$$

式中　Q_t ——某时间 t 内计划累计支出成本额；

　　　q_n ——单位时间 n 的计划支出成本额；

　　　t ——某规定计划时刻。

（4）按各规定时间 t 所相应的 Q_t 值，绘制 S 形曲线，如图 4-3 所示。

每一条 S 形曲线都对应某一特定的工程进度计划，因为在成本计划的非关键线路中存在许多有时差的工序或工作，因此 S 形曲线（成本计划值曲线）必然包络在由全部工作都按最早开始时间开始和全部工作都按最迟开始时间开始的曲线所组成的"香蕉图"内。项目经理可根据编制的成本支出计划来合理安排资金，也可以根据筹措的资金来调整 S 形曲线，力争将实际的成本支出控制在计划范围内。

在工作中常常编制月度项目施工成本计划，根据施工进度计划所编制的项目施工成本收入、支出计划，能及时与月度项目施工进度计划相对比，及时发现问题并进行纠偏。有时采用现场控制性计划，它是根据施工进度计划而做出的各种资源消耗量计划、各项现场管理费收入及支出计划，是项目经理部继续进行各项成本控制工作的依据。

编制施工成本计划的方式并不是相互独立的。在应用时，往往是将这几种方式结合起来，达到扬长避短的效果。例如，可将按子项目分解总施工成本计划与按时间分解总施工成本计划结合起来，一般纵向按项目分解，横向按时间分解。

任务三　施工成本控制

一、施工成本控制的依据

(一)工程承包合同

施工成本控制要以工程承包合同为依据,围绕降低工程成本这个目标,从预算收入和实际成本两个方面,努力挖掘增收节支的潜力,以求获得最大的经济效益。

(二)施工成本计划

施工成本计划是根据施工项目的具体情况制订的施工成本控制方案,既包括预定的具体成本控制目标,又包括实现控制目标的措施和规划,是施工成本控制的指导文件。

(三)进度报告

进度报告提供了每一时刻工程实际完成量、工程施工成本实际支付情况等重要信息。施工成本控制工作正是通过实际情况与施工成本计划相比较,找出两者之间的差别,分析偏差产生的原因,从而采取措施改进以后的工作。此外,进度报告还有助于管理者及时发现工程实施中存在的问题,并在事态还未造成重大损失之前采取有效措施,尽量避免损失。

(四)工程变更

在项目的实施过程中,由于各方面的原因,工程变更是很难避免的。工程变更一般包括设计变更、进度计划变更、施工条件变更、技术规范与标准变更、施工次序变更、工程数量变更等。一旦出现变更,工程量、工期、成本都必将发生变化,从而使得施工成本控制工作变得更加复杂和困难。因此,施工成本管理人员就应当通过对变更要求当中各类数据的计算、分析,随时掌握变更情况,包括已发生工程量、将要发生工程量、工期是否拖延、支付情况等重要信息,判断变更及变更可能带来的索赔额度等。

除上述几种施工成本控制工作的主要依据外,有关施工组织设计、分包合同等也都是施工成本控制的依据。

二、施工成本控制的步骤

在确定了施工成本计划之后,必须定期地进行施工成本计划值与实际值的比较,当实际值偏离计划值时,分析产生偏差的原因,采取适当的纠偏措施,以确保施工成本控制目标的实现。其步骤如下。

(一)比较

按照某种确定的方式将施工成本计划值与实际值逐项进行比较,以发现施工成本是否已超支。

(二)分析

在比较的基础上,对比较的结果进行分析,以确定偏差的严重性及偏差产生的原因。

这一步是施工成本控制工作的核心,其主要目的在于找出产生偏差的原因,从而采取有针对性的措施,减少或避免相同原因的再次发生或减少由此造成的损失。

(三)预测

按照完成情况估计完成项目所需的总费用。

(四)纠偏

当工程项目的实际施工成本出现偏差时,应当根据工程的具体情况、偏差分析和预测的结果,采取适当的措施,以期达到使施工成本偏差尽可能小的目的。纠偏是施工成本控制中最具实质性的一步。

只有通过纠偏,才能最终达到有效控制施工成本的目的。

对偏差原因进行分析的目的是有针对性地采取纠偏措施,从而实现成本的动态控制和主动控制。纠偏首先要确定纠偏的主要对象,偏差原因有些是无法避免和控制的,如客观原因,充其量只能对其中少数原因做到防患于未然,力求减少该原因所产生的经济损失。在确定了纠偏的主要对象之后,就需要采取有针对性的纠偏措施。纠偏可采用组织措施、经济措施、技术措施和合同措施等。

(五)检查

它是指对工程的进展进行跟踪和检查,及时了解工程进展状况及纠偏措施的执行情况和效果,为今后的工作积累经验。

三、施工成本控制的方法

(一)施工成本的过程控制方法

施工阶段是控制建设工程项目成本发生的主要阶段,它通过确定成本目标并按计划成本进行施工资源配置,对施工现场发生的各种成本费用进行有效控制,其具体的控制方法如下。

1. 人工费的控制

人工费的控制实行"量价分离"的方法,将作业用工及零星用工按定额工日的一定比例综合确定用工数量与单价,通过劳务合同进行控制。

2. 材料费的控制

材料费控制同样按照"量价分离"的原则,控制材料用量和材料价格。

1)材料用量的控制

在保证符合设计要求和质量标准的前提下,合理使用材料,通过定额管理、计量管理等手段有效控制材料物资的消耗,具体方法如下:

(1)定额控制。对于有消耗定额的材料,以消耗定额为依据,实行限额发料制度。在规定限额内分期分批领用,超过限额领用的材料,必须先查明原因,经过一定审批手续方可领料。

(2)指标控制。对于没有消耗定额的材料,实行计划管理和按指标控制的办法。根据以往项目的实际耗用情况,结合具体施工项目的内容和要求,制定领用材料指标,据以控制发料。超过指标的材料,必须经过一定的审批手续方可领用。

(3)计量控制。准确做好工程量计量核查,按照水利水电工程计量与支付规则计量控制,施工企业主要是内部控制每个工程项目的投入物和投入料及人工投入。

(4)包干控制。在材料使用过程中,对部分小型及零星材料(如钢钉、钢丝等)根据工程量计算出所需材料量,将其折算成费用,由作业者包干控制。

2)材料价格的控制

材料价格主要由材料采购部门控制。由于材料价格是由购买价格、运杂费、运输中的合理损耗等组成的,因此主要是通过掌握市场信息、应用招标和询价等方式控制材料、设备的采购价格。

施工项目的材料物资,包括构成工程实体的主要材料和结构件,以及有助于工程实体形成的周转使用材料和低值易耗品。从价值角度看,材料物资的价值,占建筑安装工程造价的60%~70%以上,其重要程度自然是不言而喻的。由于材料物资的供应渠道和管理方式各不相同,因此控制的内容和所采取的控制方法也将有所不同。

3. 施工机械使用费的控制

合理选择施工机械设备、合理使用施工机械设备对成本控制具有十分重要的意义,尤其是高层建筑施工。据某些工程实例统计,高层建筑地面以上部分的总费用中,垂直运输机械费用占6%~10%。由于不同的起重运输机械各有不同的用途和特点,因此在选择起重运输机械时,首先应根据工程特点和施工条件确定采取何种不同起重运输机械的组合方式。在确定采用何种组合方式时,首先应满足施工需要,同时还要考虑到费用的高低和综合经济效益。

施工机械使用费主要由台班数量和台班单价两方面决定,为有效控制施工机械使用费支出,主要从以下几个方面进行控制:

(1)合理安排施工生产,加强设备租赁计划管理,减少因安排不当引起的设备闲置。

(2)加强机械设备的调度工作,尽量避免窝工,提高现场设备利用率。

(3)加强现场设备的维修保养,避免因不正当使用造成机械设备的停置。

(4)做好机上人员与辅助生产人员的协调与配合,提高施工机械台班产量。

4. 施工分包费用的控制

分包工程价格的高低,必然对项目经理部的施工项目成本产生一定的影响。因此,施工项目成本控制的重要工作之一是对分包价格的控制。项目经理部应在确定施工方案的初期就要确定需要分包的工程范围。决定分包范围的因素主要是施工项目的专业性和项目规模。对分包费用的控制,主要是要做好分包工程的询价、订立平等互利的分包合同、建立稳定的分包关系网络、加强施工验收和分包结算等工作。

(二)赢得值法

赢得值法(earned value management,EVM)作为一项先进的项目管理技术,最初是美国国防部于1967年首次确立的。国际上先进的工程公司已普遍采用赢得值法进行工程项目的费用、进度综合分析控制。用赢得值法进行费用、进度综合分析控制,基本参数有三项,即已完工作预算费用、计划工作预算费用和已完工作实际费用。赢得值法又称为挣值法或偏差分析法,是在工程项目实施中使用比较多的一种方法。赢得值法是对项目的进度和费用进行控制的一种有效的方法。

赢得值法的价值在于将项目的进度和费用综合起来度量,从而能准确地描述项目的进展状态。优点是可以预测项目可能发生的工期滞后量和费用超支量,从而及时采取纠正措施,为项目管理和控制提供了有效的手段。

1. 赢得值法的三个基本参数

1)已完工作预算费用

已完工作预算费用,简称 BCWP(budgeted cost for work performed),是指在某一时间已经完成的工作(或部分工作),以批准认可的预算为标准所需要的资金总额,由于业主正是根据这个值为承包人完成的工作量支付相应的费用,也就是承包人获得(挣得)的金额,故称为赢得值或挣值。

$$已完工作预算费用(BCWP) = 已完成工作量 \times 预算单价$$

2)计划工作预算费用

计划工作预算费用,简称 BCWS(budgeted cost for work scheduled),即根据进度计划,在某一时刻应当完成的工作(或部分工作),以预算为标准所需要的资金总额。一般来说,除非合同有变更,BCWS 在工程实施过程中应保持不变。

$$计划工作预算费用(BCWS) = 计划工作量 \times 预算单价$$

3)已完工作实际费用

已完工作实际费用,简称 ACWP(actual cost for work performed),即到某一时刻为止,已完成的工作(或部分工作)实际花费的总金额。

$$已完工作实际费用(ACWP) = 已完成工作量 \times 实际单价$$

2. 赢得值法的四个评价指标

在这三个基本参数的基础上,可以确定赢得值法的四个评价指标,它们也都是时间的函数。

1)费用偏差 CV(cost variance)

$$费用偏差(CV) = 已完工作预算费用(BCWP) - 已完工作实际费用(ACWP)$$

当费用偏差(CV)为负值时,即表示项目运行超出预算费用;当费用偏差(CV)为正值时,表示项目运行节支,实际费用没有超出预算费用。

2)进度偏差 SV(schedule variance)

$$进度偏差(SV) = 已完工作预算费用(BCWP) - 计划工作预算费用(BCWS)$$

当进度偏差(SV)为负值时,表示进度延误,即实际进度落后于计划进度;当进度偏差(SV)为正值时,表示进度提前,即实际进度快于计划进度。

3)费用绩效指数 CPI(cost performed index)

$$费用绩效指数(CPI) = 已完工作预算费用(BCWP) / 已完工作实际费用(ACWP)$$

当 CPI<1 时,表示超支,即实际费用高于预算费用;当 CPI>1 时,表示节支,即实际费用低于预算费用。

4)进度绩效指数 SPI(schedule performed index)

$$进度绩效指数(SPI) = 已完工作预算费用(BCWP) / 计划工作预算费用(BCWS)$$

当 SPI<1 时,表示进度延误,即实际进度比计划进度拖后;当 SPI>1 时,表示进度提前,即实际进度比计划进度快。

费用(进度)偏差反映的是绝对偏差,结果很直观,有助于费用管理人员了解项目费用出现偏差的绝对数额,并依此采取一定措施,制订或调整费用支出计划和资金筹措计划。但是绝对偏差有其不容忽视的局限性,如同样是1万元的投资偏差,对于总投资1 000万元的项目和总投资10万元的项目而言,其严重性显然是不同的。

运用赢得值法原理对项目的实施情况做出客观的评估,可及时发现原有问题和执行中的问题,有利于查找问题的根源,并能判断这些问题对进度和费用产生影响的程度,以便采取必要的措施去解决这些问题。

3. 偏差分析的方法

偏差分析可采用不同的方法,常用的有横道图法、表格法和曲线法。

1) 横道图法

用横道图法进行费用偏差分析,是用不同的横道标识已完工作预算费用(BCWP)、计划工作预算费用(BCWS)和已完工作实际费用(ACWP),横道的长度与其金额成正比。

横道图法具有形象、直观、一目了然等优点,它能够准确表达出费用的绝对偏差,而且能一眼感受到偏差的严重性。但这种方法反映的信息量少,一般在项目的较高管理层应用。

2) 表格法

表格法是进行偏差分析最常用的一种方法。它将项目编号、名称、各费用参数及费用偏差数综合归纳入一张表格中,并且直接在表格中进行比较。由于各偏差参数都在表中列出,因此费用管理者能够综合地了解并处理这些数据。

用表格法进行偏差分析具有如下优点:

(1) 灵活、适用性强。可根据实际需要设计表格,进行增减项。

(2) 信息量大。可以反映偏差分析所需的资料,从而有利于费用控制人员及时采取针对性措施,加强控制。

(3) 表格处理可借助计算机,从而可节约大量数据处理所需的人力,并大大提高速度。

3) 曲线法

在项目实施过程中,以上三个参数可以形成三条曲线,即计划工作预算费用(BCWS)、已完工作预算费用(BCWP)、已完工作实际费用(ACWP)曲线。

4. 偏差原因分析与纠偏措施

1) 偏差原因分析

偏差分析的一个重要目的就是要找出引起偏差的原因,从而有可能采取有针对性的措施,减少或避免相同原因的再次发生。

2) 纠偏措施

(1) 寻找新的、更好更省的、效率更高的设计方案。

(2) 购买部分产品,而不是采用完全由自己生产的产品。

(3) 重新选择供应商,但会产生供应风险,选择需要时间。

(4) 改变实施过程。

(5) 变更工程范围。

(6) 索赔,例如向业主、承(分)包商、供应商索赔以弥补费用超支。

任务四　施工成本分析与降低成本的途径

一、施工成本分析的依据

施工成本分析,就是根据会计核算、业务核算和统计核算提供的资料,对施工成本的形成过程和影响成本升降的因素进行分析,以寻求进一步降低成本的途径;另外,通过成本分析,可从账簿、报表反映的成本现象看清成本的实质,从而增强项目成本的透明度和可控性,为加强成本控制、实现项目成本目标创造条件。

(一) 会计核算

会计核算主要是价值核算。会计是对一定单位的经济业务进行计量、记录、分析和检查,做出预测,参与决策,实行监督,旨在实现最优经济效益的一种管理活动。它通过设置账户、复式记账、填制和审核凭证、登记账簿、成本计算、财产清查和编制会计报表等一系列有组织、有系统的方法,来记录企业的一切生产经营活动,然后据此提出一些用货币来反映的有关各种综合性经济指标的数据。资产、负债、所有者权益、营业收入、成本、利润等会计六要素指标,主要是通过会计来核算的。由于会计记录具有连续性、系统性、综合性等特点,因此它是施工成本分析的重要依据。

(二) 业务核算

业务核算是各业务部门根据业务工作的需要而建立的核算制度。它包括原始记录和计算登记表,如单位工程及分部分项工程进度登记,质量登记,工效、定额计算登记,物资消耗定额记录,测试记录等。业务核算的范围比会计核算、统计核算要广。会计核算和统计核算一般是对已经发生的经济活动进行核算;而业务核算,不但可以对已经发生的,而且还可以对尚未发生的或正在发生的经济活动进行核算,看是否可以做,是否有经济效果。它的特点是,对个别的经济业务进行单项核算。例如,各种技术措施、新工艺等项目,可以核算已经完成的项目是否达到原定的目的,取得预期的效果;也可以对准备采取措施的项目进行核算和审查,看是否有效果,值不值得采纳,随时都可以进行。业务核算的目的,在于迅速取得资料,在经济活动中及时采取措施进行调整。

(三) 统计核算

统计核算是利用会计核算资料和业务核算资料,把企业生产经营活动客观现状的大量数据,按统计方法加以系统整理,表明其规律性。它的计量尺度比会计宽,可以用货币计算,也可以用实物或劳动量计量。它通过全面调查和抽样调查等特有的方法,不仅能提供绝对数指标,还能提供相对数和平均数指标,可以计算当前的实际水平,确定变动速度,可以预测发展的趋势。

二、施工成本分析的方法

(一)施工成本分析的基本方法

施工成本分析的基本方法包括比较法、因素分析法、差额计算法、比率法等。

1.比较法

比较法,又称指标对比分析法,就是通过技术经济指标的对比,检查目标的完成情况,分析产生差异的原因,进而挖掘内部潜力的方法。这种方法,具有通俗易懂、简单易行、便于掌握的特点,因而得到了广泛的应用;但在应用时必须注意各技术经济指标的可比性。

比较法的应用,通常有下列形式。

1)实际指标与目标指标对比

以此检查目标完成情况,分析影响目标完成的积极因素和消极因素,以便及时采取措施,保证成本目标的实现。在进行实际指标与目标指标对比时,还应注意目标本身有无问题。如果目标本身出现问题,则应调整目标,重新正确评价实际工作的成绩。

2)本期实际指标与上期实际指标对比

通过本期实际指标与上期实际指标对比,可以看出各项技术经济指标的变动情况,反映施工管理水平的提高程度。

3)与本行业平均水平、先进水平对比

通过这种对比,可以反映本项目的技术管理水平和经济管理水平与行业的平均水平和先进水平的差距,进而采取措施赶超先进水平。

2.因素分析法

因素分析法,又称连环置换法。这种方法可用来分析各种因素对成本的影响程度。在进行分析时,首先要假定众多因素中的一个因素发生了变化,而其他因素则不变,然后逐个替换,分别比较其计算结果,以确定各个因素的变化对成本的影响程度。

因素分析法的计算步骤如下:

(1)确定分析对象,并计算出实际数与目标数的差异。

(2)确定该指标是由哪几个因素组成的,并按其相互关系进行排序(排序规则是:先实物量,后价值量;先绝对值,后相对值)。

(3)以目标数为基础,将各个因素的目标数相乘,作为分析替代的基数。

(4)将各个因素的实际数按照上面的排列顺序进行替换计算,并将替换后的实际数保留下来。

(5)将每次替换计算所得的结果,与前一次的计算结果相比较,两者的差异即为该因素对成本的影响程度。

(6)各个因素的影响程度之和,应与分析对象的总差异相等。

3.差额计算法

差额计算法是因素分析法的一种简化形式。它利用各个因素的目标值与实际值的差额来计算其对成本的影响程度。

4.比率法

比率法是指用两个以上的指标的比例进行分析的方法。它的基本特点是:先把对比分析的数值变成相对数,再观察其相互之间的关系。常用的比率法有以下几种。

1)相关比率法

由于项目经济活动的各个方面是相互联系、相互依存,又相互影响的,因此可以将两个性质不同而又相关的指标加以对比,求出比率,并以此来考察经营成果的好坏。例如,产值和工资是两个不同的概念,但它们的关系又是投入与产出的关系。在一般情况下,都希望以最少的工资支出完成最大的产值。因此,用产值工资率指标来考核人工费的支出水平,就很能说明问题。

2)构成比率法

构成比率法,又称比重分析法或结构对比分析法。通过构成比率,可以考察成本总量的构成情况及各成本项目占成本总量的比重,同时也可看出量、本、利的比例关系(预算成本、实际成本和降低成本的比例关系),从而为寻求降低成本的途径指明方向。

3)动态比率法

动态比率法,就是将同类指标不同时期的数值进行对比,求出比率,以分析该项指标的发展方向和发展速度。动态比率的计算,通常采用基期指数和环比指数两种方法。

(二)综合成本的分析方法

所谓综合成本,是指涉及多种生产要素,并受多种因素影响的成本费用,如分部分项工程成本、月(季)度成本、年度成本等。由于这些成本都是随着项目施工的进展而逐步形成的,与生产经营有着密切的关系,因此做好上述成本的分析工作,无疑将促进项目的生产经营管理,提高项目的经济效益。

1.分部分项工程成本分析

分部分项工程成本分析是施工项目成本分析的基础。分部分项工程成本分析的对象为已完分部分项工程。分析的方法是:进行预算成本、目标成本和实际成本的"三算"对比,分别计算实际偏差和目标偏差,分析偏差产生的原因,为今后的分部分项工程成本寻求节约途径。

分部分项工程成本分析的资料来源是:预算成本来自投标报价成本,目标成本来自施工预算,实际成本来自施工任务单的实际工程量、实耗人工和限额领料单的实耗材料。

由于施工项目包括很多分部分项工程,因此不可能也没有必要对每一个分部分项工程都进行成本分析,特别是一些工程量小、成本费用微不足道的零星工程。但是,对于那些主要分部分项工程则必须进行成本分析,而且要做到从开工到竣工进行系统的成本分析。这是一项很有意义的工作,因为通过主要分部分项工程成本的系统分析,基本上可以了解项目成本形成的全过程,为竣工成本分析和今后的项目成本管理提供一份宝贵的参考资料。

2.月(季)度成本分析

月(季)度成本分析,是施工项目定期的、经常性的中间成本分析。对于具有一次性特点的施工项目来说,有着特别重要的意义。因为通过月(季)度成本分析,可以及时发现问题,以便按照成本目标指定的方向进行监督和控制,保证项目成本目标的实现。

月(季)度成本分析的依据是当月(季)的成本报表。分析的方法通常有以下几个方面:

(1)通过实际成本与预算成本的对比,分析当月(季)的成本降低水平;通过累计实际成本与累计预算成本的对比,分析累计的成本降低水平,预测实现项目成本目标的前景。

(2)通过实际成本与目标成本的对比,分析目标成本的落实情况及目标管理中的问题和不足,进而采取措施,加强成本管理,保证成本目标的落实。

(3)通过对各成本项目的成本分析,可以了解成本总量的构成比例和成本管理的薄弱环节。例如,在成本分析中,发现人工费、机械使用费和间接费等项目大幅度超支,就应该对这些费用的收支配比关系认真研究,并采取对应的增收节支措施,防止今后再超支。如果属于规定的"政策性"亏损,则应从控制支出着手,把超支额压缩到最低限度。

(4)通过主要技术经济指标的实际与目标对比,分析产量、工期、质量、主要材料节约率、机械利用率等对成本的影响。

(5)通过对技术组织措施执行效果的分析,寻求更加有效的节约途径。

(6)分析其他有利条件和不利条件对成本的影响。

3.年度成本分析

企业成本要求一年结算一次,不得将本年成本转入下一年度。而项目成本则以项目的寿命周期为结算期,要求从开工到竣工到保修期结束连续计算,最后结算出成本总量及其盈亏。由于项目的施工周期一般较长,除进行月(季)度成本核算和分析外,还要进行年度成本的核算和分析。这不仅是为了满足企业汇编年度成本报表的需要,同时也是项目成本管理的需要。因为通过年度成本的综合分析,可以总结出一年来成本管理的成绩和不足,为今后的成本管理提供经验和教训,从而可对项目成本进行更有效的管理。

年度成本分析的依据是年度成本报表。年度成本分析的内容,除月(季)度成本分析的六个方面外,重点是针对下一年度的施工进展情况规划切实可行的成本管理措施,以保证施工项目成本目标的实现。

4.竣工成本的综合分析

凡是有几个单位工程而且是单独进行成本核算(成本核算对象)的施工项目,其竣工成本分析应以各单位工程竣工成本分析资料为基础,再加上项目经理部的经营效益(如资金调度、对外分包等所产生的效益)进行综合分析。如果施工项目只有一个成本核算对象(单位工程),就以该成本核算对象的竣工成本资料作为成本分析的依据。

单位工程完工成本分析,应包括以下三个方面的内容:

(1)完工成本分析。

(2)主要资源节超对比分析。

(3)主要技术节约措施及经济效果分析。

通过以上分析,可以全面了解单位工程的成本构成和降低成本的来源,对今后类似工程的成本管理很有参考价值。

三、施工成本降低的途径

降低施工成本应该从加强施工管理、技术管理、劳动工资管理、机械设备管理、材料管理、费用管理及正确划分成本中心,使用先进的成本管理方法和考核手段入手,制订既开源又节流,或者说既增收又节支的方针,从两个方面来降低施工成本。如果只开源不节流,或者只节流不开源,都不太可能达到降低成本的目的,至少是不会有理想的降低成本效果。

(一)认真会审图纸,积极提出修改意见

在项目建设过程中,施工单位必须按图施工。但是,图纸是由设计单位按照用户要求和项目所在地的自然地理条件(如水文地质情况等)设计的,施工单位应该在满足用户要求和保证工程质量的前提下,联系项目施工的主客观条件,对设计图纸进行认真的会审,并提出积极的修改意见,在取得用户和设计单位的同意后,修改设计图纸,同时办理增减账。

在会审图纸的时候,对于结构复杂、施工难度高的项目,更要加倍认真,并且要从方便施工,有利于加快工程进度和保证工程质量,又能降低资源消耗、增加工程收入等方面综合考虑,提出有科学根据的合理化建议,争取业主、监理单位、设计单位的认同。

(二)加强合同预算管理,增创工程预算收入

1.深入研究招标文件、合同内容,正确编制施工图预算

在编制施工图预算的时候,要充分考虑可能发生的成本费用,将其全部列入施工图预算,然后通过工程款结算向甲方取得补偿。

2.把合同规定的"开口"项目,作为增加预算收入的重要方面

一般来说,按照设计图纸和预算定额编制的施工图预算,必须受预算定额的制约,很少有灵活伸缩的余地;而"开口"项目的取费则有比较大的潜力,是项目增收的关键。

例如,合同规定,待图纸出齐后,由甲乙双方共同制订加快工程进度、保证工程质量的技术措施,费用按实结算。按照这一规定,项目经理和工程技术人员应该联系工程特点,充分利用自己的技术优势,采用先进的新技术、新工艺和新材料,经甲方签证后实施。这些措施,应符合以下要求:既能为施工提供方便,有利于加快施工进度,又能提高工程质量,还能增加预算收入。还有,如合同规定,预算定额缺项的项目,可由乙方参照相近定额,经监理工程师复核后报甲方认可。这种情况,在编制施工图预算时是常见的,需要项目预算员参照相近定额进行换算。在定额换算的过程中,预算员就可根据设计要求,充分发挥自己的业务技能,提出合理的换算依据,以此来摆脱原有定额偏低的约束。

3.根据工程变更资料,及时办理增减账

由于设计、施工和业主使用要求等种种原因,工程变更是项目施工过程中经常发生的事情,是不以人们的意志为转移的。随着工程的变更,必然会带来工程内容的增减和施工工序的改变,从而也必然会影响成本费用的变更。因此,项目承包方应就工程变更对既定施工方法、机械设备使用、材料供应、劳动力调配和工期目标等的影响程度,以及为实施变更内容所需要的各种资源进行合理估价,及时办理增减账手续,并通过工程款结算从甲方取得补偿。

(三)制订先进的、经济合理的施工方案

施工方案主要包括四项内容:施工方法的确定、施工机具的选择、施工顺序的安排和流水施工的组织。施工方案不同,工期就会不同,所需机具也不同,因而发生的费用也会不同。因此,正确选择施工方案是降低成本的关键所在。

制订施工方案要以合同工期和项目要求为依据,联系项目的规模、性质、复杂程度、现

场条件、装备情况、人员素质等因素综合考虑。可以同时制订几个施工方案,倾听现场施工人员的意见,以便从中优选最合理、最经济的一个。

必须强调,施工项目的施工方案,应该同时具有先进性和可行性。如果只先进不可行,不能在施工中发挥有效的指导作用,那就不是最佳施工方案。

(四)落实技术组织措施

落实技术组织措施,走技术与经济相结合的道路,以技术优势来取得经济效益,是降低项目成本的又一个关键。一般情况下,项目应在开工以前根据工程情况制订技术组织措施计划,作为降低成本计划的内容之一列入施工组织设计。在编制月度施工作业计划的同时,也可按照作业计划的内容编制月度技术组织措施计划。

为了保证技术组织措施计划的落实,并取得预期的效果,应在项目经理的领导下明确分工:由工程技术人员订措施,材料人员供材料,现场管理人员和生产班组负责执行,财务成本员结算节约效果,最后由项目经理根据措施执行情况和节约效果对有关人员进行奖励,形成落实技术组织措施的"一条龙"。

必须强调,在结算技术组织措施执行效果时,除要按照定额数据等进行理论计算外,还要做好节约实物的验收,防止"理论上节约、实际上超用"的情况发生。

(五)组织均衡施工,加快施工进度

凡是按时间计算的成本费用,如项目管理人员的工资和办公费、现场临时设施费和水电费,以及施工机械和周转设备的租赁费等,在加快施工进度、缩短施工周期的情况下,都会有明显的节约。此外,还可从业主那里得到一笔相当可观的提前竣工奖。因此,加快施工进度也是降低项目成本的有效途径之一。

为了加快施工进度,将会增加一定的成本支出。例如:在组织两班制施工的时候,需要增加夜间施工的照明费、夜点费和工效损失费;同时,还将增加模板的使用量和租赁费。

因此,在签订合同时,应根据用户和赶工要求,将赶工费列入施工图预算。如果事先并未明确,而由用户在施工中临时提出的赶工要求,则应请用户签证,费用按实结算。

【拓展训练】 某施工项目的数据资料见表4-5。

表4-5 某施工项目的数据资料

编码	项目名称	ES	工期/月	成本强度/(万元/月)
11	场地平整	1	1	20
12	基础施工	2	3	15
13	主体工程施工	4	5	30
14	砌筑工程施工	8	3	20
15	屋面工程施工	10	2	30

续表 4-5

编码	项目名称	ES	工期/月	成本强度/(万元/月)
16	楼地面施工	11	2	20
17	室内设施安装	11	1	30
18	室内装饰	12	1	20
19	室外装饰	12	1	10
20	其他工程		1	10

试绘制该项目的时间–成本累计曲线(S形曲线)。

解答:(1)确定施工项目进度计划,编制进度计划的横道图,见图4-4。

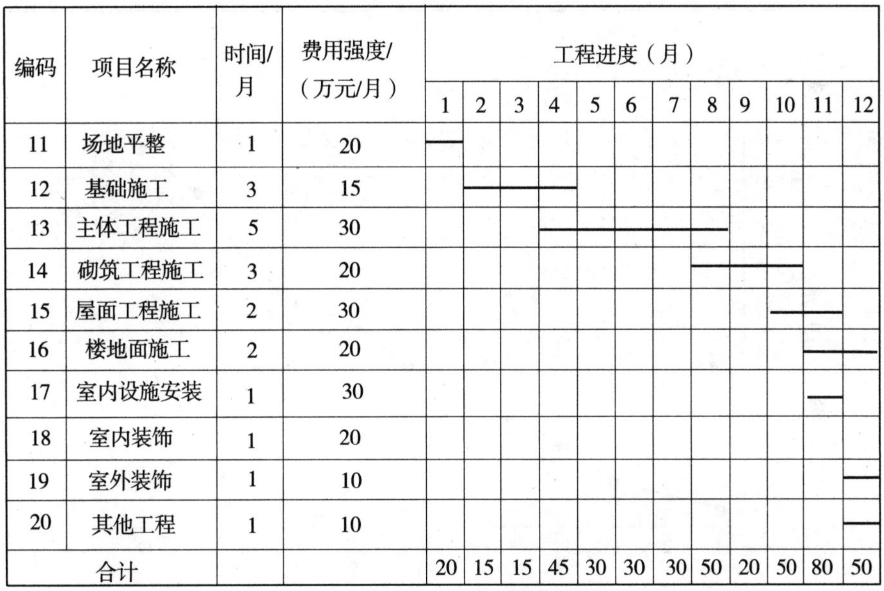

编码	项目名称	时间/月	费用强度/(万元/月)	工程进度（月）											
				1	2	3	4	5	6	7	8	9	10	11	12
11	场地平整	1	20	—											
12	基础施工	3	15												
13	主体工程施工	5	30												
14	砌筑工程施工	3	20												
15	屋面工程施工	2	30												
16	楼地面施工	2	20												
17	室内设施安装	1	30												
18	室内装饰	1	20												
19	室外装饰	1	10												
20	其他工程	1	10												
合计				20	15	15	45	30	30	30	50	20	50	80	50

图 4-4　进度计划的横道图

(2)计算规定时间 t 计划累计支出的成本额,见表4-6。

表 4-6　累计支出的成本额

编码	项目名称	时间/月	费用强度/(万元/月)	工程进度（月）											
				1	2	3	4	5	6	7	8	9	10	11	12
11	场地平整	1	20												
12	基础施工	3	15												
13	主体工程施工	5	30												
14	砌筑工程施工	3	20												

续表 4-6

编码	项目名称	时间/月	费用强度/(万元/月)	工程进度（月）											
				1	2	3	4	5	6	7	8	9	10	11	12
15	屋面工程施工	2	30												
16	楼地面施工	2	20												
17	室内设施安装	1	30												
18	室内装饰	1	20												
19	室外装饰	1	10												
20	其他工程	1	10												
合计				20	15	15	45	30	30	30	50	20	50	80	50
累计				20	35	50	95	125	155	185	235	255	305	385	435

（3）绘制 S 形曲线，见图 4-5。

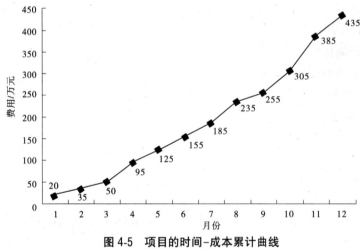

图 4-5　项目的时间-成本累计曲线

项目五

合同管理

主要内容

- ✿ 施工项目投标
- ✿ 合同文件的构成
- ✿ 合同参建各方的权利和义务
- ✿ 工程量计量与支付规则
- ✿ 工程款支付

水利工程项目管理

【知识目标】

掌握招标投标的基本程序;了解招标文件和投标文件的组成;掌握合同文件的组成;了解合同条款内容。

【技能目标】

能编制投标文件;能够编制施工组织设计文件;能够进行工程量计量;能够计算合同工程款。

【素质目标】

按规定履约的执行能力;与工程各参建方沟通协调的能力;团队共同完成合同目标的协作能力。

【导入案例】

2000年,水利行业颁布了《水利水电工程施工合同和招标文件示范文本》(GF-2000-0208);2009年结合水利水电工程特点和行业管理需要,又颁布了《水利水电工程标准施工招标文件》(2009年版)。近年来,中国水利水电建设集团公司在国际水电工程承包中占据了一席之地,展现了中国作为水电强国的风范,不断输出中国水电标准,打造水电亮丽名片。

中国水利水电建设集团公司承建苏丹麦洛维大坝建设。2003年6月中国水利水电建设集团公司和中国水利电力对外有限公司组成的CCMD联营体中标,总金额达6.03亿欧元(折合人民币约60亿元),是当时中国在海外承建的单项金额最大的土建项目。中国水利水电建设集团公司所属成员企业水电七局和水电五局组成七五联营体麦洛维项目部具体承担施工任务。经过5年的艰苦施工,连续实现一期截流、溢流坝过流、二期截流、大坝全线达到264 m度汛高程、三期导流等5个重要里程碑目标,为整个工程取得最后的胜利打下坚实的基础。

截至2018年年底,我国企业参与的已建在建海外水电站约320座,总装机容量达到8 100万kW,水电业务遍及全球140多个国家和地区,占据了海外70%以上的水电建设市场份额。中国水电服务"一带一路"建设硕果累累,形成了一批领先国际的水电开发技术,为"一带一路"共建国以最高标准打造出一个个所在国的"三峡工程"。

任务一　施工项目投标

一、合同的要约与承诺

要约是当事人一方发出的希望,是与对方订立合同的意思表示。发出要约的一方是要约人,接受要约的一方称受要约人。承诺是指对要约接受的一种意思表示。

与其他合同的订立程序相同,建设工程合同的订立也要采取要约和承诺的方式。根据《中华人民共和国招标投标法》(简称《招标投标法》)对招标、投标的规定,招标、投标、中标的过程实质就是要约、承诺的一种具体方式。招标人通过媒体发布招标公告,或向符合条件的投标人发出招标文件,为要约邀请;投标人根据招标文件内容在约定的期限内向招标人提交投标文件,为要约;招标人通过评标确定中标人,发出中标通知书,为承诺;招标人和中标人按照中标通知书、招标文件和中标人的投标文件等订立书面合同时,合同成立并生效。

二、招标投标程序

根据《招标投标法》、《中华人民共和国招标投标法实施条例》(简称《实施条例》)、《水利工程建设项目招标投标管理规定》(水利部令第 14 号),水利工程招标的基本程序包括:

(1)水利工程施工招标报告备案。

(2)招标人或招标代理机构编制招标文件。

(3)招标人发布招标信息(招标公告或投标邀请书)。

根据《实施条例》规定:依法必须进行招标的项目的资格预审公告和招标公告,应当在国务院发展改革部门依法指定的媒介发布。在不同媒介发布的同一招标项目的资格预审公告或者招标公告的内容应当一致。指定媒介发布依法必须进行招标的项目的境内资格预审公告、招标公告,不得收取费用。公开招标发布的媒体简称"三报一网",包括《中国日报》《中国建设报》《中国经济导报》《中国采购与招标网》。

(4)参加资格预审(若进行资格预审),购买招标文件。

根据《实施条例》规定:招标人应当按照资格预审公告、招标公告或者投标邀请书规定的时间、地点发售资格预审文件或者招标文件。资格预审文件或者招标文件的发售期不得少于 5 个工作日。招标人发售资格预审文件、招标文件收取的费用应当限于补偿印刷、邮寄的成本支出,不得以营利为目的。资格预审结束后,招标人应当及时向资格预审申请人发出资格预审结果通知书。未通过资格预审的申请人不具有投标资格。通过资格预审的申请人少于 3 个的,应当重新招标。

招标人可以对已发出的资格预审文件进行必要的澄清或者修改。澄清或者修改的内容可能影响资格预审申请文件编制的,招标人应当在提交资格预审申请文件截止时间至少 3 日前,以书面形式通知所有获取资格预审文件的潜在投标人;不足 3 日的,招标人应当顺延提交资格预审申请文件的截止时间。

潜在投标人或者其他利害关系人对资格预审文件有异议的,应当在提交资格预审申请文件截止时间 2 日前提出。

(5)踏勘现场和投标预备会(若组织)。

招标人可组织踏勘现场和投标预备会。若组织,不得组织单个或者部分潜在投标人踏勘项目现场。

(6)对问题进行澄清。

招标人可以对已发出的招标文件进行必要的澄清或者修改。澄清或者修改的内容可能影响投标文件编制的,招标人应当在投标截止时间至少 15 日前,以书面形式通知所有获取招标文件的潜在投标人;不足 15 日的,招标人应当顺延提交投标文件的截止时间。

潜在投标人或者其他利害关系人对招标文件有异议的,应当在投标截止时间 10 日前提出。招标人应当自收到异议之日起 3 日内作出答复；作出答复前，应当暂停招标投标活动。

（7）潜在投标人投标，招标人组织成立评标委员会。

国家实行统一的评标专家专业分类标准和管理办法。具体标准和办法由国务院发展改革部门会同国务院有关部门制定。

省级人民政府和国务院有关部门应当组建综合评标专家库。依法必须进行招标的项目，其评标委员会的专家成员应当从评标专家库内相关专业的专家名单中以随机抽取的方式确定。任何单位和个人不得以明示、暗示等任何方式指定或者变相指定参加评标委员会的专家成员。

（8）组织开标、评标。依法必须进行招标的项目，自招标文件开始发出之日起至投标人提交投标文件截止之日止，最短不应当少于 20 日。

评标委员会成员应当依照《招标投标法》和《实施条例》的规定，按照招标文件规定的评标标准和方法，客观、公正地对投标文件提出评审意见。招标文件没有规定的评标标准和方法不得作为评标的依据。

评标委员会成员不得私下接触投标人，不得收受投标人给予的财物或者其他好处，不得向招标人征询确定中标人的意向，不得接受任何单位或者个人明示或者暗示提出的倾向或者排斥特定投标人的要求，不得有其他不客观、不公正履行职务的行为。招标项目设有标底的，招标人应当在开标时公布。标底只能作为评标的参考，不得以投标报价是否接近标底作为中标条件，也不得以投标报价超过标底上下浮动范围作为否决投标的条件。

（9）确定中标人。

评标完成后，评标委员会应当向招标人提交书面评标报告和中标候选人名单。中标候选人应当不超过 3 个，并标明排序。国有资金占控股或者主导地位的依法必须进行招标的项目，招标人应当确定排名第一的中标候选人为中标人。排名第一的中标候选人放弃中标、因不可抗力不能履行合同、不按照招标文件要求提交履约保证金，或者被查实存在影响中标结果的违法行为等情形，不符合中标条件的，招标人可以按照评标委员会提出的中标候选人名单排序依次确定其他中标候选人为中标人，也可以重新招标。

依法必须进行招标的项目，招标人应当自收到评标报告之日起 3 日内公示中标候选人，公示期不得少于 3 日。投标人或者其他利害关系人对依法必须进行招标的项目的评标结果有异议的，应当在中标候选人公示期间提出。招标人应当自收到异议之日起 3 日内作出答复；作出答复前，应当暂停招标投标活动。

（10）提交招标投标情况的书面总结报告。

（11）发中标通知书。

（12）订立书面合同，退还投标保证金。

招标人和中标人应当依照《招标投标法》和《实施条例》的规定签订书面合同，合同的标的、价款、质量、履行期限等主要条款应当与招标文件和中标人的投标文件的内容一致。招标人和中标人不得再行订立背离合同实质性内容的其他协议。招标文件要求中标人提交履约保证金的,中标人应当按照招标文件的要求提交。履约保证金不得超过中标合同金额的10%。

招标人最迟应当在书面合同签订后5个工作日内向中标人和未中标的投标人退还投标保证金及银行同期存款利息。

水利工程招标投标基本程序,如图5-1所示。

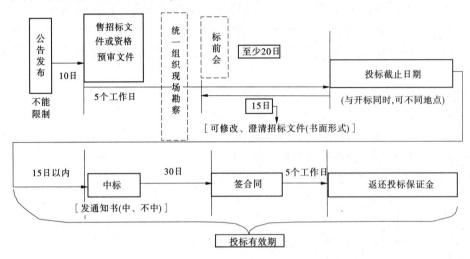

图5-1 水利工程招标投标基本程序

三、工程投标需要注意的问题

(一)资格审查

水利工程施工招标人应对潜在投标人或者投标人进行资格审查。资格审查方式分为资格预审和资格后审。资格预审是指在投标前对潜在投标人进行的资格审查,资格后审是指开标后对投标人进行的资格审查。资格审查办法分合格制和有限数量制。合格制下,凡符合初步审查标准和详细审查标准的申请人均通过资格审查。有限数量制下,审查委员会依据资格预审文件规定的审查标准和程序,对通过初步审查和详细审查的资格预审申请文件进行量化打分,按得分由高到低的顺序确定通过资格预审的申请人。通过资格预审的申请人不超过资格预审文件规定的数量,但不得少于9人。有限数量制下,若通过初步审查和详细审查的资格预审申请文件少于资格预审文件规定的申请人数量,则不再打分,所有通过初步审查和详细审查的资格预审申请文件均通过资格审查。

招标人可根据招标项目具体特点和要求选择资格审查方式。进行资格预审的一般不再进行资格后审。如果投标人在资质条件、组织机构、财务能力、信誉等资格条件与资格预审时提交的资格预审申请文件相比发生变化的,应按新情况补充或更新其在资格预审申请文件中提供的资料,以证实其各项资格条件仍能继续满足资格预审文件的要求,具备承担本标段施工的资质条件、能力和信誉。投标人的资格要求包括12个方面,具体见表5-1。

表 5-1　投标人的资格要求

项目	具体要求	项目	具体要求
1. 资质条件	资质证书有效性和资质等级符合性	7. 安全生产许可证	有效性
2. 财务要求	近 3 年财务状况表	8. 技术负责人资格要求	本单位人员,有一定数量类似工程业绩
3. 业绩要求	近 5 年完成类似项目情况表	9. 其他主要人员要求	委托代理人、安全管理人员、质量管理人员、财务负责人(还必须是本单位人员)、企业负责人、技术安全管理人员具备有效的安全生产考核合格证书
4. 信誉要求	近 3 年发生的诉讼及仲裁情况	10. 设备要求	不宜作为资格审查因素
5. 项目经理资格要求	本单位的水利水电工程专业注册建造师	11. 认证体系要求	质量、环境保护和职业健康、安全等管理体系认证等方面的要求
6. 营业执照	营业执照承揽范围和有效期符合性	12. 有效生产能力要求	通过"正在施工和新承接的项目情况表"判断

资格预审文件的澄清和修改要求如下:

(1)申请人要求澄清资格预审文件的截止时间为申请截止时间 5 日前。

(2)招标人澄清或修改资格预审文件的截止时间为申请截止时间 3 日前。

(3)申请人确认收到资格预审文件澄清或修改通知的时间为收到澄清通知后 1 日内。

(4)资格预审澄清和修改中往来文件必须由招标人按资格预审文件的格式,以书面形式向所有购买资格预审文件的申请人发出,并不得指明问题的来源。

资格预审申请文件正本 1 份,副本 3 份;资格预审申请文件正本与副本应分别装订成册,用 A4 纸(图表页除外)装订成册,编制目录和页码,并不得采用活页夹装订;除封面、封底、目录、分隔页外,资格预审申请文件的正本应由申请人盖单位章并由法定代表人或其委托代理人签字。资格预审文件要求申请人提交原件的,申请人应提交。无论是否提交原件,原件的复印件都构成资格预审文件的一部分。申请人提交原件的,招标人在签收资格预审申请文件时应对照原件清单查验登记原件并留存其复印件。原件经审验后应及时退回。

1. 资质等级

水利工程建设项目施工招标时,投标人应具有相应的企业资质。国家对建筑业企业实行资质管理。建筑业企业资质等级分为总承包、专业承包和劳务分包三个序列。

1)施工总承包企业资质等级的划分和承包范围

水利水电工程施工总承包企业资质等级分为特级、一级、二级、三级,相应承包范围如下:

(1)特级企业可承担各种类型的水利水电工程及辅助生产设施的建筑、安装和基础工程的施工。

(2)一级企业可承担单项合同额不超过企业注册资本金5倍的各种类型水利水电工程及辅助生产设施的建筑、安装和基础工程的施工。

(3)二级企业可承担单项合同额不超过企业注册资本金5倍的下列工程的施工:库容1亿m^3、装机容量100 MW及以下水利水电工程及辅助生产设施的建筑、安装和基础工程施工。

(4)三级企业可承担单项合同额不超过企业注册资本金5倍的下列工程的施工:库容1 000万m^3、装机容量10 MW及以下水利水电工程及辅助生产设施的建筑、安装和基础工程施工。

2)施工专业承包企业资质等级的划分和承包范围

水利水电工程施工专业承包企业资质划分为水工建筑物基础处理工程、水工金属结构制作与安装工程、水利水电机电设备安装工程、河湖整治工程、堤防工程、水工大坝工程和水工隧洞工程7个专业,每个专业分为一级、二级、三级。

(1)水工建筑物基础处理工程专业承包范围:

①一级企业可承担各类水工建筑物基础处理工程的施工。

②二级企业可承担单项合同额1 500万元以下的水工建筑物基础处理工程的施工。

③三级企业可承担单项合同额500万元以下的水工建筑物基础处理工程的施工。

(2)水利水电机电设备安装工程专业承包范围:

①一级企业可承担各类水电站、泵站主机(各类水轮发电机组、水泵机组)及其附属设备和水电(泵)站电气设备的安装工程。

②二级企业可承担单项合同额不超过企业注册资本金5倍的单机容量100 MW及以下的水电站、单机容量1 000 kW及以下的泵站主机及其附属设备和水电(泵)站电气设备的安装工程。

③三级企业可承担单项合同额不超过企业注册资本金5倍的单机容量25 MW及以下的水电站、单机容量500 kW及以下的泵站主机及其附属设备和水电(泵)站电气设备的安装工程。

(3)河湖整治工程专业承包范围:

①一级企业可承担各类河道、湖泊的河势控导、险工处理、疏浚、填塘固基工程的施工。

②二级企业可承担单项合同额不超过企业注册资本金5倍的2级及以下堤防相对应的河道、湖泊的河势控导、险工处理、疏浚、填塘固基工程的施工。

③三级企业可承担单项合同额不超过企业注册资本金5倍的3级及以下堤防相对应的河湖疏浚整治工程及一般吹填工程的施工。

(4)堤防工程专业承包范围：

①一级企业可承担各类堤防的堤身填筑、堤身整险加固、防渗导渗、填塘固基、堤防水下工程、护坡护岸、堤顶硬化、堤防绿化、生物防治和穿堤、跨堤建筑物(不含单独立项的分洪闸、进水闸、排水闸、挡潮闸等)工程的施工。

②二级企业可承担单项合同额不超过企业注册资本金5倍的2级及以下堤防的堤身填筑、堤身整险加固、防渗导渗、填塘固基、堤防水下工程、护坡护岸、堤顶硬化、堤防绿化、生物防治和穿堤、跨堤建筑物(不含单独立项的分洪闸、进水闸、排水闸、挡潮闸等)工程的施工。

③三级企业可承担单项合同额不超过企业注册资本金5倍的3级及以下堤防的堤身填筑、堤身整险加固、防渗导渗、填塘固基、堤防水下工程、护坡护岸、堤顶硬化、堤防绿化、生物防治和穿堤、跨堤建筑物(不含单独立项的分洪闸、进水闸、排水闸、挡潮闸等)工程的施工。

(5)水工大坝工程专业承包范围

①一级企业可承担各类坝型的坝基处理、永久性水工建筑物和临时性水工建筑物及其辅助生产设施的施工。

②二级企业可承担单项合同额不超过企业注册资本金5倍、70 m及以下各类坝型坝基处理、永久性水工建筑物和临时性水工建筑物及其辅助生产设施的施工。

③三级企业可承担单项合同额不超过企业注册资本金5倍、50 m及以下各类坝型坝基处理、永久性水工建筑物和临时性水工建筑物及其辅助生产设施的施工。

2.水利建设市场主体信用等级

水利建设市场主体信用等级分为诚信(AAA级、AA级、A级)、守信(BBB级)、失信(CCC级)三等五级。AAA级表示为信用很好，AA级表示为信用好，A级表示为信用较好，BBB级表示为信用一般，CCC级表示为信用差。水利建设市场主体信用评价标准由基础管理、经营效益、市场行为、工程服务、品牌形象和信用记录6个指标体系30项指标组成，按权重分别赋分，合计100分。信用等级评价分值为91~100分的为AAA级，81~90分的为AA级，71~80分的为A级，61~70分的为BBB级，60分以下的为CCC级。

水利建设市场主体[指参与水利工程建设活动的建设、勘察、设计、施工、监理、咨询、供货、招标代理、质量检测、安全评价等企(事)业单位及相关执(从)业人员，下同]信用信息包括基本信息、良好行为记录信息和不良行为记录信息。

基本信息是指水利建设市场主体的名称、注册地址、注册资金、资质、业绩、人员、主营业务范围等信息。

良好行为记录信息是指水利建设市场主体在工程建设过程中遵守有关法律、法规和规章，受到县级以上人民政府、水行政主管部门、流域管理机构或相关专业部门、有关社会团体的奖励和表彰，所形成的信用信息。

不良行为记录信息是指水利建设市场主体在工程建设过程中违反有关法律、法规和规章，受到县级以上人民政府、水行政主管部门、流域管理机构或相关专业部门的行政处理，或者未受到行政处理但造成不良影响的行为，所形成的信用信息。

水利建设市场主体不良行为记录实行公告制度。对水利建设市场主体在工程建设过程中违反有关法律、法规和规章,受到县级以上人民政府、水行政主管部门、流域管理机构或相关专业部门的行政处理,所形成的不良行为记录进行公告。水利建设市场主体信用信息实行实时更新。水利建设市场主体基本信息发布时间为长期,良好行为记录信息发布期限为3年,不良行为记录信息发布期限不少于6个月。依法限制水利建设市场主体资质(资格)等方面的行政处理决定,所认定的限制期限长于6个月的,公告期限从其决定。

施工单位发生下列行为系不良行为。

1)资质管理方面

(1)超越本单位资质等级承揽工程的。

(2)未取得资质证书承揽工程的。

(3)以欺骗手段取得资质证书承揽工程的。

(4)允许其他单位或者个人以本单位名义承揽工程的。

2)招标投标方面

(1)相互串通投标或者与招标人串通投标的,以向招标人或者评标委员会成员行贿的手段谋取中标的。

(2)投标人以他人名义投标或者以其他方式弄虚作假,骗取中标的。

(3)中标人将中标项目转让给他人的,将中标项目肢解后分别转让给他人的,违反《招标投标法》规定将中标项目的部分主体、关键性工作分包给他人的,或者分包人再次分包的。

(4)因非不可抗力原因,中标人不按照与招标人订立的合同履行义务。

3.项目经理资格要求

项目经理应当由本单位的水利水电工程专业注册建造师担任。除执业资格要求外,项目经理还必须有一定数量类似工程业绩,且具备有效的安全生产考核合格证书。资格预审申请文件应提交项目经理属于本单位人员的相关证明材料。

(二)投标文件格式要求

(1)投标文件签字盖章要求是:投标文件正本除封面、封底、目录、分隔页外的其他每一页必须加盖投标人单位章,并由投标人的法定代表人或其委托代理人签字,已标价的工程量清单还应由注册水利工程造价工程师加盖执业印章。

(2)投标文件份数要求是:正本1份,副本4份。

(3)投标文件用A4纸(图表页除外)装订成册,编制目录和页码,并不得采用活页夹装订。

(三)无效标和废标

1.无效标

(1)未按招标文件要求密封。

(2)逾期送达。

(3)法定代表人或授权委托人未参加开标会。

2.废标

(1)未按招标文件要求盖章、签字。

（2）招标文件要求不得表明投标人名称,标了或有透漏标记。

（3）未按要求编写或字迹模糊造成实质性问题无法确认。

（4）未按要求提交投标保证金。

（5）提供虚假材料。

（6）超出招标文件规定,违反强制性条文。

（7）联合体未附共同协议。

（8）投标人名称或组织机构与资格预审不一致。

（四）投标人纪律要求

投标人不得以他人名义投标或允许他人以本单位名义承揽工程或串通投标报价。

（1）下列行为均属以他人名义投标:

①投标人挂靠其他施工单位;

②投标人从其他施工单位通过转让或租借的方式获取资格或资质证书;

③由其他单位及法定代表人在自己编制的投标文件上加盖印章或签字的行为。

（2）下列行为视为允许他人以本单位名义承揽工程:

①投标人的法定代表人的委托代理人不是投标人本单位人员;

②投标人拟在施工现场所设项目管理机构的项目负责人、技术负责人、财务负责人、质量管理人员、安全管理人员不是本单位人员。

（3）投标人为本单位人员,必须同时满足以下条件:

①聘任合同必须由投标人单位与之签订;

②与投标人单位有合法的工资关系;

③投标人单位为其办理社会保险关系,或具有其他有效证明其为本单位人员身份的文件。

（4）下列行为均属投标人串通投标报价:

①投标人之间相互约定抬高或压低投标报价;

②投标人之间相互约定,在招标项目中分别以高、中、低价位报价;

③投标人之间先进行内部竞价,内定中标人,然后再参加投标;

④投标人之间其他串通投标报价的行为。

四、工程投标文件的组成

根据《水利水电工程标准施工招标文件》(2009年版),水利水电工程招标文件包括四卷八章的内容:第一卷包括第1~5章:招标公告(投标邀请书)、投标人须知、评标办法、合同条款及格式和工程量清单等内容;第二卷由"第6章 图纸(招标图纸)"组成;第三卷由"第7章 技术标准和要求"组成;第四卷由"第8章 投标文件格式"组成。

投标文件格式包括:①投标函及投标函附录;②法定代表人身份证明/授权委托书;③联合体协议书;④投标保证金;⑤已标价工程量清单;⑥施工组织设计;⑦项目管理机构表;⑧拟分包项目情况表;⑨资格审查资料;⑩原件的复印件;⑪其他材料。其中,已标价工程量清单和施工组织设计是投标文件非常重要的组成部分,下面分别叙述其编制方法。

(一)施工组织设计编制

1.水利水电工程施工组织设计文件编制的原则

(1)贯彻执行国家有关法律、法规、标准和技术经济政策。

(2)结合实际,因地、因时制宜。

(3)统筹安排、综合平衡、妥善协调枢纽工程各部位的施工。

(4)结合国情推广新技术、新材料、新工艺和新设备,凡经实践证明技术经济效益显著的科研成果,应尽量采用。

2.水利水电工程施工组织设计文件编制的依据

(1)有关法律、法规、规章和技术标准,如《水利水电工程施工组织设计规范》(SL 303—2017)。

(2)招标文件工期要求、技术条款、评标标准、招标图纸等。

(3)设计报告及审批意见、上级单位对本工程建设的要求或批件。

(4)工程所在地区有关基本建设的法规或条例,地方政府、项目法人对本工程建设的要求。

(5)国民经济各有关部门对本工程建设期间有关要求及协议。

(6)当前水利水电工程建设的施工装备、管理水平和技术特点。

(7)工程所在地区和河流的自然条件(地形、地质、水文、气象特征和当地建材情况等)、施工电源、水源及水质、交通、环保、旅游、防洪、灌溉、航运、过木、供水等现状和近期发展规划。

(8)当地城镇现有修配、加工能力,生活、生产物资和劳动力供应条件,居民生活、卫生习惯等。

(9)施工导流及通航等水工模型试验、各种原材料试验、混凝土配合比试验、重要结构模型试验、岩土物理力学试验等成果。

(10)工程有关工艺试验或生产性试验成果。

(11)勘测、设计各专业有关成果。

3.施工组织设计文件的内容

工程投标和施工阶段,施工单位编制的施工组织设计应当包括下列主要内容:

(1)工程任务情况及施工条件分析。

(2)施工总方案、主要施工方法。

(3)工程施工进度计划、主要单位工程综合进度计划和施工力量、机具及部署。

(4)施工组织技术措施,包括工程质量、施工进度、安全防护、文明施工及环境污染防治等各种措施。

(5)施工总平面布置图。

(6)总包和分包的分工范围及交叉施工部署等。

施工组织设计主要内容,可以简单概括为"一图,一案,一表",一图是施工场地布置图,该部分内容见"项目三 施工准备工作";一案是施工方案,根据工程特点和有关施工条件拟订施工方案;一表是施工进度计划图表,根据招标文件要求通常采用横道图或网络图表示,该部分内容参考"项目四　施工项目进度管理"。

4. 施工组织设计文件的编制程序

(1)分析原始资料(拟建工程地区的地形、地质、水文、气象、当地材料、交通运输等)及工地临时给水、动力供应等施工条件。

(2)确定施工场地和道路、堆场、附属企业、仓库及其他临时性建筑物可能的布置情况。

(3)考虑自然条件对施工可能带来的影响和必须采取的技术措施。

(4)确定各工种每月可以施工的有效工日和冬雨季施工技术措施的各项参数。

(5)确定各种主要建材的供应方式和运输方式,以及可供应的施工机具设备数量与性能,临时给水和动力供应设施的条件等。

(6)根据工程规模和等级,以及对工程所在地区地形、地质、水文等条件的分析研究,初步拟订施工导流方案。

(7)研究主体工程施工方案,确定施工顺序,初步编制整个工程的进度计划。

(8)当大致确定了工程总的进度计划以后,即可对主要工程的施工方案做出详细的规划计算,进行施工方案的优化,最后确定选用的施工方案及有关的技术经济指标,并用来平衡调整修正进度计划。

(9)根据修正后的进度计划,即可确定各种材料、物件、劳动力及机具的需要量,以此来编制技术与生活供应计划,确定仓库和附属企业的数量、规模及工地临时房屋需要量,工地临时供水、供电、供风(压缩空气)设施的规模与布置。

(10)确定施工现场的总平面布置,设计施工总平面布置图。

投标人编制施工组织设计时应采用文字并结合图表形式说明工程的施工组织、施工方法、技术组织措施,同时应对关键工序、复杂环节重点提出相应技术措施,如冬雨季施工技术、减少噪声、降低环境污染、地下管线及其他地上地下设施的保护加固措施等。施工组织设计还应结合工程特点提出切实可行的工程质量、工程进度、安全生产、防汛度汛、文明施工、水土保持、环境保护管理等方案。

(二)工程量清单报价编制

工程量清单(bill of quantity, BOQ),是在 19 世纪 30 年代产生的,西方国家把计算工程量、提供工程量清单专业化视为业主估价师的职责,所有的投标都要以业主提供的工程量清单为基础,从而使得最后的投标结果具有可比性。工程量清单报价是在建设工程招标投标工作中,由招标人按国家统一的工程量计算规则提供工程数量,由投标人自主报价,并按照招标人要求的评标办法评标中标的工程造价计价模式。

1. 工程量清单编制

《水利水电工程标准施工招标文件》(2009 年版)提供了两种工程量清单编制格式,招标人可根据招标项目具体特点选择使用。第一种格式的编制基础是《水利工程工程量清单计价规范》(GB 50501—2007)(简称《清单规范》);第二种格式的编制基础是《水利水电工程施工合同和招标文件示范文本》(GF-2000-0208)。

工程量清单由分类分项工程量清单、措施项目清单、其他项目清单和零星工作项目清单组成。

1)分类分项工程量清单

分类分项工程量清单应包括序号、项目编码、项目名称、计量单位、工程数量、主要技术条款编码和备注。分类分项工程量清单应根据《清单规范》规定的项目编码、项目名称、主要项目特征、计量单位、工程量计算规则、主要工作内容和一般适用范围进行编制。具体要求如下:

(1)项目编码:采用十二位阿拉伯数字表示(由左至右计位)。一至九位为统一编码,其中,一、二位为水利工程顺序码,三、四位为专业工程顺序码,五、六位为分类工程顺序码,七、八、九位为分项工程顺序码;十至十二位为清单项目名称顺序码。建筑工程工程量清单项目自001起顺序编制,安装工程工程量清单项目自000起顺序编制。例如,一般石方开挖的项目编号为500102001001。

(2)项目名称:根据主要项目特征并结合招标工程的实际确定。

(3)计量单位:应按规定的计量单位确定。

(4)工程数量:清单工程量又称为招标工程量、估算工程量,签订合同后为合同工程量,编制施工计划的计划工程量。工程数量应根据合同技术条款计量和支付规定计算。工程数量的有效位数应遵守下列规定:以"立方米""平方米""米""千克""个""项""根""块""组""面""只""相""站""孔""束"为单位的,应取整数;以"吨""千米"为单位的,应保留小数点后2位数字,第3位数字四舍五入。表5-2为南水北调某分类分项工程量清单。

表5-2 南水北调某分类分项工程量清单

合同编号:HNJ-2010/XZ/SG-001

工程名称:南水北调中线一期工程总干渠沙河南—黄河南(委托建管项目)新郑南段

序号	项目编码	项目名称	计量单位	工程数量	单价/元	合价/元	备注
1		建筑工程					
1.1		渠道建筑工程					
1.1.1		渠道土方工程					
1.1.1.1	500101002001	土方开挖	m³	1 634 824			
1.1.1.2	500103001001	渠堤土方填筑	m³	159 205			
…							

2)措施项目清单

措施项目指为完成工程项目施工,发生于该工程施工前和施工过程中招标人不要求列示工程量的施工措施项目。措施项目清单,主要包括环境保护措施、文明施工措施、安全防护措施、小型临时工程、施工企业进退场费、大型施工设备安拆费等,应根据招标工程的具体情况参考表 5-3 编制。

表 5-3 措施项目一览表

序号	项目名称
1	环境保护措施
2	文明施工措施
3	安全防护措施
4	小型临时工程
5	施工企业进退场费
6	大型施工设备安拆费
…	…

3) 其他项目清单

其他项目指为完成工程项目施工,发生于该工程施工过程中招标人要求计列的费用项目。其他项目清单列暂列金额和暂估价项目。暂列金额指招标人为暂定项目和可能发生的合同变更而预留的金额,一般可取分类分项工程项目和措施项目合价的 5%。

暂估价项目是指发包人在工程量清单内给定的,用于支付必然产生但暂时不能确定价格的材料、设备及专业工程(如土坝工程除险加固管理房建设、观测设备等)的金额。

4) 零星工作项目清单

零星工作项目指完成招标人提出的零星工作项目所需的人工、材料、机械单价,也称"计日工"。

零星工作项目清单,编制人应根据招标工程具体情况,对工程实施过程中可能发生的变更或新增加的零星项目,列出人工(按工种)、材料(按名称和规格型号)、机械(按名称和规格型号)的计量单位,并随工程量清单发至投标人。

5) 工程量清单格式

工程量清单根据《清单规范》应采用统一格式。工程量清单格式应由下列内容组成:

(1) 封面。

(2) 填表须知。

(3) 总说明。

(4) 分类分项工程量清单。

(5) 措施项目清单。

(6) 其他项目清单。

(7) 零星工作项目清单。

(8) 其他辅助表格:①招标人供应材料价格表;②招标人提供施工设备表;③招标人提供施工设施表。

6) 工程量清单格式填写规定

(1) 工程量清单应由招标人编制。

(2) 填表须知除《清单规范》内容外,招标人可根据具体情况进行补充。

(3) 总说明填写:①招标工程概况;②工程招标范围;③招标人供应的材料、施工设备、施工设施简要说明;④其他需要说明的问题。

(4) 分类分项工程量清单填写:①项目编码,按《清单规范》规定填写。②项目名称,根据招标项目规模和范围,《清单规范》附录 A 和附录 B 的项目名称,参照行业有关规定,并结合工程实际情况设置;③计量单位的选用和工程量的计算应符合《清单规范》附录 A 和附录 B 的规定;④主要技术条款编码,按招标文件中相应技术条款的编码填写。

(5) 措施项目清单填写。按招标文件确定的措施项目名称填写。凡能列出工程数量并按单价结算的措施项目,均应列入分类分项工程量清单。

(6) 其他项目清单填写。按招标文件确定的其他项目名称、金额填写。

(7) 零星工作项目清单填写:①名称及规格型号,人工按工种,材料按名称和规格型号,机械按名称和规格型号,分别填写;②计量单位,人工以工日或工时,材料以 t、m^3 等,机械以台时或台班,分别填写。

(8) 招标人供应材料价格表填写。按表中材料名称、型号规格、计量单位和供应价填写,并在供应条件和备注栏内说明材料供应的边界条件。

(9) 招标人提供施工设备表填写。按表中设备名称、型号规格、设备状况、设备所在地点、计量单位、数量和折旧费填写,并在备注栏内说明对投标人使用施工设备的要求。

(10) 招标人提供施工设施表填写。按表中项目名称、计量单位和数量填写,并在备注栏内说明对投标人使用施工设施的要求。

2. 工程量清单报价编制要求

1) 水利工程工程量清单计价编制要求

工程量清单计价应包括按招标文件规定完成工程量清单所列项目的全部费用,包括分类分项工程费、措施项目费和其他项目费。

分类分项工程量清单计价应采用工程单价计价。分类分项工程量清单的工程单价,应根据《清单规范》规定的工程单价组成内容,按招标设计文件、图纸、附录 A 和附录 B 中的"主要工作内容"确定,除另有规定外,对有效工程量以外的超挖、超填工程量,施工附加量,加工、运输损耗量等所消耗的人工费、材料费和机械使用费,均应摊入相应有效工程量的工程单价之内。

措施项目清单的金额,应根据招标文件的要求及工程的施工方案或施工组织设计,以每一项措施项目为单位,按项计价。

其他项目清单由招标人按估算金额确定。

零星工作项目清单的单价由投标人确定。

按照招标文件的规定,根据招标项目涵盖的内容,投标人一般应编制以下基础单价,作为编制分类分项工程单价的依据。

(1) 人工费单价。

(2) 主要材料预算价格。

(3)电、风、水单价。

(4)砂石料单价。

(5)块石、料石单价。

(6)混凝土配合比材料费。

(7)施工机械台时(班)费。

招标工程如设标底,标底应根据招标文件中的工程量清单和有关要求、施工现场情况、合理的施工方案、工程单价组成内容、社会平均生产力水平,按市场价格进行编制。

投标报价应根据招标文件中的工程量清单和有关要求、施工现场情况,以及拟订的施工方案,依据企业定额,按市场价格进行编制。

工程量清单的合同结算工程量,除另有约定外,应按《清单规范》及合同文件约定的有效工程量进行计算。合同履行过程中需要变更工程单价时,按《清单规范》和合同约定的变更处理程序办理。

2)水利工程工程量清单报价表组成

工程量清单报价表由以下表格组成:

(1)投标总价。

(2)工程项目总价表。

(3)分类分项工程量清单计价表。

(4)措施项目清单计价表。

(5)其他项目清单计价表。

(6)计日工项目计价表。

(7)工程单价汇总表。

(8)工程单价费(税)率汇总表。

(9)投标人生产电、风、水、砂石基础单价汇总表。

(10)投标人生产混凝土配合比材料费表。

(11)招标人供应材料价格汇总表(若招标人提供)。

(12)投标人自行采购主要材料预算价格汇总表。

(13)招标人提供施工机械台时(班)费汇总表(若招标人提供)。

(14)投标人自备施工机械台时(班)费汇总表。

(15)总价项目分类分项工程分解表。

(16)工程单价计算表。

(17)人工费单价汇总表。

具体表格格式见《清单规范》。

3)工程量清单报价表填写规定

(1)除招标文件另有规定外,投标人不得随意增加、删除或涂改招标文件工程量清单中的任何内容。工程量清单中列明的所有需要填写的单价和合价,投标人均应填写;未填写的单价和合价,视为已包括在工程量清单的其他单价和合价中。

(2)工程量清单中的工程单价是完成工程量清单中一个质量合格的规定计量单位项目所需的直接费(包括人工费、材料费、机械使用费和季节、夜间、高原、风沙等原因增加的直接费）、施工管理费、企业利润和税金，并考虑到风险因素。投标人应根据规定的工程单价组成内容，按招标文件和《清单规范》的"主要工作内容"确定工程单价。除另有规定外，对有效工程量以外的超挖、超填工程量，施工附加量，加工、运输损耗量等，所消耗的人工费、材料费和机械使用费，均应摊入相应有效工程量的工程单价内。

（3）投标金额（价格）均应以人民币表示。

（4）投标总价应按工程项目总价表合计金额填写。

（5）工程项目总价表中一级项目名称按招标文件工程项目总价表中的相应名称填写，并按分类分项工程量清单计价表中相应项目合计金额填写。

（6）分类分项工程量清单计价表中的序号、项目编码、项目名称、计量单位、工程数量和合同技术条款章节号，按招标文件分类分项工程量清单计价表中的相应内容填写，并填写相应项目的单价和合价。

（7）措施项目清单计价表中的序号、项目名称，按招标文件措施项目清单计价表中的相应内容填写，并填写相应措施项目的金额和合计金额。

（8）其他项目清单计价表中的序号、项目名称、金额，按招标文件其他项目清单计价表中的相应内容填写。

（9）计日工项目计价表的序号、人工材料机械的名称、型号规格及计量单位，按招标文件计日工项目计价表中的相应内容填写，并填写相应项目单价。

（10）工程单价汇总表，按工程单价计算表中的相应内容、价格（费率）填写。

（11）工程单价费（税）率汇总表，按工程单价计算表中的相应内容、费（税）率填写。

（12）投标人生产电、风、水、砂石基础单价汇总表，按基础单价分析计算成果的相应内容、价格填写，并附相应基础单价的分析计算书。

（13）投标人生产混凝土配合比材料费表，按表中工程部位、混凝土强度等级（附抗渗、抗冻等级）、水泥强度等级、级配、水灰比、相应材料用量和单价填写，填写的单价必须与工程单价计算表中采用的相应混凝土材料单价一致。

（14）招标人供应材料价格汇总表，按招标人供应的材料名称、型号规格、计量单位和供应价填写，并填写经分析计算后的相应材料预算价格，填写的预算价格必须与工程单价计算表中采用的相应材料预算价格一致（若招标人提供）。

（15）投标人自行采购主要材料预算价格汇总表，按表中的序号、材料名称、型号规格、计量单位和预算价填写，填写的预算价必须与工程单价计算表中采用的相应材料预算价格一致。

（16）招标人提供施工机械台时（班）费汇总表，按招标人提供的机械名称、型号规格和招标人收取的台时（班）折旧费填写；投标人填写的台时（班）费用合计金额必须与工程单价计算表中相应的施工机械台时（班）费单价一致（若招标人提供）。

（17）投标人自备施工机械台时（班）费汇总表，按表中的序号、机械名称、型号规格、一类费用和二类费用填写，填写的台时（班）费合计金额必须与工程单价计算表中相应的施工机械台时（班）费单价一致。

（18）投标人应参照分类分项工程量清单计价表格式编制总价项目分类分项工程分解表，每个总价项目分类分项工程一份。

　　(19)投标金额大于或等于投标总标价万分之五的工程项目,必须编报工程单价计算表。工程单价计算表,按表中的施工方法、序号、名称、型号规格、计量单位、数量、单价、合价填写,填写的人工、材料和机械等基础价格,必须与人工费价汇总表、基础材料单价汇总表、主要材料预算价格汇总表及施工机械台时(班)费汇总表中的单价相一致,填写的施工管理费、企业利润和税金等费(税)率必须与工程单价费(税)率汇总表中的费(税)率相一致。

　　(20)人工费单价相应的人工费单价计算表。汇总表应按人工费单价计算表的内容、价格填写,并附相应的人工费单价计算表。

任务二　合同文件的构成

一、招标文件的基本组成

　　根据《水利水电工程标准施工招标文件》(2009年版),招标文件包括四卷八章的内容:

　　第一卷包括第1~5章:招标公告(投标邀请书)、投标人须知、评标办法、合同条款及格式和工程量清单等内容;

　　第二卷由"第6章　图纸(招标图纸)"组成;

　　第三卷由"第7章　技术标准和要求"组成;

　　第四卷由"第8章　投标文件格式"组成。

　　该文件的使用说明如下:

　　第1章招标公告或投标邀请书格式供参考。招标公告或投标邀请书发布后,应编入招标文件中,作为投标邀请书使用。其中,招标公告应同时注明该公告发布的所有媒介名称。

　　第2章投标人须知正文应全文引用。"投标人须知前附表"用于进一步明确"投标人须知正文"中未尽事宜,招标人应结合招标项目具体特点和实际需要编制和填写,但不应与"投标人须知正文"内容相抵触,否则抵触内容无效。"投标人须知附件"所提供的格式文件供招标人参考使用。

　　第3章评标办法分别编印"经评审的最低投标价法"和"综合评估法"两种评标办法,招标人应根据项目具体特点和实际需要选择使用。"评标办法正文"应全文引用。"评标办法前附表"适用于进一步补充、明确评审因素和评审标准。招标人应根据招标项目具体特点和实际需要,详细列明正文之外的评审因素和评审标准,没有明列的因素和标准不应作为评标的依据。"评标办法附件"所提供的格式文件供招标人参考使用。

第4章合同条款及格式中通用合同条款应全文引用。专用合同条款系对通用合同条款进行补充、细化。除通用合同条款明确专用合同条款可做出不同约定外,补充、细化的内容不得与通用合同条款规定相抵触,不得违反法律、法规和行业规章的有关规定和平等、自愿、公平以及诚实信用原则。

第5章工程量清单分别编印了两种格式,招标人可选择使用,但应注意与"投标人须知""通用合同条款""专用合同条款""技术标准和要求(合同技术条款)""图纸(招标图纸)"相衔接。

第6章图纸(招标图纸)提出了图纸有关要求,招标人应根据招标项目具体特点和实际需要,参考本章要求编制,但应注意与"投标人须知""通用合同条款""专用合同条款""技术标准和要求(合同技术条款)"相衔接。

第7章技术标准和要求(合同技术条款)供参考,招标人可根据招标项目具体特点和实际需要进行修改和补充,但应注意与"通用合同条款""专用合同条款""工程量清单"相衔接。"技术标准和要求(合同技术条款)"应符合国家强制性标准,不得要求或标明某一特定的专利、商标、名称、设计、原产地或生产供应者,不得含有倾向或者排斥投标人的其他内容。如果必须引用某一生产供应者的技术标准才能准确或清楚地说明拟招标项目的技术标准时,则应当采用"参照或相当于×××技术标准"字样。"技术标准和要求(合同技术条款)"有关竣工验收(验收)以及质量评定与第4章"合同条款及格式"相关条款不一致时,以第4章"合同条款及格式"中采用的有关条款为准。

第8章投标文件格式供招标人参考使用。

二、合同文件构成

根据《中华人民共和国标准施工招标文件》,第四章第三节合同协议书的格式,合同文件包括9部分:①合同协议书;②中标通知书;③投标函及投标函附录;④专用合同条款;⑤通用合同条款;⑥技术标准和要求(合同技术条款);⑦图纸;⑧已标价工程量清单;⑨其他合同文件。

这9部分构成了整个合同文件,并且按照顺序具备优先级,在前面的比后面的优先解释级别高。下面对合同文件每一部分做详细解释。

(一)合同协议书

承包人按中标通知书规定的时间与发包人签订合同协议书。除法律另有规定或合同另有约定外,发包人和承包人的法定代表人或其委托代理人在合同协议书上签字并盖单位章后,合同生效。

(二)中标通知书

中标通知书指发包人正式向中标人授标的通知书。中标人确定后,发包人应发中标通知书给中标人,表明发包人已接受其投标并通知该中标人在规定的期限内派代表前来签订合同。若在签订合同前尚有遗留问题需要洽谈,可在发中标通知书前先发中标意向书,邀请对方就遗留问题进行合同谈判。一般来说,意向书仅表达发包人接受投标的意愿,但尚有一些问题需进一步洽谈,并不说明该投标人已中标。

(三)投标函及投标函附录

投标函指构成合同文件组成部分的由承包人填写并签署的投标函。投标函附录指附在投标函后构成合同文件的投标函附录。

(四)专用合同条款

专用合同条款是补充和修改通用合同条款中条款号相同的条款或当需要时增加的条款。通用合同条款与专用合同条款应对照阅读,一旦出现矛盾或不一致,则以专用合同条款为准,通用合同条款中未补充和修改的部分仍有效。

(五)通用合同条款

通用合同条款的编制依据是《中华人民共和国合同法》和《中华人民共和国标准施工招标文件》,其编制体系参照了国际通用的 FIDIC 施工合同条件,吸收了现行水利水电工程建设项目中有关质量、安全、进度、变更、索赔、计量支付、风险管理等方面的规定。

(六)技术标准和要求(合同技术条款)

列入施工合同的技术条款是构成施工合同的重要组成部分,专用合同条款和通用合同条款主要是划清发包人和承包人双方在合同中各自的责任、权利和义务,而技术条款则是双方责任、权利和义务在工程施工中的具体工作内容,也是合同责任、权利和义务在工程安全和施工质量管理等实物操作领域的具体延伸。技术条款是发包人委托监理人进行合同管理的实物标准,也是发包人和监理人在工程施工过程中实施进度、质量和费用控制的操作程序和方法。

技术条款是投标人进行投标报价和发包人进行合同支付的实物依据。投标人应按合同进度要求和技术条款规定的质量标准,根据自身的施工能力和水平,参照行业定额,运用实物法原理编制其企业的施工定额,计算投标价进行投标;中标后,承包人应根据合同约定和技术条款的规定组织工程施工;在施工过程中,发包人和监理人则应根据技术条款规定的质量标准进行检查和验收,并按计量支付条款的约定执行支付。

(七)图纸

图纸指列入合同的招标图纸、投标图纸和发包人按合同约定向承包人提供的施工图纸和其他图纸(包括配套说明和有关资料)。列入合同的招标图纸已成为合同文件的一部分,具有合同效力,主要用于在履行合同中作为衡量变更的依据,但不能直接用于施工。经发包人确认进入合同的投标图纸亦成为合同文件的一部分,用于在履行合同中检验承包人是否按其投标时承诺的条件进行施工的依据,亦不能直接用于施工。

(八)已标价工程量清单

已标价工程量清单指构成合同文件组成部分的由承包人按照规定的格式和要求填写并标明价格的工程量清单。

任务三 合同参建各方的权利和义务

一、合同条款的组成

根据《水利水电工程标准施工招标文件》(2009 年版),合同条款分为通用合同条款和专用合同条款两部分,通用合同条款的内容按我国各建设行业工程合同管理中的共性规则制定;专用合同条款则根据各行业的管理要求和具体工程的特点,由各行业在其施工招标文件范本中自行制定。

通用合同条款全文共 24 条 130 款,分为以下八组:

第一组第 1 条一般约定中第 1.1 款"词语定义"是为准确理解本合同条款,对合同中使用的主要用语和常用语予以专门定义;第 1.2 ~ 1.12 款为有关合同文件的通用性解释和一般性说明。

第二组第 2~4 条为合同条款编制框架需要表述的第一层次条款内容,其目的是列出合同双方总体的合同责任及其相应的权利和义务。

第三组第 5~9 条列出双方投入施工资源的责任及其具体操作内容。

第四组第 10~12 条列出双方对工程进度控制的责任及其具体操作内容。

第五组第 13 与 14 条列出双方对工程质量控制的责任及其具体操作内容。

第六组第 15~17 条列出双方对工程投资控制的责任及其具体操作内容。

第七组第 18 和 19 条列出双方对工程竣工验收、缺陷修复、保修责任及其具体操作内容。

第三~七组为合同条款编制框架需要表述的第二层次条款内容,列出合同双方在工程建设过程中为完成合同约定的实物目标,需要各自履行的具体工作责任及相应的权利和义务。

第八组第 20~24 条是为保障上述第二层次条款的实物操作内容得以公正、公平地顺利执行,保障工程的圆满完成。这一组条款应与国家的合同法及相关的法律法规衔接好,以充分体现本合同执法的公正性。

二、发包人的义务和责任界定

《水利水电工程标准施工招标文件》(2009 年版)将发包人的义务和责任进行了合理划分。合同约定的发包人义务和责任反映了合同管理的主要方面。除合同约定外,发包人还须根据有关规定承担法定的义务和责任。

(一)发包人的义务和责任

(1)遵守法律。

(2)发出开工通知。

(3)提供施工场地。

（4）协助承包人办理证件和批件。

（5）组织设计交底。

（6）支付合同价款。

（7）组织法人验收。

（8）专用合同条款约定的其他义务和责任。

（二）发包人在履行义务和责任时应注意事项

（1）发包人在履行合同过程中应遵守法律，并保证承包人免于承担因发包人违反法律而引起的任何责任。

（2）发包人应及时向承包人发出开工通知，若延误发出开工通知，将可能使承包人失去开工的最佳时机，影响工程工期，并可能形成索赔。开工通知的具体要求如下：

①监理人应在开工日期7 d前向承包人发出开工通知。监理人在发出开工通知前应获得发包人同意。

②工期自监理人发出的开工通知中载明的开工日期起计算。

③承包人应在开工日期后尽快施工。承包人在接到开工通知后14 d内未按进度计划要求及时进场组织施工，监理人可通知承包人在接到通知后7 d内提交一份说明其进场延误的书面报告，报送监理人。书面报告应说明不能及时进场的原因和补救措施，由此增加的费用和工期延误责任由承包人承担。

（3）提供施工场地是发包人的义务和责任，特殊条件下，临时征地可由承包人负责实施，但责任仍旧是发包人的。施工场地包括永久占地和临时占地。发包人提供施工场地的要求如下：

①发包人应在合同双方签订合同协议书后的14 d内，将本合同工程的施工场地范围图提交给承包人。发包人提供的施工场地范围图应标明场地范围内永久占地与临时占地的范围和界限，以及指明提供给承包人用于施工场地布置的范围和界限及其有关资料。

②发包人提供的施工用地范围在专用合同条款中约定。

③除专用合同条款另有约定外，发包人应按技术标准和要求（合同技术条款）的约定，向承包人提供施工场地内的工程地质图纸和报告，以及地下障碍物图纸等施工场地有关资料，并保证资料的真实、准确、完整。

（4）发包人应协助承包人办理法律规定的有关施工证件和批件。

（5）发包人应根据合同进度计划，组织设计单位向承包人进行设计交底。

（6）发包人应按合同约定向承包人及时支付合同价款，包括按合同约定支付工程预付款和进度付款，工程通过完工验收后支付完工付款，保修期期满后及时支付最终结清款。

（7）发包人应按合同约定及时组织法人验收。发包人在验收方面的义务即承担法人验收职责。法人验收包括分部工程验收、单位工程验收、中间机组启动验收和合同工程完工验收。水利水电工程竣工验收是政府验收范畴，由政府负责。验收的具体要求根据《水利水电建设工程验收规程》（SL 223—2008）在合同验收条款中约定。

三、承包人的义务和责任界定

《水利水电工程标准施工招标文件》(2009年版)将承包人的义务和责任进行了合理划分。合同约定的承包人义务和责任反映了合同管理的主要方面。除合同约定外,承包人还须根据有关规定承担法定的义务和责任。

(一)承包人的义务和责任

(1)遵守法律。

(2)依法纳税。

(3)完成各项承包工作。

(4)对施工作业和施工方法的完备性负责。

(5)保证工程施工和人员的安全。

(6)负责施工场地及其周边环境与生态的保护工作。

(7)避免施工对公众与他人的利益造成损害。

(8)为他人提供方便。

(9)工程的维护和照管。

(10)专用合同条款约定的其他义务和责任。

(二)承包人在履行义务和责任时应注意事项

(1)承包人在履行合同过程中应遵守法律,并保证发包人免于承担因承包人违反法律而引起的任何责任。

(2)承包人应按有关法律规定纳税,应缴纳的税金包括在合同价格内。承包人应纳税包括增值税、城建税、教育费附加、企业所得税等。

(3)承包人应按合同约定及监理人指示,实施、完成全部工程,并修补工程中的任何缺陷。除合同条款另有约定外,承包人应提供为完成合同工作所需的劳务、材料、施工设备、工程设备和其他物品,并按合同约定负责临时设施的设计、建造、运行、维护、管理和拆除。

(4)承包人应按合同约定的工作内容和施工进度要求,编制施工组织设计和施工措施计划,并对所有施工作业和施工方法的完备性和安全可靠性负责。

(5)承包人应采取施工安全措施,确保工程及其人员、材料、设备和设施的安全,防止因工程施工造成的人身伤害和财产损失。承包人必须按国家法律法规、技术标准和要求,通过详细编制并实施经批准的施工组织设计和措施计划,确保建设工程能满足合同约定的质量标准和国家安全法规的要求。承包人安全生产方面的职责和义务参见《水利工程建设安全生产管理规定》。

(6)承包人在进行合同约定的各项工作时,不得侵害发包人与他人使用公用道路、水源、市政管网等公共设施的权利,避免对邻近的公共设施产生干扰。承包人占用或使用他人的施工场地,影响他人作业或生活的,应承担相应责任。

(7)承包人应按监理人的指示为他人在施工场地或附近实施与工程有关的其他各项工作提供可能的条件。除合同另有约定外,提供有关条件的内容和可能发生的费用,由监理人商定或确定。

（8）除合同另有约定外，合同工程完工证书颁发前，承包人应负责照管和维护工程。合同工程完工证书颁发时尚有部分未完工程的，承包人还应负责该未完工程的照管和维护工作，直至完工后移交给发包人为止。

任务四　工程量计量与支付规则

一、一般规定

根据《水利水电工程标准施工招标文件》（2009 年版）第七章技术标准和要求，技术条款是发包人进行合同支付的实物依据。在施工过程中，发包人和监理人则应根据技术条款规定的质量标准进行检查和验收，并按计量和支付条款的约定支付。

标准以土石方明挖和洞挖、土石方填筑、混凝土生产和施工、河道疏浚、基础处理和防渗、屋面和地面建筑工程、钢结构建筑物的制作和安装、金属结构和机电设备安装、建筑物安全监测等为对象进行计量和支付规定。

二、计量与支付规则

技术标准和要求中给出了非常详细的计量与支付规则，具体要求如下。

（一）土方开挖工程

（1）场地平整按施工图纸所示场地平整区域计算的有效面积以平方米为单位计量，由发包人按工程量清单相应项目有效工程量的每平方米工程单价支付。

（2）一般土方开挖、淤泥流砂开挖、沟槽开挖和柱坑开挖按施工图纸所示开挖轮廓尺寸计算的有效自然方体积以立方米为单位计量，由发包人按工程量清单相应项目有效工程量的每立方米工程单价支付。

（3）塌方清理按施工图纸所示开挖轮廓尺寸计算的有效塌方堆方体积以立方米为单位计量，由发包人按工程量清单相应项目有效工程量的每立方米工程单价支付。

（4）承包人完成"植被清理"工作所需的费用，包含在工程量清单相应土方明挖项目有效工程量的每立方米工程单价中，发包人不另行支付。

（5）土方明挖工程单价包括承包人按合同要求完成场地清理，测量放样，临时性排水措施（包括排水设备的安拆、运行和维修），土方开挖、装卸和运输，边坡整治和稳定观测，基础、边坡面的检查和验收，以及将开挖可利用或废弃的土方运至监理人指定的堆放区并加以保护、处理等工作所需的费用。

（6）土方明挖开始前，承包人应根据监理人指示，测量开挖区的地形和计量剖面，经监理人检查确认后，作为计量支付的原始资料。土方明挖按施工图纸所示的轮廓尺寸计算有效自然方体积以立方米为单位计量，由发包人按工程量清单相应项目有效工程量的每立方米工程单价支付。施工过程中增加的超挖量和施工附加量所需的费用，应包含在工程量清单相应项目有效工程量的每立方米工程单价中，发包人不另行支付。

(7)除合同另有约定外,开采土料或砂砾料(包括取土、含水率调整、弃土处理、土料运输和堆放等工作)所需的费用,包含在工程量清单相应项目有效工程量的工程单价或总价中,发包人不另行支付。

(8)除合同另有约定外,承包人在料场开采结束后完成开采区清理、恢复和绿化等工作所需的费用,包含在工程量清单"环境保护和水土保持"相应项目的工程单价或总价中,发包人不另行支付。

(二)石方开挖工程

(1)石方明挖和石方槽挖按施工图纸所示轮廓尺寸计算的有效自然方体积以立方米为单位计量,由发包人按工程量清单相应项目有效工程量的每立方米工程单价支付。施工过程中增加的超挖量和施工附加量所需的费用,应包含在工程量清单相应项目有效工程量的每立方米工程单价中,发包人不另行支付。

(2)直接利用开挖料作为混凝土骨料或填筑料的原料时,原料进入骨料加工系统进料仓或填筑工作面以前的开挖运输费用,不计入混凝土骨料的原料或填筑料的开采运输费用中。

(3)承包人按合同要求完成基础清理工作所需的费用,包含在工程量清单相应开挖项目有效工程量的每立方米工程单价中,发包人不另行支付。

(4)石方明挖过程中的临时性排水措施(包括排水设备的安拆、运行和维修)所需费用,包含在工程量清单相应石方明挖项目有效工程量的每立方米工程单价中。

(5)除合同另有约定外,当骨料或填筑料原料由石料场开采时,原料开采所发生的费用和开采过程中弃料和废料的运输、堆放和处理所发生的费用,均包含在每吨(或立方米)材料单价中,发包人不另行支付。

(6)除合同另有约定外,承包人对石料场进行查勘、取样试验、地质测绘、大型爆破试验及工程完建后的料场整治和清理等工作所需费用,应包含在每吨(或立方米)材料单价或工程量清单相应项目工程单价或总价中,发包人不另行支付。

(三)地基处理工程

1.振冲地基

(1)振冲加密或振冲置换成桩按施工图纸所示尺寸计算的有效长度以米为单位计量,由发包人按工程量清单相应项目有效工程量的每米工程单价支付。

(2)除合同另有约定外,承包人按合同要求完成振冲试验、振冲桩体密实度和承载力检验等工作所需的费用,包含在工程量清单相应项目有效工程量的每米工程单价中,发包人不另行支付。

2.混凝土灌注桩基础

(1)钻孔灌注桩或者沉管灌注桩按施工图纸所示尺寸计算的桩体有效体积以立方米为单位计量,由发包人按工程量清单相应项目有效工程量的每立方米工程单价支付。

(2)除合同另有约定外,承包人按合同要求完成灌注桩成孔成桩试验、成桩承载力检验、校验施工参数和工艺、埋设孔口装置、造孔、清孔、护壁,以及混凝土拌和、运输和灌注等工作所需的费用,包含在工程量清单相应灌注桩项目有效工程量的每立方米工程单价中,发包人不另行支付。

(3)灌注桩的钢筋按施工图纸所示钢筋强度等级、直径和长度计算的有效重量以吨为单位计量,由发包人按工程量清单相应项目有效工程量的每吨工程单价支付。

（四）土方填筑工程

(1)坝(堤)体填筑按施工图纸所示尺寸计算的有效压实方体积以立方米为单位计量,由发包人按工程量清单相应项目有效工程量的每立方米工程单价支付。

(2)坝(堤)体全部完成后,最终结算的工程量应是经过施工期间压实并经自然沉陷后按施工图纸所示尺寸计算的有效压实方体积。若分次支付的累计工程量超出最终结算的工程量,发包人应扣除超出部分工程量。

(3)黏土心墙、接触黏土、混凝土防渗墙顶部附近的高塑性黏土、上游铺盖区的土料、反滤料、过渡料和垫层料均按施工图纸所示尺寸计算的有效压实方体积以立方米为单位计量,由发包人按工程量清单相应项目有效工程量的每立方米工程单价支付。

(4)坝体上、下游面块石护坡按施工图纸所示尺寸计算的有效体积以立方米为单位计量,由发包人按工程量清单相应项目有效工程量的每立方米工程单价支付。

(5)除合同另有约定外,承包人对料场(土料场、石料场和存料场)进行复核、复勘、取样试验、地质测绘及工程完建后的料场整治和清理等工作所需的费用,包含在每立方米(吨)材料单价或工程量清单相应项目工程单价或总价中,发包人不另行支付。

(6)坝体填筑的现场碾压试验费用,由发包人按工程量清单相应项目的总价支付。

（五）混凝土工程

1.模板

(1)除合同另有约定外,现浇混凝土的模板费用,包含在工程量清单相应混凝土或钢筋混凝土项目有效工程量的每立方米工程单价中,发包人不另行计量和支付。

(2)混凝土预制构件模板所需费用,包含在工程量清单相应预制混凝土构件项目有效工程量的工程单价中,发包人不另行支付。

2.钢筋

按施工图纸所示钢筋强度等级、直径和长度计算的有效重量以吨为单位计量,由发包人按工程量清单相应项目有效工程量的每吨工程单价支付。施工架立筋、搭接、套筒连接、加工及安装过程中操作损耗等所需费用,均包含在工程量清单相应项目有效工程量的每吨工程单价中,发包人不另行支付。

3.普通混凝土

(1)普通混凝土按施工图纸所示尺寸计算的有效体积以立方米为单位计量,由发包人按工程量清单相应项目有效工程量的每立方米工程单价支付。

(2)混凝土有效工程量不扣除设计单体体积小于 $0.1 m^3$ 的圆角或斜角,单体占用的空间体积小于 $0.1 m^3$ 的钢筋和金属件,单体横截面面积小于 $0.1 m^2$ 的孔洞、排水管、预埋管和凹槽等所占的体积,按设计要求对上述孔洞回填的混凝土也不予计量。

(3)不可预见地质原因超挖引起的超填工程量所发生的费用,由发包人按工程量清单相应项目或变更项目的每立方米工程单价支付。此外,同一承包人由于其他原因超挖引起的超填工程量和由此增加的其他工作所需的费用,均应包含在工程量清单相应项目有效工程量的每立方米工程单价中,发包人不另行支付。

(4)混凝土在冲(凿)毛、拌和、运输和浇筑过程中的操作损耗,以及为临时性施工措施增加的附加混凝土量所需的费用,应包含在工程量清单相应项目有效工程量的每立方米工程单价中,发包人不另行支付。

(5)施工过程中,承包人按合同技术条款规定进行的各项混凝土试验所需的费用(不包括以总价形式支付的混凝土配合比试验费),均包含在工程量清单相应项目有效工程量的每立方米工程单价中,发包人不另行支付。

(6)止水、止浆、伸缩缝等按施工图纸所示各种材料数量以米(或平方米)为单位计量,由发包人按工程量清单相应项目有效工程量的每米(或平方米)工程单价支付。

(7)混凝土温度控制措施费(包括冷却水管埋设及通水冷却费用、混凝土收缩缝和冷却水管的灌浆费用,以及混凝土坝体的保温费用)包含在工程量清单相应混凝土项目有效工程量的每立方米工程单价中,发包人不另行支付。

(六)砌体工程

(1)浆砌石、干砌石、混凝土预制块和砖砌体按施工图纸所示尺寸计算的有效砌筑体积以立方米为单位计量,由发包人按工程量清单相应项目有效工程量的每立方米工程单价支付。

(2)砌筑工程的砂浆、拉结筋、垫层、排水管、止水设施、伸缩缝、沉降缝及埋设件等费用,包含在工程量清单相应砌筑项目有效工程量的每立方米工程单价中,发包人不另行支付。

(3)承包人按合同要求完成砌体建筑物的基础清理和施工排水等工作所需的费用,包含在工程量清单相应砌筑项目有效工程量的每立方米工程单价中,发包人不另行支付。

(七)疏浚工程

(1)疏浚工程按施工图纸所示轮廓尺寸计算的水下有效自然方体积以立方米为单位计量,由发包人按工程量清单相应项目有效工程量的每立方米工程单价支付。

(2)疏浚工程施工过程中疏浚设计断面以外增加的超挖量、施工期自然回淤量、开工展布与收工集合、避险与防干扰措施、排泥管安拆移动及使用辅助船只等所需的费用,包含在工程量清单相应项目有效工程量的每立方米工程单价中,发包人不另行支付。疏浚工程的辅助措施(如浚前扫床和障碍物的清除、排泥区围堰、隔埂、退水口及排水渠等项目)另行计量支付。

(3)吹填工程按施工图纸所示尺寸计算的有效吹填体积(扣除吹填区围堰、隔埂等的体积)以立方米为单位计量,由发包人按工程量清单相应项目有效工程量的每立方米工程单价支付。

(4)吹填工程施工过程中吹填土体的沉陷量、原地基因上部吹填荷载而产生的沉降量和泥沙流失量、对吹填区平整度要求较高的工程配备的陆上土方机械等所需费用,包含在工程量清单相应项目有效工程量的每立方米工程单价中,发包人不另行支付。吹填工程的辅助措施(如浚前扫床和障碍物的清除、排泥区围堰、隔埂、退水口及排水渠等项目)另行计量支付。

(5)利用疏浚排泥进行吹填的工程,疏浚和吹填的计量和支付分界根据合同相关条款的具体约定执行。

任务五　工程款支付

工程款支付包括工程进度款、预付款与预付款返还、保留金扣留与保留金返还、计日工、变更款、索赔款和价差。在某阶段付款时,可根据实际发生的工程施工事件采用以下公式计算:

$$申请月工程款 = 工程进度款 + 预付款 - 预付款返还 - 保留金扣留 +$$
$$保留金返还 + 计日工 + 变更 + 索赔 + \Delta P(价差)$$

一、预付款

(一)预付款的定义和分类

预付款用于承包人为合同工程施工购置材料、工程设备、施工设备、修建临时设施及组织施工队伍进场等,分为工程预付款和工程材料预付款。预付款必须专用于合同工程。

(二)工程预付款的额度和预付办法

一般工程预付款为签约合同价的 10%,分两次支付,招标项目包含大宗设备采购的可适当提高但不宜超过 20%。

(三)工程预付款保函

(1)承包人在第一次收到工程预付款的同时需提交等额的工程预付款保函(担保)。

(2)第二次工程预付款保函可用承包人进入工地的主要设备(其估算价值已达到第二次预付款金额)代替。

(3)当履约担保的保证金额度大于工程预付款额度,发包人分析认为可以确保履约安全的情况下,承包人可与发包人协商不提交工程预付款保函,但应在履约保函中写明其兼具预付款保函的功能。此时,工程预付款的扣款办法不变,但不能递减履约保函金额。

(4)工程预付款担保的担保金额可根据工程预付款扣回的金额相应递减。

(四)工程预付款的扣回与还清公式

计算公式如下:

$$R = \frac{A}{(F_2 - F_1)S}(C - F_1 S)$$

式中　R——累计扣回工程预付款金额;

A——工程预付款总金额;

S——签约合同价;

C——合同累计完成金额;

F_1——开始扣款时合同累计完成金额达到签约合同价的比例,一般取 20%;

F_2——全部扣清时合同累计完成金额达到签约合同价的比例,一般取 80%~90%。

上述合同累计完成金额均指价格调整前未扣质量保证金的金额。

二、工程进度付款

(一)进度付款申请单内容

(1)截至本次付款周期末已实施工程的价款。

(2)变更金额。

(3)索赔金额。

(4)应支付的预付款和扣减的返还预付款。

(5)应扣减的质量保证金。

(6)根据合同应增加和扣减的其他金额。

(二)进度付款证书和支付时间

(1)监理人在收到承包人进度付款申请单及相应的支持性证明文件后的 14 d 内完成核查,经发包人审查同意后,出具经发包人签认的进度付款证书。

(2)发包人应在监理人收到进度付款申请单后的 28 d 内,将进度应付款支付给承包人。发包人不按期支付的,按专用合同条款的约定支付逾期付款违约金。

(3)监理人出具进度付款证书,不应视为监理人已同意、批准或接受了承包人完成的该部分工作。

(4)进度付款涉及政府投资资金的,按照国库集中支付等国家相关规定和专用合同条款的约定办理。

三、质量保证金

(一)扣留

发包人应按照合同约定方式预留保证金,保证金总预留比例不得高于工程价款结算总额的 3%。合同约定由承包人以银行保函替代预留保证金的,保函金额不得高于工程价款结算总额的 3%。

(二)退还

(1)发包人在接到承包人返还保证金申请后,应于 14 d 内会同承包人按照合同约定的内容进行核实。如无异议,发包人应当按照约定将保证金返还给承包人。对返还期限没有约定或者约定不明确的,发包人应当在核实后 14 d 内将保证金返还承包人,逾期未返还的,依法承担违约责任。发包人在接到承包人返还保证金申请后 14 d 内不予答复,经催告后 14 d 内仍不予答复,视同认可承包人的返还保证金申请。

(2)发包人和承包人对保证金预留、返还及工程维修质量、费用有争议的,按承包合同约定的争议和纠纷解决程序处理。

四、价格调整

人工、材料和设备等价格波动影响合同价格时,按下面调值公式进行调整:

$$\Delta P = P_0 \left[A + \left(B_1 \times \frac{F_{t1}}{F_{01}} + B_2 \times \frac{F_{t2}}{F_{02}} + B_3 \times \frac{F_{t3}}{F_{03}} + \cdots + B_n \times \frac{F_{tn}}{F_{0n}} \right) - 1 \right]$$

式中　ΔP——需调整的价格差额；

P_0——付款证书中承包人应得到的已完成工程量的金额,此项金额应不包括价格
　　调整、不计质量保证金的扣留和支付、预付款的支付和扣回,变更及其他金
　　额已按现行价格计价的,也不计在内；

A——定值权重(不调部分的权重)；

$B_1, B_2, B_3, \cdots, B_n$——各可调因子的变值权重(可调部分的权重),为各可调因子
　　在投标函投标总报价中所占的比例；

$F_{t1}, F_{t2}, F_{t3}, \cdots, F_{tn}$——各可调因子的现行价格指数,指付款证书相关周期最后一
　　天的前 42 d 的各可调因子的价格指数；

$F_{01}, F_{02}, F_{03}, \cdots, F_{0n}$——各可调因子的基本价格指数,指基准日期的各可调因子的
　　价格指数。

【拓展训练】　熟读《中华人民共和国标准施工招标文件》第一卷第四章通用合同条款内容,试利用思维导图工具制作该部分内容的思维导图。

解答:(1)准备工具。选择适合你的思维导图工具,如纸质思维导图、电子思维导图软件等。

(2)核心主题。在中心节点写下"通用合同条款学习笔记"或类似的核心主题。

(3)分支知识点。从核心主题开始,根据通用合同条款的不同章节或内容,创建分支节点。例如,分支节点可以包括"合同相关人""材料、机械""现场环境"等。

(4)子分支知识点。对每个分支节点进一步展开,添加子分支节点。例如,在"合同相关人"下,可以有子分支节点"发包人的责任与义务""承包人的责任与义务""监理人权利"等,如图 5-2 所示。

(5)细化详细内容。在每个子分支节点下,添加详细内容、要点或关键词。这些内容可以是相关概念、条款条文、案例分析等。确保按照逻辑顺序和层次结构组织。

(6)使用图标、颜色和线条。使用图标、颜色和线条来增强思维导图的可视化效果。可以为不同类型的内容添加特定的图标,使用不同的颜色或线条连接相关节点。

(7)进行总结与复习。完成思维导图后,花时间回顾整个导图,并进行总结和复习。检查是否有遗漏的知识点,并适时加以补充。

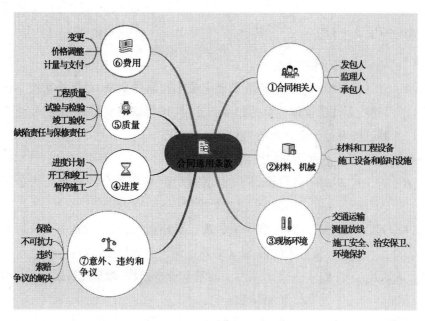

图 5-2　通用合同条款思维导图

项目六

职业健康安全与环境管理

水利工程项目管理

主要内容

- ✿ 安全管理的基本内容
  - ✿ 安全管理体系的建立
    - ✿ 水利工程建设安全事故应急救援
- ✿ 文明施工与环境管理
  - ✿ 安全生产标准化建设

【知识目标】

　　掌握安全管理的基本原理;了解安全管理的相关制度;掌握水利工程建设安全事故应急救援;了解水利工程建设文明施工与环境管理;掌握水利工程施工安全标准化建设。

【技能目标】

　　能够编制水利工程施工现场安全生产管理制度;能够编制水利工程施工安全事故应急救援预案;能够组织水利工程施工文明施工工地的创建;能够按照水利工程施工安全标准化要求开展安全标准化建设。

【素质目标】

　　安全、环保、进度、成本等多目标协调管理能力;团队分工、任务间相互检查、成果汇总、交叉处理的团队合作能力;工程建设过程安全及环保风险的预判、分析及对策制定的风险识别及控制能力。

【导入案例】

　　1980年以前,由于种种原因,不少企业单位长期以来安全生产情况较差,伤亡事故多发,职业病严重。政府相关部门痛下决心,花大力气,采取有力措施,力争解决劳动保护工作中的问题,扭转伤亡事故和职业病严重的状况。

　　经国务院批准,由国家经委、国家建委、国防工办、国务院财贸小组、国家农委、公安部、卫生部、国家劳动总局、全国总工会和中央广播事业局等十个部门共同作出决定,于1980年5月在全国开展"安全生产月",并确定今后每年6月都开展"安全生产月",使之经常化、制度化。

　　但是,1985年4月26日,全国安全生产委员会发出《关于开展安全活动的通知》。通知指出,今后不再搞"全国安全月"了,但各地区、各部门必须针对实际情况认真组织安全生产活动。从1991年开始,全国安全生产委员会开始在全国组织开展"安全生产周"。

　　从2002年开始,我国将"安全生产周"改为"安全生产月",主要是考虑到往年的"安全生产周",除双休日外,只有5 d时间,很难安排覆盖全国的、有影响的一些重大宣传活动(2001年举行了安康杯竞赛和青年安全生产示范岗等活动),通过"安全生产月",大力营造全社会关注安全、关注生命的氛围,进一步增强对安全生产、安全生活重要性的认识,推动各级安全生产责任制的落实,巩固和发展历年安全生产整治的成果,最大限度地消除身边事故隐患,遏制重、特大事故的发生,促进安全形势的稳定好转,因此经过各部门慎重考虑,将"安全生产周"改为"安全生产月"。

　　2023年6月是第22个全国"安全生产月",主题为"人人讲安全、个个会应急"。

任务一　安全管理的基本内容

　　施工安全管理的目的是最大限度地保护生产者的人身安全,控制影响工作环境内所有员工(包括临时工作人员、合同方人员、访问者和其他有关人员)安全的条件和因素,避免因使用不当对使用者造成安全危急,防止安全事故的发生。安全规划、事故隐患、危险源、安全检查等是安全管理的基本内容。

一、安全规划

安全规划是为了使控制、预防危险及减少损失的系统起作用并保证其有效性，所制定的管理和措施方面的计划。

安全规划有秩序地安排互相依存的活动与有关的措施，以提高工作与工艺过程的安全性能及控制其中潜在的危险。

安全规划包括如下内容：①确定实现安全目标的措施；②提供为完成安全管理工作所需要的手段；③制定、采用安全设计与性能标准、规程、条例等；④建立鉴别故障、事故而收集和分析数据的程序；⑤确定和执行具体的防范措施；⑥执行具体的安全规章和标准，训练使用与维护所有安全保障系统；⑦根据规定的安全目标，衡量、评价安全规划与防范措施的效果；⑧促使管理部门发挥作用并保持其作用等。

二、事故隐患

事故隐患是指作业场所、设备及设施的不安全状态，人的不安全行为和管理上的缺陷，是引发安全事故的直接原因。重大事故隐患是指可能导致重大人身伤亡或者重大经济损失的事故隐患。加强对重大事故隐患的控制管理，对于预防特大安全事故有重要的意义。

事故隐患是客观存在的，存在于企业的生产全过程，而且对职工的人身安全、国家的财产安全和企业的生存、发展都直接构成威胁。正确认识隐患的特征，对熟悉和掌握隐患产生的原因，及时研究并落实防范对策是十分重要的。

（一）事故隐患的特点

安全工作中出现的事故隐患，通常是指在生产、经营过程中有可能造成人身伤亡或者经济损失的不安全因素，它包含人的不安全因素、物的不安全状态和管理上的缺陷。事故隐患主要的有以下十个方面。

1. 隐蔽性

隐患是潜藏的祸患，它具有隐蔽、藏匿、潜伏的特点，是不可明见的灾祸，是埋藏在生产过程中的隐形"炸弹"。它在一定的时间、一定的范围、一定的条件下，显现出好似静止、不变的状态，往往使人一时看不清楚、意识不到、感觉不出它的存在。正由于"祸患常积于疏忽"，才使隐患逐步形成，发展成事故。在企业生产过程中，常常遇到认为不该发生事故的区域、地点、设备、工具，却发生了事故。这都与当事者不能正确认识隐患的隐蔽、藏匿、潜伏特点有关。事故带来的鲜血告诫我们：隐患就是隐患，如果隐患不及时认识和发现，迟早要演变成事故。

2. 危险性

俗话说："蝼蚁之穴，可以溃堤千里"，在安全工作中小小的隐患往往引发巨大的灾害。无数血与泪的历史教训都反复证明了这一点。1987 年 5 月 6 日，大兴安岭特大森林火灾，就因为一个烟头烧了一个月，死亡 211 人，经济损失数亿元；1994 年 12 月 8 日，克拉玛依友谊宾馆惨烈的大火，就因为舞台纱幕后 7 号光柱灯离纱幕 23 cm，灯柱温度过高，引发火灾，无情地吞噬了 325 人的生命，其中有 287 人是 8～14 岁的儿童；1995 年 9 月 24 日，首钢炼铁厂，由于二位"行家里手"，一位粗心大意，一位擅离岗位，几分钟内酿成 6 号过滤池检修人员 2 死 6 伤的悲剧……以上事实说明，在安全上哪怕一个烟头、一盏灯、一颗螺钉、一个小小的疏忽，都有可能发生危险。

3. 突发性

任何事都存在从量变到质变，渐变到突变的过程，隐患也不例外。集小变而为大变，集小患而为大患是一条基本规律，所谓"小的闹、大的到"，就是这个道理。如在某些企业生产中，常常要与易燃易爆物质打交道，有些原辅燃材料本身的燃点、闪点很低，爆炸极限范围很宽，稍不留意，随时都有可能造成事故的突然发生。

4. 因果性

某些事故的突然发生是会有先兆的，正如"燕子低飞鸡晚归，蚂蚁搬家蛇过道"是雷雨到达的先兆一样，隐患是事故发生的先兆，而事故则是隐患存在和发展的必然结果。俗话说："有因必有果，有果必有因"，在企业组织生产的过程中，每个人的言行都会对企业安全管理工作产生不同的效果，特别是企业领导对待事故隐患所持的态度不同，往往会导致安全生产的结果截然不同，所谓"严是爱，宽是害，不管不问遭祸害"，就是这种因果关系的体现。

5. 连续性

实践中，常常遇到一种隐患掩盖另一种隐患，一种隐患与其他隐患相联系而存在的现象。例如：在产成品运转站，如果装卸搬运机械设备、工具发生隐患故障，就会引起产品堆放超高、安全通道堵塞、作业场地变小，并造成调整难、堆放难、起吊难、转运难等方面的隐患，这种连带的、持续的、发生在生产过程的隐患，对安全生产构成的威胁很大，而使企业出现祸不单行的局面。

6. 重复性

事故隐患治理过一次或若干次后，并不等于隐患从此销声匿迹，永不发生，也不会因为发生一两次事故，就不再重复发生类似隐患和重演历史的悲剧。只要企业的生产方式、生产条件、生产工具、生产环境等因素未改变，同一隐患就会重复发生。甚至在同一区域、同一地点发生与历史惊人相似的隐患、事故，这种重复性也是事故隐患的重要特征之一。

7. 意外性

这里所指的意外性不是天灾人祸，而是指未超出现有安全、卫生标准的要求和规定以外的事故隐患。这些隐患潜伏于人-机系统中，有些隐患超出人们的认识范围，或在短期内很难为劳动者所辨认，但由于它具有很大的巧合性，因而容易导致一些意想不到的事故发生。例如:飞轮外侧装防护罩、内侧未装防护罩而造成人身伤亡事故;2 m以上高度会造成坠落伤亡事故,1.5 m高度有时同样也会发生坠落死亡事故;36 V是安全电压,然而夏季在劳动作业者有汗的情况下,照样会发生触电伤亡事故;劳动者在作业现场易发生伤亡事故,而在职工更衣室内也会被更衣橱柜压死……这些隐患引发的事故,带有很大的偶然性、意外性,往往是我们在日常安全管理中始料不及的。

8. 时效性

尽管隐患具有偶然性、意外性一面,但如果从发现到消除过程中讲求时效,是可以避免隐患演变成事故的;反之,时至而疑,知患而处,不能有效地把握隐患治理在初期,必然会导致严重后果。例如:鞍山市消防部门两年前对鞍山商场进行4次检查,提出6条隐患整改意见,隐患却一直未按期整改,并在1996年3月造成火灾事故,使35个活生生的生命被烈火吞噬。沈阳某机器厂的主厂房两年前定为危房,一拖两拖,结果一面墙突然倒塌,7名工人被夺去宝贵的生命,损失达百万元之多。鞍山商场、沈阳某机器厂主厂房的隐患,从发现隐患到事故发生的两年多时间,就是这两起事故隐患的时效期,它随着火灾、坍塌事故的发生而结束,然而这两起隐患留给人们的教训是极其深刻的,它告诫人们,对隐患治理不讲时效,拖得越久,代价越大。

9. 特殊性

隐患具有普遍性,同时也具有特殊性。由于人、机、料、法、环的本质,安全水平不同,其隐患属性、特征是不尽相同的。在不同的行业、不同的企业、不同的岗位,其表现形式和变化过程,更是千差万别的。即使同一种隐患,在使用相同的设备、相同的工具从事相同性质的作业时,其隐患存在也会有差异。例如,某厂在用的18台行车,所使用的钢丝绳、吊具规格、质量等方面要求基本相同,周期性出现断毛等隐患是其共性,但由于各台行车使用的频率、作业环境、作业内容,包括操作者的技术素质程度的不同,其使用周期、断毛磨损的部位、程度是不同的,其中特别是4号、9号出钢主车由于其钢丝绳有一段被固定在中间定滑轮组的位置上,它的一个端面始终与高温接触,并处于受力点,极易引起脆断。如果在实践中不认识这种隐患存的特殊性,及时采取定期抽出检查,适时移动受力位置等措施,而运用与其他钢丝绳相同的监控管理办法,就很难发现成股脆断,由此所造成的后果必然是非常严重的。

10. 季节性

某些隐患带有明显的季节性和特点,它随着季节的变化而变化。一年四季,夏天由于天气炎热、气温高、雷雨多、食物易腐烂变质等情况的出现,必然会带来人员中暑、食物中毒、洪涝、雷击等事故隐患。使用、维修电器的人员又会因为汗水过多而产生触电等事故隐患;冬季又会由于天寒地冻、风干物燥,而极易产生火灾、冻伤、煤气中毒等事故隐患……充分认识各个季节特点,适时地、有针对性地做好隐患季节性防治工作,对于企业的安全生产也是十分重要的。

（二）事故隐患的处理方式

事故隐患的处理方式包括以下三个方面：

（1）一般性事故隐患。应要求有关区域部门限期排除。

（2）重大事故隐患。应做出暂时局部、全部停产停业或停止使用，并立即上报上级政府主管部门，根据实际情况和具体要求，进行限期整改。

（3）特别重大事故隐患。应立即做出停产停业，立即上报上级政府主管部门，并及时采取人员疏散、加强安全警戒等相应措施，进行彻底整改。

三、危险源

（一）危险源的定义

危险源是指可能导致伤害和健康损害、财产损失或其他损失的来源。危险源包括不安全状态、不安全行为和安全管理的缺陷。不安全状态是使事件能发生的不安全的所有不安全因素。不安全行为是违反安全规则或安全原则，使事件有可能或有机会发生的行为。安全管理的缺陷是管理人员在履行其安全生产管理职能方面的缺陷。

危险源由三个要素构成：潜在危险性、存在条件和触发因素。危险源的潜在危险性是指一旦触发事故，可能带来的危害程度或损失大小，或者说危险源可能释放的能量强度或危险物质量的大小。危险源的存在条件是指危险源所处的物理、化学状态和约束条件状态，例如物质的压力、温度、化学稳定性，盛装压力容器的坚固性，周围环境障碍物等情况。危险源的触发因素虽然不属于危险源的固有属性，但它是危险源转化为事故的外因，而且每一类型的危险源都有相应的敏感触发因素。例如，易燃易爆物质，热能是其敏感的触发因素；又如，压力容器，压力升高是其敏感触发因素。因此，一定的危险源总是与相应的触发因素相关联。在触发因素的作用下，危险源转化为危险状态，继而转化为事故。

（二）危险源的分类

工业生产作业过程的危险源一般分为以下七类：

（1）化学品类。毒害性、易燃易爆性、腐蚀性等危险物品。

（2）辐射类。放射源、射线装置及电磁辐射装置等。

（3）生物类。动物、植物、微生物（传染病病原体类等）等危害个体或群体生存的生物因子。

（4）特种设备类。电梯、起重机械、锅炉、压力容器（含气瓶）、压力管道、客运索道、大型游乐设施、场（厂）内专用机动车。

（5）电气类。高电压或高电流、高速运动、高温作业、高空作业等非常态、静态、稳态装置或作业。

（6）土木工程类。建筑工程、水利工程、矿山工程、铁路工程、公路工程等。

（7）交通运输类。汽车、火车、飞机、轮船等。

(三)危险源的辨识

危险源辨识就是识别危险源并确定其特性的过程。危险源辨识不但包括对危险源的识别,而且必须对其性质加以判断。

危险源辨识方法:国内外已经开发出的危险源辨识方法有几十种之多,如安全检查表、预危险性分析、危险和操作性研究、故障类型和影响性分析、事件树分析、故障树分析、LEC 法、储存量比对法等。

危险源辨识步骤:划分作业活动,辨识危险源。

以建筑行业部分典型活动为例进行说明:

(1)基坑支护与降水工程。基坑支护工程是指开挖深度超过 3 m(含 3 m)的基坑(槽)并采用支护结构施工的工程;或基坑虽未超过 5 m,但地质条件和周围环境复杂、地下水位在坑底以上等的工程。

(2)土方开挖工程。是指开挖深度超过 3 m(含 3 m)的基坑、槽的土方开挖工程。

(3)模板工程。各类工具式模板工程,包括滑模、大模板及特殊结构模板工程等。

(4)起重吊装工程。

(5)脚手架工程。高度超过 24~50 m 的落地式钢管脚手架、悬挑式脚手架、吊篮脚手架、卸料平台等。

(6)拆除、爆破工程。采用人工、机械拆除或爆破拆除的工程。

(7)临时用电工程。

(8)其他危险性较大的工程。建筑幕墙的安装施工;预应力结构张拉施工;特种设备施工;网架和索膜结构施工;6 m 以上的边坡施工;30 m 及以上高空作业;采用新技术、新工艺、新材料,可能影响建设工程质量安全,已经经过行政许可,但尚无技术标准的施工;对工地周边设施和居民安全可能造成影响的分部分项工程;其他专业性强、工艺复杂、危险性大、交叉等易发生重大事故的施工部位及作业活动。

(四)危险源的控制

危险源的控制可从三方面进行,即技术控制、人行为控制和管理控制。

1.技术控制

技术控制,即采用技术措施对固有危险源进行控制,主要技术有消除、控制、防护、隔离、监控、保留和转移等。

2.人行为控制

人行为控制,即控制人为失误,减少人不正确行为对危险源的触发作用。人为失误的主要表现形式有:操作失误,指挥错误,不正确的判断或缺乏判断,粗心大意,厌烦,懒散,疲劳,紧张,疾病或生理缺陷,错误使用防护用品和防护装置等。人行为控制首先是加强教育培训,做到人的安全化;其次应做到操作安全化。

3.管理控制

可采取以下管理措施,对危险源实行控制:

（1）建立健全危险源管理的规章制度。

（2）明确责任、定期检查。

（3）加强危险源的日常管理。

（4）抓好信息反馈，及时整改隐患。

（5）搞好危险源控制管理的基础建设工作。

（6）搞好危险源控制管理的考核评价和奖惩。

四、安全检查

安全检查是对施工项目贯彻安全生产法律法规的情况、安全生产状况、劳动条件、事故隐患等所进行的检查。其主要内容包括查思想、查制度、查机械设备、查安全卫生设施、查安全教育及培训、查生产人员行为、在防护用品施工、查伤亡事故处理等。

五、安全管理措施

为了确保水利工程建设实现零伤亡的目标，水利部出台了《水利工程建设安全生产管理规定》，该规定作为水利工程建设的基本管理措施，为水利工程建设安全提供了重要的安全措施保障。

《水利工程建设安全生产管理规定》，由 2005 年 6 月 22 日水利部令第 26 号发布，根据 2014 年 8 月 19 日《水利部关于废止和修改部分规章的决定》第一次修正，根据 2017 年 12 月 22 日《水利部关于废止和修改部分规章的决定》第二次修正，根据 2019 年 5 月 10 日《水利部关于修改部分规章的决定》第三次修正，以下简称《安全规定》。

为了加强水利工程建设安全生产监督管理，明确安全生产责任，防止和减少安全生产事故，保障人民群众生命和财产安全，根据《中华人民共和国安全生产法》《建设工程安全生产管理条例》等法律、法规，结合水利工程的特点，制定了《安全规定》。

《安全规定》适用于水利工程的新建、扩建、改建、加固和拆除等活动及水利工程建设安全生产的监督管理。这里的水利工程，是指防洪、除涝、灌溉、水力发电、供水、围垦等（包括配套与附属工程）各类水利工程。

水利工程建设安全生产管理，坚持安全第一，预防为主的方针。

发生生产安全事故，必须查清事故原因，查明事故责任，落实整改措施，做好事故处理工作，并依法追究有关人员的责任。

项目法人（或者建设单位，下同）、勘察（测）单位、设计单位、施工单位、建设监理单位及其他与水利工程建设安全生产有关的单位，必须遵守安全生产法律、法规和《安全规定》，保证水利工程建设安全生产，依法承担水利工程建设安全生产责任。

（一）项目法人的安全责任

项目法人在对施工投标单位进行资格审查时，应当对投标单位的主要负责人、项目负责人及专职安全生产管理人员是否经水行政主管部门安全生产考核合格进行审查。有关人员未经考核合格的，不得认定投标单位的投标资格。

项目法人应当向施工单位提供施工现场及施工可能影响的毗邻区域内供水、排水、供电、供气、供热、通信、广播电视等地下管线资料，气象和水文观测资料，拟建工程可能影响的相邻建筑物和构筑物、地下工程的有关资料,并保证有关资料的真实、准确、完整,满足有关技术规范的要求。对可能影响施工报价的资料,应当在招标时提供。

项目法人不得调减或挪用批准概算中所确定的水利工程建设有关安全作业环境及安全施工措施等所需费用。工程承包合同中应当明确安全作业环境及安全施工措施所需费用。

项目法人应当组织编制保证安全生产的措施方案,并自工程开工之日起15个工作日内报有管辖权的水行政主管部门、流域管理机构或者其委托的水利工程建设安全生产监督机构(简称安全生产监督机构)备案。建设过程中安全生产的情况发生变化时,应当及时对保证安全生产的措施方案进行调整,并报原备案机关。

保证安全生产的措施方案应当根据有关法律法规、强制性标准和技术规范的要求并结合工程的具体情况编制,应当包括以下内容:

(1)项目概况;

(2)编制依据;

(3)安全生产管理机构及相关负责人;

(4)安全生产的有关规章制度制定情况;

(5)安全生产管理人员及特种作业人员持证上岗情况等;

(6)生产安全事故的应急救援预案;

(7)工程度汛方案、措施;

(8)其他有关事项。

项目法人在水利工程开工前,应当就落实保证安全生产的措施进行全面系统的布置,明确施工单位的安全生产责任。

项目法人应当将水利工程中的拆除工程和爆破工程发包给具有相应水利水电工程施工资质等级的施工单位。

项目法人应当在拆除工程或者爆破工程施工15日前,将下列资料报送水行政主管部门、流域管理机构或者其委托的安全生产监督机构备案:

(1)拟拆除或拟爆破的工程及可能危及毗邻建筑物的说明;

(2)施工组织方案;

(3)堆放、清除废弃物的措施;

(4)生产安全事故的应急救援预案。

(二)勘察(测)、设计、建设监理及其他有关单位的安全责任

勘察(测)单位应当按照法律、法规和工程建设强制性标准进行勘察(测),提供的勘察(测)文件必须真实、准确,满足水利工程建设安全生产的需要。

勘察(测)单位在勘察(测)作业时,应当严格执行操作规程,采取措施保证各类管线、设施和周边建筑物、构筑物的安全。

勘察(测)单位和有关勘察(测)人员应当对其勘察(测)成果负责。

设计单位应当按照法律、法规和工程建设强制性标准进行设计,并考虑项目周边环境对施工安全的影响,防止因设计不合理导致生产安全事故的发生。

设计单位应当考虑施工安全操作和防护的需要,对涉及施工安全的重点部位和环节在设计文件中注明,并对防范生产安全事故提出指导意见。

采用新结构、新材料、新工艺及特殊结构的水利工程,设计单位应当在设计中提出保障施工作业人员安全和预防生产安全事故的措施建议。

设计单位和有关设计人员应当对其设计成果负责。

设计单位应当参与与设计有关的生产安全事故分析,并承担相应的责任。

建设监理单位和监理人员应当按照法律、法规和工程建设强制性标准实施监理,并对水利工程建设安全生产承担监理责任。

建设监理单位应当审查施工组织设计中的安全技术措施或者专项施工方案是否符合工程建设强制性标准。

建设监理单位在实施监理过程中,发现存在生产安全事故隐患的,应当要求施工单位整改;对情况严重的,应当要求施工单位暂时停止施工,并及时向水行政主管部门、流域管理机构或者其委托的安全生产监督机构及项目法人报告。

为水利工程提供机械设备和配件的单位,应当按照安全施工的要求提供机械设备和配件,配备齐全有效的保险、限位等安全设施和装置,提供有关安全操作的说明,保证其提供的机械设备和配件等产品的质量和安全性能达到国家有关技术标准。

(三) 施工单位的安全责任

施工单位从事水利工程的新建、扩建、改建、加固和拆除等活动,应当具备国家规定的注册资本、专业技术人员、技术装备和安全生产等条件,依法取得相应等级的资质证书,并在其资质等级许可的范围内承揽工程。

施工单位应当依法取得安全生产许可证后,方可从事水利工程施工活动。

施工单位主要负责人依法对本单位的安全生产工作全面负责。施工单位应当建立健全安全生产责任制度和安全生产教育培训制度,制定安全生产规章制度和操作规程,保证本单位建立和完善安全生产条件所需资金的投入,对所承担的水利工程进行定期和专项安全检查,并做好安全检查记录。

施工单位的项目负责人应当由取得相应执业资格的人员担任,对水利工程建设项目的安全施工负责,落实安全生产责任制度、安全生产规章制度和操作规程,确保安全生产费用的有效使用,并根据工程的特点组织制定安全施工措施,消除安全事故隐患,及时、如实报告生产安全事故。

施工单位在工程报价中应当包含工程施工的安全作业环境及安全施工措施所需费用。对列入建设工程概算的上述费用,应当用于施工安全防护用具及设施的采购和更新、安全施工措施的落实、安全生产条件的改善,不得挪作他用。

施工单位应当设立安全生产管理机构,按照国家有关规定配备专职安全生产管理人员。施工现场必须有专职安全生产管理人员。

专职安全生产管理人员负责对安全生产进行现场监督检查。发现生产安全事故隐患,应当及时向项目负责人和安全生产管理机构报告;对违章指挥、违章操作的,应当立即制止。

施工单位在建设有度汛要求的水利工程时,应当根据项目法人编制的工程度汛方案、措施制定相应的度汛方案,报项目法人批准;涉及防汛调度或者影响其他工程、设施度汛安全的,由项目法人报有管辖权的防汛指挥机构批准。

垂直运输机械作业人员、安装拆卸工、爆破作业人员、起重信号工、登高架设作业人员等特种作业人员,必须按照国家有关规定经过专门的安全作业培训,并取得特种作业操作资格证书后,方可上岗作业。

施工单位应当在施工组织设计中编制安全技术措施和施工现场临时用电方案,对下列达到一定规模的危险性较大的工程应当编制专项施工方案,并附具安全验算结果,经施工单位技术负责人签字及总监理工程师核签后实施,由专职安全生产管理人员进行现场监督:

(1)基坑支护与降水工程。

(2)土方和石方开挖工程。

(3)模板工程。

(4)起重吊装工程。

(5)脚手架工程。

(6)拆除、爆破工程。

(7)围堰工程。

(8)其他危险性较大的工程。

对上述所列工程中涉及高边坡、深基坑、地下暗挖工程、高大模板工程的专项施工方案,施工单位还应当组织专家进行论证、审查。

施工单位在使用施工起重机械和整体提升脚手架、模板等自升式架设设施前,应当组织有关单位进行验收,也可以委托具有相应资质的检验检测机构进行验收;使用承租的机械设备和施工机具及其配件的,由施工总承包单位、分包单位、出租单位和安装单位共同进行验收。验收合格的方可使用。

施工单位的主要负责人、项目负责人、专职安全生产管理人员应当经水行政主管部门对其安全生产知识和管理能力考核合格。

施工单位应当对管理人员和作业人员每年至少进行一次安全生产教育培训,其教育培训情况记入个人工作档案。安全生产教育培训考核不合格的人员,不得上岗。

施工单位在采用新技术、新工艺、新设备、新材料时,应当对作业人员进行相应的安全生产教育培训。

(四)监督管理

水行政主管部门和流域管理机构按照分级管理权限,负责水利工程建设安全生产的监督管理。水行政主管部门或者流域管理机构委托的安全生产监督机构,负责水利工程施工现场的具体监督检查工作。

水利部负责全国水利工程建设安全生产的监督管理工作,其主要职责如下:

(1)贯彻、执行国家有关安全生产的法律、法规和政策,制定有关水利工程建设安全生产的规章、规范性文件和技术标准。

(2)监督、指导全国水利工程建设安全生产工作,组织开展对全国水利工程建设安全生产情况的监督检查。

(3)组织、指导全国水利工程建设安全生产监督机构的建设、管理及水利水电工程施工单位的主要负责人、项目负责人和专职安全生产管理人员的安全生产考核工作。

流域管理机构负责所管辖的水利工程建设项目的安全生产监督工作。

省、自治区、直辖市人民政府水行政主管部门负责本行政区域内所管辖的水利工程建设安全生产的监督管理工作,其主要职责如下:

(1)贯彻、执行有关安全生产的法律、法规、规章、政策和技术标准,制定地方有关水利工程建设安全生产的规范性文件。

(2)监督、指导本行政区域内所管辖的水利工程建设安全生产工作,组织开展对本行政区域内所管辖的水利工程建设安全生产情况的监督检查。

(3)组织、指导本行政区域内水利工程建设安全生产监督机构的建设工作以及有关的水利水电工程施工单位的主要负责人、项目负责人和专职安全生产管理人员的安全生产考核工作。

市、县级人民政府水行政主管部门水利工程建设安全生产的监督管理职责,由省、自治区、直辖市人民政府水行政主管部门规定。

水行政主管部门或者流域管理机构委托的安全生产监督机构,应当严格按照有关安全生产的法律、法规、规章和技术标准,对水利工程施工现场实施监督检查。

安全生产监督机构应当配备一定数量的专职安全生产监督人员。

水行政主管部门或者其委托的安全生产监督机构应当自收到《安全规定》第九条和第十一条规定的有关备案资料后20日内,将有关备案资料抄送同级安全生产监督管理部门。流域管理机构抄送项目所在地省级安全生产监督管理部门,并报水利部备案。

水行政主管部门、流域管理机构或者其委托的安全生产监督机构依法履行安全生产监督检查职责时,有权采取下列措施:

(1)要求被检查单位提供有关安全生产的文件和资料。

(2)进入被检查单位施工现场进行检查。

(3)纠正施工中违反安全生产要求的行为。

(4)对检查中发现的安全事故隐患,责令立即排除;重大安全事故隐患排除前或者排除过程中无法保证安全的,责令从危险区域内撤出作业人员或者暂时停止施工。

各级水行政主管部门和流域管理机构应当建立举报制度,及时受理对水利工程建设生产安全事故及安全事故隐患的检举、控告和投诉;对超出管理权限的,应当及时转送有管理权限的部门。举报制度应当包括以下内容:

(1)公布举报电话、信箱或者电子邮件地址,受理对水利工程建设安全生产的举报。

(2)对举报事项进行调查核实,并形成书面材料。

(3)督促落实整顿措施,依法做出处理。

任务二　安全管理体系的建立

一、安全管理部门的建立

为了保证施工过程不发生安全事故,必须建立安全管理的组织机构。

（1）成立以项目经理为首的安全生产施工领导小组，具体负责施工期间的安全工作。

（2）项目副经理、技术负责人、各科负责人和生产工段的负责人等作为安全小组成员，共同负责安全工作。

（3）必须设立专门的安全管理机构，并配备安全管理负责人和专职安全管理人员，安全管理人员须经安全培训持证（A、B、C证）上岗，专门负责施工过程中的工作安全，只要施工现场有施工作业人员，安全员就要上岗值班，在每个工序开工前，安全员要检查工程环境和设施情况，认定安全后方可进行工序施工。

（4）各技术及其他管理科室和施工段要设兼职安全员，负责本部门的安全生产预防和检查工作，各作业班组组长要兼本班组的安全检查员，具体负责本班组的安全检查。

（5）建立安全事故应急处置机构，可以由专职安全管理人员和项目经理等组成，实行施工总承包的，由总承包单位统一组织编制水利工程建设生产安全事故应急救援预案，工程总承包单位和分包单位按照应急救援预案，各自建立应急救援组织或者配备应急救援人员，配备救援器材、设备，并定期组织演练。

二、建立安全生产责任制

安全生产责任制是指企业对项目经理部各部门、各类人员所规定的在他们各自职责范围内对安全生产应负责任的制度，建立安全生产责任制是施工安全技术措施的重要保证。

（一）安全教育

要树立全员安全意识，安全教育的要求如下：

（1）广泛开展安全生产的宣传教育，使全体员工真正认识到安全生产的重要性和必要性，掌握安全生产的基础知识，牢固树立安全第一的思想，自觉遵守安全生产的各项法规和规章制度。

（2）安全教育的主要内容有安全知识、安全技能、设备性能、操作规程、安全法规等。

（3）对安全教育要建立经常性的安全教育考核制度。考核结果要记入员工人事档案。

（4）特殊工种，如电工、电焊工、架子工、司炉工、爆破工、机操工、起重工、机械司机、机动车辆司机等，除一般安全教育外，还要进行专业技能培训，经考试合格后，取得资格才能上岗工作。

（5）工程施工中采用新技术、新工艺、新设备，或人员调到新工作岗位时，也要进行安全教育和培训，否则不能上岗。

工程项目部应定期召开安全生产工作会议，总结前期工作，找出问题，布置落实后面工作，利用施工空闲时间进行安全生产工作培训，在培训工作中和其他安全工作会议上，安全小组领导成员要讲解安全工作的重要意义，学习安全知识，增强员工安全警觉意识，把安全工作落实在预防阶段。根据工程的具体特点把不安全的因素和相应措施装订成册，让全体员工学习并掌握。

(二) 制定计划

1. 制定施工措施计划

施工措施计划的主要内容包括工程概况、控制目标、控制程序、组织机构、职责权限、规章制度、资源配置、安全措施、检查评价、激励机制等。

2. 特殊情况应制定安全措施计划

对高空作业、井下作业等专业性强的作业,电器、压力容器等特殊工种的作业,应制定单项安全技术规程,并对管理人员和操作人员的安全作业资格和身体状况进行合格检查。

对于结构复杂、施工难度大、专业性较强的工程项目,除制定总体安全保证计划外,还须制定单位工程和分部(分项)工程安全技术措施。

施工安全技术措施包括安全防护设施和安全预防措施,主要有防火、防毒、防爆、防洪、防尘、防雷击、防触电、防坍塌、防物体打击、防机械伤害、防起重机械滑落、防高空坠落、防交通事故、防寒、防暑、防疫、防环境污染等方面的措施。

(三) 安全技术交底

对构件和设备吊装、爆破、高空作业、拆除、上下交叉作业、夜间作业、疲劳作业、带电作业、汛期施工、地下施工、脚手架搭设拆除等重要安全环节,必须在开工前进行技术交底、安全交底、联合检查后,确认安全,方可开工。基本要求如下:

(1)实行逐级安全技术交底制度,从上到下,直到全体作业人员。

(2)安全技术交底工作必须具体、明确、有针对性。

(3)交底的内容要针对分部(分项)工程施工中给作业人员带来的潜在危害。

(4)应优先采用新的安全技术措施。

(5)应将施工方法、施工程序、安全技术措施等优先向工段长、班级组长进行详细交底。定期向多工种交叉施工或多个作业队同时施工的作业队进行书面交底,并保持书面安全技术交底签字记录。

交底的主要内容:工程施工项目作业特点和危险点;针对各危险点的具体措施;应注意的安全事项;对应的安全操作规程和标准;发生事故应及时采取的应急措施。

(四) 安全警示标识设置

施工单位在施工现场大门口设置的"五牌一图",即工程概况牌、管理人员名单及监督电话牌、消防保卫牌、安全生产牌、文明施工牌和施工现场平面图。还应设置安全警示标识,在不安全因素的部位设立警示牌,严格检查进场人员佩戴安全帽、高空作业佩戴安全带情况,严格持证上岗工作,风雨天禁止高空作业,遵守施工设备专人使用制度,严禁在场内乱拉用电线路,严禁非电工人员从事电工工作。

根据《安全色》(GB 2893—2008),安全色是传递安全信息含义的颜色。分为红、黄、蓝、绿四种颜色,分别表示禁止、警告、指令和指示。

根据《安全标志及其使用导则》(GB 2894—2008),安全标志是用以表达特定安全信息的标识。由图形符号、安全色、几何图形(边框)或文字组成。安全标志分禁止标志、警告标志、指令标志和提示标志,见图6-1~图6-4。

图 6-1　红色禁止标志

图 6-2　黄色警告标志

图 6-3　蓝色指令标志

紧急出口　　　　　　　　　避险处　　　　　　　　　紧急出口

图 6-4　绿色提示标志

根据工程特点及施工的不同阶段,在危险部位有针对性地设置、悬挂明显的安全警示标识。危险部位主要是指施工现场入口处、施工起重机械、临时用电设施、脚手架、出入通道口、楼梯口、阳台口、电梯井口、桥梁口、隧道口、基坑边沿、爆破物及有害危险气体和液体存放处等。安全警示标识的类型、数量应当根据危险部位的性质不同进行设置，见表6-1。

表6-1 安全警示标志设置

类别		位置
禁止标志	禁止吸烟	料库、油库、易燃易爆场所、木工厂、现场、打字室
	禁止通行	脚手架拆除、坑、沟、洞、槽、吊钩下方、危险部位
	禁止攀爬	电梯出口、通道口、马道出入口
	禁止跨越	外脚手架、栏杆、未验收外架
指令标志	必须戴安全帽	外电梯出入口、现场大门口、吊钩下方、危险部位、马道出入口、通道口、上下交叉作业处
	必须系安全带	外电梯出入口、现场大门口、马道出入口、通道口、高处作业处、特种作业
	必须穿防护服	通道出入口、外电梯出入口、马道出入口、电焊、油漆作业处
	必须戴防护眼镜	通道出入口、外电梯出入口、马道出入口、车工、焊工、灰工、喷涂、电镀、修理、钢筋加工作业处
警告标志	当心弧光	焊工场所
	当心塌方	土石方开挖
	机具伤人	机械作业区、电锯、电刨、钢筋加工
提示标志	安全状态通行	安全通道、防护棚

安全警示标志设置和现场管理结合起来，同时进行，防止因管理不善产生安全隐患，工地防风、防雨、防火、防盗、防疾病等预防措施要健全，都要有专人负责，以确保各项措施及时落实到位。

（五）施工安全检查

施工安全检查的目的是消除安全隐患，消除违章操作、违反劳动纪律、违章指挥的"三违"，制止、防止安全事故发生，改善劳动条件及提高员工的安全生产意识，是施工安全控制工作的一项重要内容。通过安全检查可以发现工程中的危险因素，以便有计划地采取相应的措施，保证安全生产的顺利进行。项目的施工生产安全检查应由项目经理组织，定期进行。

1.安全检查的类型

施工安全检查的类型分为日常性检查、专业性检查、季节性检查、节假日前后检查和不定期检查等。

1）日常性检查

日常性检查是经常的、普遍的检查，一般每年进行1~4次。项目部、科室每月至少进行1次，施工班组每周、每班次都应进行检查，专职安全技术人员的日常性检查应有计划、有部位、有记录、有总结地周期性进行。

2）专业性检查

专业性检查是指针对特种作业、特种设备、特殊场地进行的检查,如电焊、气焊、起重设备、运输车辆、锅炉压力容器、易燃易爆场所等,由专业检查员进行检查。

3）季节性检查

季节性检查是根据季节性的特点,为保障安全生产的特殊要求所进行的检查,如春季空气干燥、风大,重点检查防火、防爆;夏季多雨、雷电、高温,重点检查防暑、降温、防汛、防雷击、防触电;冬季检查防寒、防冻等。

4）节假日前后检查

节假日前后检查是针对节假期间容易产生麻痹思想的特点而进行的安全检查,包括假前的综合检查和假后的遵章守纪检查等。

5）不定期检查

不定期检查是指在工程开工前、停工前、施工中、竣工时、试运转时进行的安全检查。

2. 安全检查的主要内容

安全检查的主要内容是做好"五查"。

（1）查思想。主要检查企业干部和员工对安全生产工作的认识。

（2）查管理。主要检查安全管理是否有效,包括安全生产责任制、安全技术措施计划、安全组织机构、安全保证措施、安全技术交底、安全教育、持证上岗、安全设施、安全标识、操作规程、违规行为、安全记录等。

（3）查隐患。主要检查作业现场是否符合安全生产的要求,是否存在不安全因素。

（4）查事故。查明安全事故的原因、明确责任、对责任人做出处理,明确落实整改措施等要求。另外,检查对伤亡事故是否及时报告、认真调查、严肃处理。

（5）查整改。主要检查对过去提出的问题的整改情况。

3. 安全检查的主要规定

（1）定期对安全控制计划的执行情况进行检查、记录、评价、考核,对作业中存在的安全隐患签发安全整改通知单,要求相应部门落实整改措施并进行检查。表6-2为安全帽、安全带、安全网("三宝")和楼梯口、电梯井口、预留洞口、通道口("四口")防护安全检查验收表。

（2）根据工程施工过程的特点和安全目标的要求确定安全检查的内容。

（3）安全检查应配备必要的设备,确定检查组成人员,明确检查方法和要求。

（4）检查方法采取随机抽样、现场观察、实地检测等,记录检查结果,纠正违章指挥和违章作业。

（5）对检查结果进行分析,找出安全隐患,评价安全状态。

（6）编写安全检查报告并上交。

三、安全生产考核制度

实行安全问题一票否决制,安全生产互相监督制,提高自检、自查意识,开展科室、班组经验交流和安全教育活动。

表6-2　"三宝""四口"安全检查验收表

单位名称		某水利工程公司	工程名称	某引水闸工程
序号	验收项目	验收内容		结果
1	安全帽	是否有人不戴安全帽； 安全帽是否符合标准； 是否按规定佩戴安全帽		佩戴符合要求
2	安全网	在建工程外侧是否用密目安全网； 安全网规格、材质是否符合要求； 安全网是否取得建筑安全监督管理部门准用证		安全网安设 符合要求
3	安全带	是否有人未系安全带； 安全带系挂是否符合要求； 安全带是否符合标准		高空作业人员 安全带符合标准
4	楼梯口、 电梯井口 防护	是否都有防护措施； 防护措施是否符合要求； 防护设施是否已形成定型化、工具化		符合标准
5	预留洞口、 坑井防护	是否都有防护措施； 防护设施是否已形成定型化、工具化； 防护措施是否符合要求、是否严密		符合标准
6	通道口防护	是否都有防护棚； 防护是否都严； 防护棚是否牢固、材质是否符合要求		符合标准
7	临边防护	临边是否都有防护； 临边防护是否都严密、是否都符合要求		符合标准
验收意见 "三宝""四口"安全检查验收合格 日期:××××年××月××日				
验收人 签名	施工单位负责人:张×		总监理工程师:良×	
	其他参加验收人员： 李×、崔×、沈×			

注:本表一式两份,由施工单位填写。施工单位、监理机构各一份。

四、水利工程施工安全生产管理

《水利工程建设安全生产管理规定》按施工单位、施工单位的相关人员及施工作业人员等三个方面,从保证安全生产应当具有的基本条件出发,对施工单位的资质等级、机构设置、投标报价、安全责任,施工单位有关负责人的安全责任及施工作业人员的安全责任等做出了具体规定,主要如下:

(1)施工单位从事水利工程的新建、扩建、改建、加固和拆除等活动,应当具备国家规定的注册资本、专业技术人员、技术装备和安全生产等条件，依法取得相应等级的资质证书，并在其资质等级许可的范围内承揽工程。

（2）施工单位应当依法取得安全生产许可证后，方可从事水利工程施工活动。

（3）施工单位主要负责人依法对本单位的安全生产工作全面负责。施工单位应当建立健全安全生产责任制度和安全生产教育培训制度，制定安全生产规章制度和操作规程，做好安全检查记录制度，对所承担的水利工程进行定期和专项安全检查，制定事故报告处理制度，保证本单位建立和完善安全生产条件所需资金的投入。

（4）施工单位的项目负责人应当由取得相应执业资格的人员担任，对水利工程建设项目的安全施工负责，落实安全生产责任制度、安全生产规章制度和操作规程，确保安全生产费用的有效使用，并根据工程的特点组织制定安全施工措施。消除安全事故隐患，及时、如实地报告生产安全事故。

（5）施工单位在工程报价中应当包含工程施工的安全作业环境及安全施工措施所需费用。对列入建设工程概算的上述费用，应当用于施工安全防护用具及设施的采购和更新、安全施工措施的落实、安全生产条件的改善，不得挪作他用。

（6）施工单位应当设立安全生产管理机构，按照国家有关规定配备专职安全生产管理人员。施工现场必须有专职安全生产管理人员。

专职安全生产管理人员负责对安全生产进行现场监督检查。如发现生产安全事故隐患，应当及时向项目负责人和安全生产管理机构报告；对违章指挥、违章操作的，应当立即制止。

（7）施工单位在建设有度汛要求的水利工程时，应当根据项目法人编制的工程度汛方案、措施制定相应的度汛方案，报项目法人批准；涉及防汛调度或者影响其他工程、设施度汛安全的，由项目法人报有管辖权的防汛指挥机构批准。

（8）垂直运输机械作业人员、安装拆卸工、爆破作业人员、起重信号工、登高架设作业人员等特种作业人员，必须按照国家有关规定经过专门的安全作业培训，并取得特种作业操作资格证书后，方可上岗作业。

（9）施工单位应当在施工组织设计中编制安全技术措施和施工现场临时用电方案，对基坑支护与降水工程，土方和石方开挖工程，模板工程，起重吊装工程，脚手架工程，拆除、爆破工程，围堰工程，其他危险性较大的工程等达到一定规模的危险性较大的工程应当编制专项施工方案，并附具安全验算结果，经施工单位技术负责人签字及总监理工程师核签后实施，由专职安全生产管理人员进行现场监督。对所列工程中涉及高边坡、深基坑、地下暗挖工程、高大模板工程的专项施工方案，施工单位还应当组织专家进行论证、审查（其中1/2专家应经项目法人认定）。其专项安全事故方案的主要内容如下：

①基坑支护与降水工程。编制依据和说明、工程概况、降水与支护施工方案与总体施工安排、施工部署、主要施工方法和技术措施、质量和安全保证措施、环保文明施工措施、施工应急处置措施、冬雨季施工措施（如有）、支护结构和降排水计算书、各项资源供应一览表、施工进度和设计图等。

②土方和石方开挖工程。编制依据和说明、工程概况、施工工艺、边坡监测与监控、安全与环保文明施工措施、施工应急处置措施、冬雨季施工措施（如有）、土方平衡和边坡稳

定计算书与开挖平面和断面图纸等。

③模板工程。编制依据和说明、工程概况、施工部署、施工工艺技术、质量和安全保证措施、施工应急处置措施、模板设计计算书和设计详图等。

④起重吊装工程。编制依据和说明、工程概况、施工部署、起重设备安装运输条件、安装顺序和工艺、质量和安全保证措施、施工应急处置措施、计算书和安装平面布置与立面吊装图等。

⑤脚手架工程。编制依据和说明、工程概况、脚手架设计、脚手架质量标准和验收程序方法、脚手架安装和拆除安全措施、施工应急处置措施、脚手架设计计算书和图表等。

⑥拆除、爆破工程。编制依据和说明、工程概况、施工计划、爆破设计与施工工艺、安全和环保施工措施、施工应急预案和监控措施、爆破设计与警戒布置图表等。

⑦围堰工程。编制依据和说明、工程概况、施工部署、施工工艺与监测、拆除工艺、安全与文明施工措施、施工应急处置措施、计算书和平面布置图等。

（10）施工单位在使用施工起重机械和整体提升脚手架、模板等自升式架设设施前，应当组织有关单位进行验收，也可以委托具有相应资质的检验检测机构进行验收；使用承租的机械设备和施工机具及配件，由施工总承包单位、分包单位、出租单位和安装单位共同进行验收。验收合格的方可使用。

（11）施工单位的主要负责人、项目负责人、专职安全生产管理人员应当经水行政主管部门安全生产考核合格后方可任职。

施工单位应当对管理人员和作业人员每年至少进行一次安全生产教育培训，其教育培训情况记入个人工作档案。安全生产教育培训考核不合格的人员，不得上岗。

施工单位在采用新技术、新工艺、新设备、新材料时，应当对作业人员进行相应的安全生产教育培训。

任务三 水利工程建设安全事故应急救援

关于生产安全事故的应急救援，《中华人民共和国安全生产法》第八十条规定："县级以上地方各级人民政府应当组织有关部门制定本行政区域内特大生产安全事故应急救援预案，建立应急救援体系。"第八十二条规定："危险物品的生产、经营、储存单位以及矿山、金属冶炼、城市轨道交通运营、建筑施工单位应当建立应急救援组织；生产经营规模较小的，可以不建立应急救援组织，但应当指定兼职的应急救援人员。"

《建设工程安全生产管理条例》第四十七条规定："县级以上地方人民政府建设行政主管部门应当根据本级人民政府的要求，制定本行政区域内建设工程特大生产安全事故应急救援预案。"第四十八条规定："施工单位应当制定本单位生产安全事故应急救援预案，建立应急救援组织或者配备应急救援人员，配备必要的应急救援器材、设备，并定期组织演练。"

一、安全生产应急救援的要求

根据上述规定结合水利工程建设特点及水利工程建设管理体系的实际情况,《水利工程建设安全生产管理规定》中有关水利工程建设安全生产应急救援的要求主要如下:

(1)各级地方人民政府水行政主管部门应当根据本级人民政府的要求,制定本行政区域内水利工程建设特大生产安全事故应急救援预案,并报上一级人民政府水行政主管部门备案。流域管理机构应当编制所管辖的水利工程建设特大生产安全事故应急救援预案,并报水利部备案。

(2)项目法人应当组织制定本建设项目的生产安全事故应急救援预案,并定期组织演练。应急救援预案应当包括紧急救援的组织机构、人员配备、物资准备、人员财产救援措施、事故分析与报告等方面的方案。

(3)施工单位应当根据水利工程施工的特点和范围,对施工现场易发生重大事故的部位、环节进行监控,制定施工现场生产安全事故应急救援预案。

二、生产安全事故的调查处理

(一)国务院规定关于安全事故的划分

《生产安全事故报告和调查处理条例》经2007年3月28日国务院第172次常务会议通过,自2007年6月1日起施行。

第三条规定,根据生产安全事故(简称事故)造成的人员伤亡或者直接经济损失,事故一般分为以下等级:

(1)特别重大事故,是指造成30人以上死亡,或者100人以上重伤(包括急性工业中毒,下同),或者1亿元以上直接经济损失的事故。

(2)重大事故,是指造成10人以上30人以下死亡,或者50人以上100人以下重伤,或者5 000万元以上1亿元以下直接经济损失的事故。

(3)较大事故,是指造成3人以上10人以下死亡,或者10人以上50人以下重伤,或者1 000万元以上5 000万元以下直接经济损失的事故。

(4)一般事故,是指造成3人以下死亡,或者10人以下重伤,或者1 000万元以下直接经济损失的事故。

国务院安全生产监督管理部门可以会同国务院有关部门,制定事故等级划分的补充性规定。

上述的"以上"包括本数,所称的"以下"不包括本数。

(二)水利部应急预案安全事故分级

根据水利部《水利工程建设重大质量与安全事故应急预案》(水建管〔2006〕202号)文件分级响应,按事故的严重程度和影响范围,将水利工程建设质量与安全事故分为Ⅰ、Ⅱ、Ⅲ、Ⅳ四级。对应相应事故等级,采取Ⅰ级、Ⅱ级、Ⅲ级、Ⅳ级应急响应行动。

(1)Ⅰ级(特别重大质量与安全事故):已经或者可能导致死亡(含失踪)30人以上(含本数,下同),或重伤(中毒)100人以上,或需要紧急转移安置10万人以上,或直接经济损失1亿元以上的事故。

(2)Ⅱ级(特大质量与安全事故):已经或者可能导致死亡(含失踪)10人以上、30人以下(不含本数,下同),或重伤(中毒)50人以上、100人以下,或需要紧急转移安置1万人以上、10万人以下,或直接经济损失5 000万元以上、1亿元以下的事故。

(3)Ⅲ级(重大质量与安全事故):已经或者可能导致死亡(含失踪)3人以上、10人以下,或重伤(中毒)30人以上、50人以下,或直接经济损失1 000万元以上、5 000万元以下的事故。

(4)Ⅳ级(较大质量与安全事故):已经或者可能导致死亡(含失踪)3人以下,或重伤(中毒)30人以下,或直接经济损失1 000万元以下的事故。

根据国家有关规定和水利工程建设实际情况,事故分级将适时做出调整。

(三)水利工程安全事故报告制度

1. 施工报告的程序

施工单位发生生产安全事故,应当按照国家有关伤亡事故报告和调查处理的规定,及时、如实地向负责安全生产监督管理的部门及水行政主管部门或者流域管理机构报告;特种设备发生事故的,还应当同时向特种设备安全监督管理部门报告。接到报告的部门应当按照国家有关规定,如实上报。实行施工总承包的建设工程,由总承包单位负责上报事故。发生生产安全事故,项目法人及其他有关单位应当及时、如实地向负责安全生产监督管理的部门以及水行政主管部门或者流域管理机构报告。

发生生产安全事故后,有关单位应当采取措施防止事故扩大,保护事故现场。需要移动现场物品时,应当做出标记和书面记录,妥善保管有关证物。

水利工程建设重大质量与安全事故发生后,事故现场有关人员应当立即报告本单位负责人。项目法人、施工等单位应当立即将事故情况按项目管理权限如实向流域机构或水行政主管部门和事故所在地人民政府报告,最迟不得超过4 h。流域机构或水行政主管部门接到事故报告后,应当立即报告上级水行政主管部门和水利部工程建设事故应急指挥部。水利工程建设过程中发生生产安全事故的,应当同时向事故所在地安全生产监督局报告;特种设备发生事故,应当同时向特种设备安全监督管理部门报告。接到报告的部门应当按照国家有关规定,如实上报。

报告的方式可先采用电话口头报告,随后递交正式书面报告。在法定工作日向水利部工程建设事故应急指挥部办公室报告,夜间和节假日向水利部总值班室报告,总值班室归口负责向国务院报告。

各级水行政主管部门接到水利工程建设重大质量与安全事故报告后,应当遵循"迅速、准确"的原则,立即逐级报告同级人民政府和上级水行政主管部门。

对于水利部直管的水利工程建设项目及跨省(自治区、直辖市)的水利工程项目,在报告水利部的同时应当报告有关流域机构。

特别紧急的情况下,项目法人和施工单位及各级水行政主管部门可直接向水利部报告,见图6-5。

2. 事故报告的内容

(1)事故发生后应及时报告以下内容:

①发生事故的工程名称、地点、建设规模和工期,事故发生的时间、地点、简要经过、事

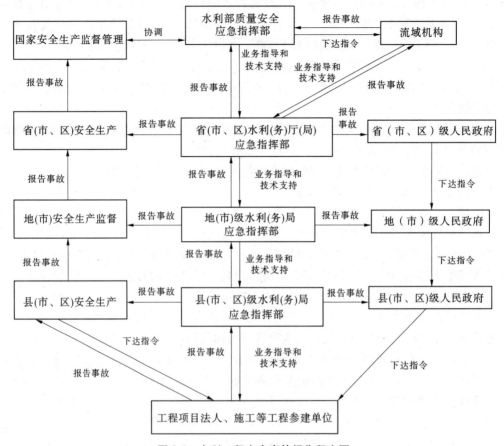

图 6-5　水利工程安全事故报告程序图

故类别和等级、人员伤亡及直接经济损失初步估算;

②有关项目法人、施工单位、主管部门名称及负责人联系电话,施工等单位的名称、资质等级;

③事故报告的单位、报告签发人及报告时间和联系电话等。

(2)根据事故处置情况及时续报以下内容:

①有关项目法人、勘察、设计、施工、监理等工程参建单位名称、资质等级情况,单位及项目负责人的姓名和相关执业资格;

②事故原因分析;

③事故发生后采取的应急处置措施及事故控制情况;

④抢险交通道路可使用情况;

⑤其他需要报告的有关事项等。

各级应急指挥部应当明确专人对组织、协调应急行动的情况做出详细记录。

3.安全事故的处理

安全事故的处理应坚持以下四项原则:①事故原因不清楚不放过;②事故责任者和员工没受教育不放过;③事故责任者没受处理不放过;④没有制定防范措施不放过。

水利工程建设生产安全事故的调查、对事故责任单位和责任人的处罚与处理,按照有关法律、法规的规定执行。

三、突发安全事故应急预案

为提高应对水利工程建设重大质量与安全事故能力,做好水利工程建设重大质量与安全事故应急处置工作,有效预防、及时控制和消除水利工程建设重大质量与安全事故的危害,最大限度地减少人员伤亡和财产损失,保证工程建设质量与施工安全及水利工程建设顺利进行,根据《中华人民共和国安全生产法》《国家突发公共事件总体应急预案》和《水利工程建设安全生产管理规定》等法律、法规和有关规定,结合水利工程建设实际,水利部制定了《水利工程建设重大质量与安全事故应急预案》(水建管〔2006〕202号),自2006年6月5日起实施。该应急预案共分为八章。

(一)应急预案分类

根据2005年1月26日国务院第79次常务会议通过了《国家突发公共事件总体应急预案》,按照不同的责任主体,国家突发公共事件应急预案体系设计为国家总体应急预案、专项应急预案、部门应急预案、地方应急预案、企事业单位应急预案五个层次。

《水利工程建设重大质量与安全事故应急预案》(水建管〔2006〕202号)属于部门预案,是关于事故灾难的应急预案,《水利工程建设重大质量与安全事故应急预案》(水建管〔2006〕202号)适用于水利工程建设过程中突然发生且已经造成或者可能造成重大人员伤亡、重大财产损失,有重大社会影响或涉及公共安全的重大质量与安全事故的应急处置工作。

按照水利工程建设质量与安全事故发生的过程、性质和机理,水利工程建设重大质量与安全事故主要包括:

(1)施工中土石方塌方和结构坍塌安全事故。

(2)特种设备或施工机械安全事故。

(3)施工围堰坍塌安全事故。

(4)施工爆破安全事故。

(5)施工场地内道路交通安全事故。

(6)施工中发生的各种重大质量事故。

(7)其他原因造成的水利工程建设重大质量与安全事故。

水利工程建设中发生的自然灾害(如洪水、地震等)、公共卫生事件、社会安全等事件,依照国家和地方相应应急预案执行。

应急工作应当遵循"以人为本,安全第一;分级管理、分级负责;集中领导、统一指挥;属地为主,条块结合;信息准确、运转高效;预防为主,平战结合"的原则。

(二)应急组织指挥体系

水利工程建设重大质量与安全事故应急组织指挥体系由水利部及流域机构、各级水行政主管部门的水利工程建设重大质量与安全事故应急指挥部、地方各级人民政府、水利工程建设项目法人及施工等工程参建单位的质量与安全事故应急指挥部组成。水利工程建设重大质量与安全事故应急组织指挥体系中:

(1)水利部设立水利工程建设重大质量与安全事故应急指挥部,水利部工程建设事故应急指挥部在水利部安全生产领导小组的领导下开展工作。

（2）水利部工程建设事故应急指挥部下设办公室，作为其日常办事机构。水利部工程建设事故应急指挥部办公室设在水利部建设与管理司。

（3）水利部工程建设事故应急指挥部下设专家技术组、事故调查组等若干个工作组，各工作组在水利部工程建设事故应急指挥部的组织协调下，为事故应急救援和处置提供专业支援和技术支撑，开展具体的应急处置工作。

（三）质量与安全事故应急处置指挥部与主要职责

1. 应急处置指挥部

在本级水行政主管部门的指导下，水利工程建设项目法人应当组织制定本工程项目建设质量与安全事故应急预案（水利工程项目建设质量与安全事故应急预案应当报工程所在地县级以上水行政主管部门及项目法人的主管部门备案）。建立工程项目建设质量与安全事故应急处置指挥部。工程项目建设质量与安全事故应急处置指挥部的组成如下：

指挥：项目法人主要负责人；

副指挥：工程各参建单位主要负责人；

成员：工程各参建单位有关人员。

2. 工程项目建设质量与安全事故应急处置指挥部的主要职责

（1）制定工程项目质量与安全事故应急预案（包括专项应急预案），明确工程各参建单位的责任，落实应急救援的具体措施。

（2）事故发生后，执行现场应急处置指挥机构的指令，及时报告并组织事故应急救援和处置，防止事故的扩大和后果的蔓延，尽力减少损失。

（3）及时向地方人民政府、地方安全生产监督管理部门和有关水行政主管部门应急指挥机构报告事故情况。

（4）配合工程所在地人民政府有关部门划定并控制事故现场的范围、实施必要的交通管制及其他强制性措施、组织人员和设备撤离危险区等。

（5）按照应急预案，做好与工程项目所在地有关应急救援机构和人员的联系沟通。

（6）配合有关水行政主管部门应急处置指挥机构及其他有关主管部门发布和通报有关信息。

（7）组织事故善后工作，配合事故调查、分析和处理。

（8）落实并定期检查应急救援器材、设备情况。

（9）组织应急预案的宣传、培训和演练。

（10）完成事故救援和处理的其他相关工作。

（四）施工质量与安全事故应急预案的制定

承担水利工程施工的施工单位应当制定本单位施工质量与安全事故应急预案，建立应急救援组织或者配备应急救援人员，配备必要的应急救援器材、设备，并定期组织演练。水利工程施工企业应明确专人维护救援器材、设备等。

在工程项目开工前，施工单位应当根据所承担的工程项目施工特点和范围，制定施工现场施工质量与安全事故应急预案，建立应急救援组织或配备应急救援人员并明确职责。

在承包单位的统一组织下，工程施工分包单位（包括工程分包和劳务作业分包）应当按照施工现场施工质量与安全事故应急预案,建立应急救援组织或配备应急救援人员并明确职责。

施工单位的施工质量与安全事故应急预案、应急救援组织或配备的应急救援人员和职责应当与项目法人制定的水利工程项目建设质量与安全事故应急预案协调一致,并将应急预案报项目法人备案。

(五)预警预防行动

施工单位应当根据建设工程的施工特点和范围,加强对施工现场易发生重大事故的部位、环节进行监控,配备救援器材、设备,并定期组织演练。

对可能导致重大质量与安全事故后果的险情,项目法人和施工等知情单位应当按项目管理权限立即报告流域机构或水行政主管部门和工程所在地人民政府,必要时可越级上报至水利部工程建设事故应急指挥部办公室;对可能造成重大洪水灾害的险情,项目法人和施工单位等知情单位应当立即报告所在地防汛指挥部,必要时可越级上报至国家防汛抗旱总指挥部办公室。

项目法人、各级水行政主管部门接到可能导致水利工程建设重大质量与安全事故的信息后,及时确定应对方案,通知有关部门、单位采取相应行动预防事故发生,并按照预案做好应急准备。

(六)事故现场指挥协调和紧急处置

(1)水利工程建设发生质量与安全事故后,在工程所在地人民政府的统一领导下,迅速成立事故现场应急处置指挥机构负责统一领导、统一指挥、统一协调事故应急救援工作。事故现场应急处置指挥机构由到达现场的各级应急指挥部和项目法人、施工等工程参建单位组成。

(2)水利工程建设发生重大质量与安全事故后,项目法人和施工等工程参建单位必须迅速、有效地实施先期处置,防止事故进一步扩大,并全力协助开展事故应急处置工作。

各级水行政主管部门要按照有关规定,及时组织有关部门和单位进行事故调查,认真吸取教训,总结经验,及时进行整改。重大质量与安全事故调查应当严格按照国家有关规定进行,其中重大质量事故调查应当执行《水利工程质量事故处理暂行规定》的有关规定。

(七)应急保障措施

应急保障措施包括通信与信息保障、应急支援与装备保障、经费与物资保障。

1.通信与信息保障

(1)各级应急指挥机构部门及人员通信方式应当报上一级应急指挥部备案,其中省级水行政主管部门及国家重点建设项目的项目法人应急指挥部的通信方式报水利部和流域机构备案。通信方式发生变化的,应当及时通知水利部工程建设事故应急指挥部办公室以便及时更新。

(2)正常情况下,各级应急指挥机构和主要人员应当保持通信设备24 h正常畅通。

2.应急支援与装备保障

1)工程现场抢险及物资装备保障

(1)根据可能突发的重大质量与安全事故性质、特征、后果及其应急预案要求,项目法人应当组织工程有关施工单位配备适量应急机械、设备、器材等物资装备,以保障应急救援调用。

(2)重大质量与安全事故发生时,应当首先充分利用工程现场既有的应急机械、设备、器材。同时,在地方应急指挥部的调度下,动用工程所在地公安、消防、卫生等专业应急队伍和其他社会资源。

2)应急队伍保障

各级应急指挥部应当组织好三支应急救援基本队伍:

(1)工程设施抢险队伍,由工程施工等参建单位的人员组成,负责事故现场的工程设施抢险和安全保障工作。

(2)专家咨询队伍,由从事科研、勘察、设计、施工、监理、质量监督、安全监督、质量检测等工作的技术人员组成,负责事故现场的工程设施安全性能评价与鉴定,研究应急方案,提出相应应急对策和意见,并负责从工程技术角度对已发生事故还可能引起或产生的危险因素进行及时分析预测。

(3)应急管理队伍,由各级水行政主管部门的有关人员组成,负责接收同级人民政府和上级水行政主管部门的应急指令、组织各有关单位对水利工程建设重大质量与安全事故进行应急处置,并与有关部门进行协调和信息交换。

3.经费与物资保障

经费与物资保障应当做到地方各级应急指挥部确保应急处置过程中的资金和物资供给。

(八)宣传、培训和演练

公众信息宣传交流应当做到:水利部应急预案及相关信息公布范围至流域机构、省级水行政主管部门。项目法人制定的应急预案应当公布至工程各参建单位及相关责任人,并向工程所在地人民政府及有关部门备案。

培训应当做到以下几点:

(1)水利部负责对各级水行政主管部门及国家重点建设项目的项目法人应急指挥机构有关工作人员进行培训。

(2)项目法人应当组织水利工程建设各参建单位人员进行各类质量与安全事故及应急预案教育,对应急救援人员进行上岗前培训和常规性培训。培训工作应结合实际,采取多种形式,定期与不定期相结合,原则上每年至少组织一次。

(九)监督检查

水利部工程建设事故应急指挥部对流域机构、省级水行政主管部门应急指挥部实施应急预案进行指导和协调。

按照水利工程建设管理事权划分,由水行政主管部门应急指挥部对项目法人及工程项目施工单位应急预案进行监督检查。

项目法人应急指挥部对工程各参建单位实施应急预案进行督促检查。

任务四 文明施工与环境管理

一、文明施工

水利部于2012年颁布实施《水利建设工程文明工地创建管理暂行办法》(〔2012〕1

号),该办法共 20 条。该办法进一步规范了文明工地创建工作。

(一)文明工地建设标准

(1)质量管理:质量保证体系健全;工程质量得到有效控制,工程内在、外观质量优良;质量事故、质量缺陷处理及时;质量档案管理规范、真实,归档及时等。

(2)综合管理:文明工地创建计划周密,组织到位,制度完善,措施落实;参建各方信守合同,严格执行基本建设程序。全体参建人员遵纪守法、爱岗敬业;学习气氛浓厚,职工文体活动丰富;信息管理规范;参建单位之间关系融洽,能正确处理与周边群众关系,营造良好施工环境。

(3)安全管理:安全生产责任制及规章制度完善;制定针对性和可操作性强的事故应急预案;实行定期安全生产检查制度;无生产安全事故发生。

(4)施工区环境:现场材料堆放、施工机械停放有序、整齐;施工道路布置合理,路面平整,畅通;施工现场做到工完场清;施工现场安全设施和警示标识规范;办公室、宿舍、食堂等场所整洁、卫生;生态环境保护及职业健康条件符合国家有关规定标准,防止或减少施工引起的粉尘、废水、废气、固体废弃物、噪声、振动、照明对人和环境的危害,防止污染措施得当。

(二)文明工地申报

(1)有下列情况之一的,不得申报"文明工地":

①干部职工中发生刑事案件或经济案件被判处刑法主刑的;干部职工中发生违纪、违法行为,受到党纪、政纪处分或被刑事处罚的。

②出现较大及以上质量事故和一般以上生产安全事故,环保事件。

③被水行政主管部门或有关部门通报批评或进行处罚的。

④拖欠工程款、民工工资或与当地群众发生重大冲突等事件,造成严重社会影响的。

⑤项目建设单位未严格执行项目法人责任制、招标投标制和建设监理制的。

⑥建设单位未按照国家现行基本建设程序办理有关事宜的。

⑦项目建设过程中,发生重大合同纠纷,造成不良影响的。

(2)申报条件:

①已完工程量一般应达全部建安工程量的 20% 及以上或主体工程完工一年以内。

②创建文明建设工地半年以上。

③工程进度满足总进度要求。

(三)申报程序

在项目法人党组织统一领导下,主要领导为第一责任人,各部门齐抓共管,全员参与的文明工地创建活动,实行届期制,每两年命名一次。在上一届期已被命名为文明工地的,如果符合条件,可继续申报下一届。

(1)自愿申报:以项目建设管理单位所管辖的一个工程项目或其中的一个或几个标段为单位的工程项目(或标段)为一个文明建设工地,由项目法人申报。

(2)逐级推荐:县级及以上水行政主管部门负责对申报单位进行现场考核,并逐级向上推荐。省、自治区、直辖市水行政文明办会同建管单位考核,本着优中选优的原则,向本单位文明委提出推荐(申报)名单。

流域机构所属的工程项目,由流域机构文明办会同建管部门进行考核,向本单位文明委提出推荐(申报)名单。

中央和水利部项目,由项目法人直接向水利部文明办申报。

(3)考核评审:水利部文明办会同建设与管理司组织审核、评定,报水利部文明委审定。

(4)公示评议:水利部文明委审议通过后,在水利部有关媒体上公示一周。

(5)审定命名:对符合标准的"文明工地"项目,由水利部文明办授予"文明工地"称号。

二、施工环境管理

(一)施工现场空气污染的防治

施工大气污染防治主要包括:土石方开挖,爆破,砂石料加工,混凝土拌和,物料运输和储存及废渣运输,倾倒产生的粉尘、扬尘的防治,燃油、施工机械、车辆及生活燃煤排放废气的防治。

地下厂房、引水隧洞等土石方开挖、爆破施工应采用喷水,设置通风设施,改善地下洞室空气扩散条件等措施,减少粉尘和废气污染;砂石料加工宜采用湿法破碎的低尘工艺,降低转运落差,密闭尘源。

水泥、石灰、粉煤灰等细颗粒材料运输应采用密封罐车;采用敞篷车运输,应用篷布遮盖。装卸、堆放中应防止物料流散。水泥临时备料场宜建在有排浆引流的混凝土搅拌场或预制场内,就近使用。

施工现场公路应定期养护,配备洒水车或采用人工洒水防尘;施工运输车辆宜选用安装排气净化器的机动车,使用符合标准的油料或清洁能源,减少尾气污染物排放。

(1)施工现场垃圾、渣土要及时清理出现场。

(2)上部结构清理施工垃圾时,要使用封闭式的容器或者采取其他措施处理高空废弃物,严禁临空随意抛撒。

(3)施工现场道路应指定专人定期洒水清扫,形成制度,防止道路扬尘。

(4)对于细颗粒散体材料(如水泥、粉煤灰、白灰等)的运输、储存要注意遮盖、密封,防止和减少飞扬。

(5)车辆开出工地时要做到不带泥沙,基本做到不洒土、不扬尘,减少对周围环境的污染。

(6)除设有符合规定的装置外,禁止在施工现场焚烧油毡、橡胶、塑料、皮革、树叶、枯草、各种包装物等废弃物品以及其他会产生有毒、有害烟尘和恶臭气体的物质。

(7)机动车都要安装减少尾气排放的装置,确保符合国家标准。

(8)工地锅炉应尽量采用电热水器。若只能使用烧煤锅炉,应选用消烟除尘型锅炉,大灶应选用消烟节能回风炉灶,使烟尘降至允许排放范围内。

(9)在离村庄较近的工地应当将搅拌站封闭严密,并在进料仓上方安装除尘装置,采取可靠措施控制工地粉尘污染。

(10)拆除旧建筑物时,应适当洒水,防止扬尘。

根据《水利水电工程施工通用安全技术规程》(SL 398—2007)规定:生产作业场所常

见生产性粉尘、有毒物质在空气中允许浓度及限值应符合表6-3的规定。

表6-3　常见生产性粉尘、有毒物质在空气中允许浓度及限值

序号	有害物质名称			阈限值/(mg/m³)		
				最高容许浓度	时间加权平均容许浓度	短时间接触容许浓度
1	硅尘			—	—	—
	总尘		含10%~50%游离SiO₂	—	1	2
			含50%~80%游离SiO₂	—	0.7	1.5
			含80%以上游离SiO₂	—	0.5	1.0
	呼吸尘		含10%~50%游离SiO₂	—	0.7	1.0
			含50%~80%游离SiO₂	—	0.3	0.5
			含80%以上游离SiO₂	—	0.2	0.3
2	石灰石		总尘	—	8	10
			呼吸尘	—	4	8
3	硅酸盐水泥		总尘(游离SiO₂<10%)	—	4	6
			呼吸尘(游离SiO₂<10%)	—	1.5	2
4	电焊烟尘			—	4	6
5	其他粉尘			—	8	10
6	锰及无机化合物(按Mn计)			—	0.15	0.45
7	一氧化碳	非高原		—	20	30
		高原	海拔2 000~3 000 m	20	—	—
			海拔大于3 000 m	15	—	—
8	氨			—	20	30
9	溶剂汽油			—	300	450
10	丙酮			—	300	450
11	三硝基甲苯(TNT)			—	0.2	0.5
12	铅及无机化合物(按Pb计)		铅尘	0.05	—	—
			铅烟	0.03	—	—
13	四乙基铅(皮、按Pb计)			—	0.02	0.06

(二)施工现场水污染的防治

水利水电工程施工废污水的处理应包括施工生产废水和施工人员生活污水处理,其中施工生产废水主要包括砂石料加工系统废水、混凝土拌和系统废水等。

砂石料加工系统废水的处理应根据废水量、排放量、排放方式、排放水域功能要求和地形等条件确定。采用自然沉淀法进行处理时,应根据地形条件布置沉淀池,并保证有足够沉淀时间,沉淀池应及时进行清理;采用絮凝沉淀法处理时,应符合下列技术要求:废水经沉淀,加入絮凝剂,上清液收集回用,泥浆自然干化,滤池应及时清理。

混凝土拌和系统废水的处理应结合工程布置,就近设置冲洗废水沉淀池,上清液可循环使用。废水宜进行中和处理。

生活污水不应随意排放,采用化粪池处理污水时,应及时清运。

在饮用水水源一级保护区和二级保护区内,不应设置施工废水排污口。生活饮用水水源取水点上游 1 000 m 和下游 100 m 以内的水域,不得排入施工废污水。

施工过程水污染可采取以下防治措施:

(1)禁止将有毒、有害废弃物作土方回填。

(2)施工现场搅拌站废水、现制水磨石的污水、电石(碳化钙)的污水必须经沉淀池沉淀合格后再排放,最好将沉淀水用于工地洒水降尘或采取措施回收利用。

(3)现场存放油料的,必须对库房地面进行防渗处理,如采用防渗混凝土地面、铺油毡等措施。使用时,要采取防止油料跑、冒、滴、漏的措施,以免污染水体。

(4)施工现场 100 人以上的临时食堂的污水排放时可设置简易有效的隔油池,定期清理,防止污染。

(5)工地临时厕所、化粪池应采取防渗漏措施。中心城市施工现场的临时厕所可采取水冲式厕所,并有防蝇、灭蛆措施,防止污染水体和环境。

(三) 施工现场噪声的控制

施工现场噪声的控制应包括施工机械设备固定噪声、运输车辆流动噪声、爆破瞬时噪声控制。

固定噪声的控制,应选用符合标准的设备和工艺,加强设备的维护和保养,减少运行时的噪声。主要机械设备的布置应远离敏感点,并根据控制目标要求和保护对象,设置减噪、减振设施。

流动噪声的控制,应加强交通道路的维护和管理。禁止使用高噪声车辆;在集中居民区、学校、医院等路段设禁止高声鸣笛标志,减缓车速,禁止夜间鸣放高音喇叭。

施工现场噪声的控制措施可以从声源、传播途径、接收者的防护等方面来考虑。

(1)从噪声产生的声源上控制,尽量采用低噪声设备和工艺代替高噪声设备与工艺,如低噪声振捣器、风机、电机空压机、电锯等。在声源处安装消声器消声,即在通风机、压缩机、燃气机、内燃机及各类排气放空装置等进出风管的适当位置设置消声器。

(2)从噪声传播的途径上控制可采用:

①吸声。利用吸声材料(大多由多孔材料制成)或由吸声结构形成的共振结构(金属或木质薄板钻制成的空腔体)吸收声能,降低噪声。

②隔声。应用隔声结构,阻碍噪声向空间传播,将接收者与噪声声源分隔。隔声结构包括隔声室、隔声罩、隔声屏障、隔声墙等。

③消声。利用消声器阻止传播。允许气流通过消声器降低噪声是防治空气动力性噪声的主要装置,如控制空气压缩机、内燃机产生的噪声等。

④减振。对来自振动引起的噪声,通过降低机械振动减小噪声,如将阻尼材料涂在振

动源上,或改变振动源与其他刚性结构的连接方式等。

(3)对接收者的防护可采用让处于噪声环境下的人员使用耳塞、耳罩等防护用品,减少相关人员在噪声环境中的暴露时间,以减轻噪声对人体的危害。

严格控制人为噪声,进入施工现场不得高声呐喊、无故摔打模板、乱吹口哨,限制高音喇叭的使用,最大限度地减少噪声扰民。

凡在居民稠密区进行强噪声作业的,严格控制作业时间,设置高度不低于1.8 m噪声围挡。控制强噪声作业的时间,施工车间和现场8 h作业,噪声不得超过85 dB,见表6-4。交通敏感点设置禁鸣标示,工程爆破应采用低噪声爆破工艺,并避免夜间爆破。

表6-4 生产性噪声声级卫生限值

日接触噪声时间/h	卫生限值/[dB(A)]
8	85
4	88
2	91
1	94

施工作业噪声传至有关非施工区域的允许标准见表6-5。

表6-5 非施工区域的噪声允许标准

类别	等效声级限值/[dB(A)]	
	昼间	夜间
以居住、文教机关为主的区域	55	45
居住、商业、工业混杂区及商业中心区	60	50
工业区	65	55
交通干线道路两侧	70	55

(四)固体废弃物的处理

固体废弃物的处置应包括生活垃圾、建筑垃圾、生产废料的处置。

施工营地应设置垃圾箱或集中垃圾堆放点,将生活垃圾集中收集、专人定期清运;施工营地厕所,应指定专人定期清理或农用并四周消毒灭菌。建筑垃圾应进行分类,宜回收利用;不能利用的,应集中处置。危险固体废弃物必须执行国家有关危险废弃物处理的规定。临时垃圾堆放场地可利用天然洼地、沟壑、废坑等,应避开生活饮用水源、渔业用水水域,并防止垃圾进入河流、库、塘等天然水域。固体废弃物的处理和处置措施如下:

(1)回收利用。是对固体废弃物进行资源化、减量化处理的重要手段之一。建筑渣土可视其情况加以利用,废钢可按需要用作金属原材料,废电池等废弃物应分散回收、集中处理。

(2)减量化处理。是对已经产生的固体废弃物进行分选、破碎、压实浓缩、脱水等减少其最终处置量,从而降低处理成本,减小环境的污染。减量化处理的过程中,也包括和其他处理技术相关的工艺方法,如焚烧、热解、堆肥等。

(3)焚烧技术。用于不适合再利用且不宜直接予以填埋处理的废弃物,尤其是对于已受到病菌、病毒污染的物品,可以用焚烧技术进行无害化处理。焚烧处理应使用符合环境要求的处理装置,注意避免对大气的二次污染。

(4)稳定的固化技术。利用水泥、沥青等胶结材料,将松散的废物包裹起来,减少废物的毒性和可迁移性,减小二次污染。

(5)填埋。是固体废弃物处理的最终技术,经过无害化、减量化处理的废弃物残渣集中在填埋场进行处置。填埋场利用天然或人工屏障,尽量使需要处理的废弃物与周围的生态环境隔离,并注意废弃物的稳定性和长期安全性。

(五)生态保护

生态保护应遵循预防为主,防治结合,维持生态功能的原则,其措施包括水土流失防治和动植物保护。

1.施工区水土流失防治的主要内容

施工场地应合理利用施工区内的土地,宜减少扰动原地貌和损毁植被。

料场取料应按水土流失防治要求减少植被破坏,剥离的表层熟土,宜临时堆存作回填覆土。取料结束应根据料场的性状、土壤条件和土地利用方式,及时进行土地平整,因地制宜地恢复植被。

弃渣应及时清运至指定渣场,不得随意倾倒,采用先挡后弃的施工顺序,及时平整渣面、覆土。渣场应根据后期土地利用方式,及时进行植被恢复或作其他用地。

施工道路应及时排水、护坡,永久道路宜及时栽种行道树。

大坝区、引水系统及电站厂区应根据工程进度要求及时绿化,并结合景观美化,合理布置乔、灌、花、草坪等。

2.动植物保护的主要内容

工程施工不得随意损毁施工区外的植被,捕杀野生动物和破坏野生动物生境。

工程施工区的珍稀濒危植物,采取迁地保护措施,应根据生态适宜性要求,迁至施工区外移栽;采取就地保护措施,应挂牌登记,建立保护警示标识。

施工人员不得伤害、捕杀珍贵、濒危陆生动物和其他受保护的野生动物。施工人员如在工程区附近发现受威胁或伤害的珍贵、濒危动物等受保护的野生动物,应及时报告管理部门,采取抢救保护措施。

工程在重要经济鱼类、珍稀濒危水生生物分布水域附近施工,不得捕杀受保护的水生生物。

工程施工涉及自然保护区应执行国家和地方关于自然保护区管理的规定。

(六)人群健康保护

施工期人群健康保护的主要内容包括:施工人员体检、施工饮用水卫生及施工区环境卫生防疫。

1.施工人员体检

施工人员应定期进行体检,预防异地病原体传入,避免发生相互交叉感染。体检应以常规项目为主,并根据施工人员健康状况和当地疫情,增加有针对性的体检项目。体检工作应委托有资质的医疗卫生机构承担,对体检结果提出处理意见并妥善保存。施工区及附近地区发生疫情时,应对原住人群进行抽样体检。

工程建设各单位应建立职业卫生管理规章制度和施工人员职业健康档案,对从事尘、毒、噪声等职业危害的人员应每年进行一次职业体检,对确认职业病的职工应及时给予治疗,并调离原工作岗位。

2. 施工饮用水卫生

生活饮用水水源水质应满足《地表水环境质量标准》(GB 3838—2002)中Ⅱ、Ⅲ类标准。施工人员生活供水水质应符合表6-6要求,并经当地卫生部门检验合格方可使用。生活饮用水源附近不得有污染源。施工现场应定期对生活饮用水取水区、净水池(塔)、供水管道末端进行水质监测。

表6-6 生活饮用水水质标准

编号		项目	标准
感官性状指标	1	色	色度不超过15度,并不应呈现其他异色
	2	浑浊度	不超过3度,特殊情况不超过5度
	3	臭和味	不应有异臭、异味
	4	肉眼可见物	不应含有
化学指标	5	pH值	6.5~6.8
	6	总硬度(以CaO计)	不超过450 mg/L
	7	铁	不超过0.3 mg/L
	8	锰	不超过0.1 mg/L
	9	铜	不超过1.0 mg/L
	10	锌	不超过1.0 mg/L
	11	挥发酚类	不超过0.002 mg/L
	12	阴离子合成洗涤剂	不超过0.3 mg/L
毒理学指标	13	氟化物	不超过1.0 mg/L,适宜浓度在0.5~1.0 mg/L
	14	氰化物	不超过0.05 mg/L
	15	砷	不超过0.04 mg/L
	16	硒	不超过0.01 mg/L
	17	汞	不超过0.001 mg/L
	18	镉	不超过0.01 mgL
	19	铬(六价)	不超过0.05 mg/L
	20	铅	不超过0.05 mg/L
细菌学指标	21	细菌总数	不超过100个/mL水
	22	大肠菌数	不超过3个/mL水
	23	游离性余氯	在接触30 min后不应低于0.3 mg/L,管网末梢水不低于0.05 mg/L

集中式供水工程,生活饮用水水质应符合《生活饮用水卫生标准》(GB 5749)的要求;受水源、技术、管理等条件限制的Ⅳ型、Ⅴ型供水工程,生活饮用水水质应符合《农村实施〈生活饮用水卫生标准〉准则》的要求。

3.施工区环境卫生防疫

施工进场前,应对一般疫源地和传染性疫源地进行卫生清理。施工区环境卫生防疫范围应包括生活区、办公区及邻近居民区。施工生活区、办公区环境卫生防疫应包括定期防疫、消毒,建立疫情报告和环境卫生监督制度,防止自然疫源性疾病、介水传染病、虫媒传染病等疾病暴发流行。当发生疫情时,应对邻近居民区进行卫生防疫。

根据《水利血防技术导则(试行)》(SL/Z 318—2005),水利血防工程施工应根据工程所在区域的钉螺分布状况和血吸虫病流行情况,制定有关规定,采取相应的预防措施,避免参建人员被感染。在疫区施工,应采取措施,改善工作和生活环境,同时设立醒目的血防警示标志。

任务五　安全生产标准化建设

根据《水利安全生产标准化评审管理暂行办法》(水安监〔2013〕189号,以下简称《办法》),水利部制定了安全生产标准化建设方案。该方案适用于水利部部属水利生产经营单位一、二、三级安全生产标准化评审和非部属水利生产经营单位一级安全生产标准化评审,水利生产经营单位需具有独立法人资格。

一、申请与审核

(一)申请

水利安全生产标准化评审实行网上申报。水利生产经营单位须根据自主评定结果登录水利安全监督网(http://aqjd.mwr.gov.cn)"水利安全生产标准化评审管理系统",按照《办法》第十条的规定,经上级主管单位或所在地省级水行政主管部门审核同意后,提交水利部安全生产标准化委员会办公室。

其中,审核单位为非水利部直属单位或省级水行政主管部门的,须以纸质材料进行审核,审核通过后,登录"水利安全生产标准化评审管理系统"进行申报。

(二)审核

水利部安全生产标准化评审委员会办公室自收到申请材料之日起,5个工作日内完成材料审核。主要审核以下内容:

(1)水利生产经营单位是否符合申请条件。

(2)自评报告是否符合要求,内容是否完整。

对符合申请条件且材料合格的水利生产经营单位,通知其开展评审机构评审;对符合申请条件但材料不完整或存在疑问的,要求其补充相关材料或说明有关情况;对不符合申请条件的,退回申请材料。

二、评审机构评审

通过水利部审核的水利生产经营单位,应委托水利部认可的评审机构开展评审。评审所需费用根据评审工作量等实际情况,参照国家相关收费标准,由承担评审的机构与委托单位双方协商,合理确定。

(一)评审机构应具备的条件

(1)具有独立法人资格,没有违法行为记录。

(2)具有与开展工作相适应的固定工作场所和办公设备。

(3)从事水利建设、管理等方面的安全生产技术服务工作5年以上。

(4)具有满足评审工作需要的人力资源,其中评审工作人员不少于15人。

(5)具有健全的内部管理制度和安全生产标准化过程控制体系。

(二)评审工作人员应具备的条件

(1)具有国家承认的大学本科(含)以上学历,且具有水利或安全相关专业中级(含)以上技术职称、安全评价师资格、注册安全工程师资格之一。

(2)从事安全生产管理工作5年以上,年龄不超过65周岁,身体健康。

(3)熟悉安全生产法律法规、技术标准和水利安全生产标准化评审标准,掌握相应的评审方法。

(4)经水利安全生产标准化培训并考试合格。

(三)评审工作人员的从业要求

(1)认真贯彻执行国家有关安全生产的法律法规,严格按照水利安全生产标准化评审标准开展评审工作。

(2)认真履行评审工作职责,并对评审结论负责。

(3)严格遵守公正性与保密承诺,不得泄露被评审单位的技术和商业秘密。

(4)在评审过程中恪守职业道德,廉洁自律。

(5)不得在两家以上评审机构从事评审工作。

(6)根据工作需要,定期参加知识更新培训。

(四)评审机构现场评审工作程序

(1)根据被评审单位实际,制定评审工作计划,选派评审工作人员开展评审。评审工作人员原则上不得少于5人,且与被评审单位无直接利益关系。

(2)召开评审工作会议,听取被评审单位安全生产工作汇报,了解被评审单位安全生产工作情况。

(3)对照评审标准要求,进行现场查验、问询,形成评审记录,提出整改意见和建议。

(4)召开总结会议,通报评审工作情况和推荐性评审意见。

被评审单位所管辖的项目或工程数量超过3个时,应抽查不少于3个项目或工程现场。

项目法人须抽查开工一年后的在建水利工程项目;施工企业须抽查现场作业量相对较大时期的水利水电工程项目。

三、水利部审定和管理

水利部安全生产标准化评审委员会办公室收到被评审单位提交的评审报告后,应进行初审。认为有必要时,可组织现场核查。现场核查中发现评审报告虚假或严重失实的,按《办法》第二十二条的规定处理。

评审报告审核工作主要包括以下内容:

(1)评审机构和现场评审人员是否符合要求。

(2)评审程序和现场评审是否规范。

(3)评审报告是否客观、公正、真实、完整。

(4)自评及评审中发现的主要问题的整改落实情况。

(5)是否存在否决条件。

(6)审定级别是否符合规定。

水利部安全生产标准化评审委员会办公室将初审后的评审报告提交评审委员会审定。

审定通过的单位在水利安全监督网上公示,公示期为7个工作日。公示无异议的,由水利部颁发证书、牌匾(证书、牌匾式样见附件);公示有异议的,由水利部安全生产标准化评审委员会办公室核查处理。

取得水利安全生产标准化等级证书的单位每年年底应对安全生产标准化情况进行自评,形成报告,于次年1月31日前通过"水利安全生产标准化评审管理系统"报送水利部安全生产标准化评审委员会办公室。

【拓展训练】 某水利枢纽工程建设内容包括大坝、隧洞、水电站等建筑物。该工程由某市水利局管理机构组建的项目法人负责建设,工期4年。某施工单位负责施工,在工程施工过程中发生如下事件:

事件一:第三年1月,突降大雪,分包商在进行水电站厂房上部结构施工过程中,在15 m高处的大模板由于受到雪荷载作用,支撑失稳倒塌,新浇混凝土结构毁坏,2人坠落身亡,1人当场砸死,2人砸成重伤,2人砸成轻伤,起重机被砸坏。

事件二:该工程成立了以总包人党支部统一领导,项目负责人为第一责任人,各部门齐抓共管,全员参与的文明工地评比活动,第二年由水利厅授予"文明工地"称号;第三年总包人又向水利部进行了申报。

事件三:地下厂房、引水隧洞等土石方开挖、爆破施工。

问题:(1)根据事件一和水利工程合同文件,指出该工程新浇混凝土结构毁坏、人员伤亡、起重机被砸坏的承担责任主体。

(2)指出并改正事件二中申报工作中的不妥之处。

(3)指出文明工地评比的不妥之处,并说明正确做法。本工地能否被评为文明工地?

(4)地下厂房、引水隧洞等土石方开挖、爆破施工粉尘如何控制?

解答:(1)事件一属于不可抗拒异常恶劣天气,新浇混凝土结构毁坏损失由总包人承担;人员伤亡和起重机被砸坏由分包人承担。

(2)事件二不妥。正确做法为该工程成立以项目法人党支部统一领导,主要负责人为第一责任人,各参建方配合,各部门齐抓共管,全员参与的文明工地评比活动。

(3)第二年应该是水利部文明办授予称号;第三年可以申报,上一届命名,还可以继续申报,但两年命名一次。申报应有项目法人统一申报市水利局,由市水利局建管部门和文明办进行考核推荐到水利厅,由水利厅推荐到水利部建管司和文明办。

但是,第三年不能申报,因为根据《水利工程建设重大质量与安全事故应急预案》,第三年发生的事故属于重大质量安全事故(3级)。

(4)应采用喷水、设置通风设施、改善地下洞室空气扩散条件等措施,减少粉尘和废气污染。

项目七

信息管理

主要内容

- ✿ 信息管理与工程项目信息管理
- ✿ 常用的项目管理软件

水利工程项目管理

【知识目标】

了解信息管理的概念；了解信息管理的分类及组成；掌握 BIM 项目管理的软件应用；了解常用的项目管理软件。

【技能目标】

能使用 Microsoft Project 2019(MSP)软件编制简单的进度横道图，能够利用 BIM 建立简单模型。

【素质目标】

批判性思维，能够分析和评估信息管理中的问题，并提出有效的解决方案；信息管理领域中的沟通和合作能力；创新意识和创业精神；职业道德和社会责任意识。

【导入案例】

随着信息技术的飞速发展，以信息采集技术、通信与网络技术、信息存储与管理技术、系统集成技术等为代表的多种现代信息技术，在国内外的工程施工领域得到越来越多的应用，已逐渐成为工程施工过程控制质量的重要手段和方法。

从 2003 年开始，美欧发达国家逐渐开始在施工过程管理中推广应用无线技术、手持应用技术，希望以此解决施工过程中对各种实时生产数据的采集、处理、传送问题，以提高关键业务数据在施工参建各方间的有序流动，促进施工过程的标准化、规范化进程，实现提高生产效率、沟通效率、知识积累等管理目标。目前，在发达国家，无线与手持的应用形式已经逐渐渗透到施工生产过程管理的各个环节，但在工程整体应用方面，还缺乏成功应用实例。

国内信息技术在水利水电工程中的研究应用，早期主要通过信息采集技术结合数值仿真模拟技术指导设计，按设定的参数对大坝的施工进度和质量进行全天候监控，从而为后期的工程验收、安全鉴定和施工期、运行期安全评价提供强大的信息服务。

我国于 2008 年前后开展数字化、信息化筑坝技术的全面研究，并在糯扎渡、官地、溪洛渡、龙开口、鲁地拉等工程进行数字化筑坝技术应用，开始逐渐引领世界筑坝技术进入数字化、可视化阶段。2018 年后，随着黄登、丰满、乌东德、白鹤滩等水电站的建设成功，我国筑坝技术由数字化时代进入智能化时代，大坝全景信息模型 DIM 和智能化建设信息化平台 iDam 等智能信息化管理平台的应用，解决了复杂环境条件下的数据采集问题、多方参与条件下的数据共享问题、大量数据条件下的数据挖掘问题、全面质量管理下的数据应用问题，为大坝智能化建设提供了先进的软件环境，使全面感知、真实分析、实时控制的智能化筑坝技术有效运转。大坝智能化建设协同平台利用先进的计算机与我国自主研发的北斗网络技术，颠覆了传统的工程施工过程管理模式，借助信息化手段，实现有效的过程监控与分析，优化施工管理模式，是传统的工程项目管理系统向施工生产一线的重要延伸，基于统一的数据接口、查询分析与预报警，实现工程地质、施工过程、安全监测、科研分析数据的全面管理，集成施工监测、仿真分析、预报警信息发布和决策支持等模块，为提高工程的质量、安全与进度管理提供了有效的手段，促进了施工精细化管理水平，为大坝施工提供优质、安全、高效的服务。

我国各大央企聚焦社会责任意识，发挥央企"大国重器"作用。利用"产学研"一体化优势，依托各项"国字号"工程，在水利水电建设中不断进行科学技术创新，已经从世界筑坝技术的"跟跑者"变为"领跑者"!

任务一　信息管理与工程项目信息管理

一、信息管理

信息管理(information management, 简称 IM)是人类为了有效地开发和利用信息资源,以现代信息技术为手段,对信息资源进行计划、组织、领导和控制的社会活动。简单地说,信息管理就是人对信息资源和信息活动的管理。信息管理是指在整个管理过程中,人们收集、加工和输入、输出的信息的总称。信息管理的过程包括信息收集、信息传输、信息加工和信息储存。

(一)信息管理的对象

信息管理学是以信息资源及信息活动为研究对象,研究各种信息管理活动的基本规律和方法的科学。所以,要想做好信息管理,前提是理解信息资源和信息活动。

(1)信息资源。是信息生产者、信息、信息技术的有机体。信息管理的根本目的是控制信息流向,实现信息的效用与价值。但是,信息并不都是资源,要使其成为资源并实现其效用和价值,就必须借助"人"的智力和信息技术等手段。因此,"人"是控制信息资源、协调信息活动的主体,是主体要素,而信息的收集、存储、传递、处理和利用等信息活动过程都离不开信息技术的支持。没有信息技术的强有力作用,要实现有效的信息管理是不可能的。由于信息活动本质上是为了生产、传递和利用信息资源,因此信息资源是信息活动的对象与结果之一。信息生产者、信息、信息技术 3 个要素形成一个有机整体——信息资源,是构成任何一个信息系统的基本要素,是信息管理的研究对象之一。

(2)信息活动。是指人类社会围绕信息资源的形成、传递和利用而开展的管理活动与服务活动。信息资源的形成阶段以信息的产生、记录、收集、传递、存储、处理等活动为特征,目的是形成可以利用的信息资源。信息资源的开发利用阶段以信息资源的传递、检索、分析、选择、吸收、评价、利用等活动为特征,目的是实现信息资源的价值,达到信息管理的目的。单纯地对信息资源进行管理而忽略与信息资源紧密联系的信息活动,不能真正发挥信息管理的作用。

(二)信息管理的特征

1.管理特征

信息管理是管理的一种,因此它具有管理的一般性特征。例如,管理的基本职能是计划、组织、领导、控制,管理的对象是组织活动,管理的目的是实现组织的目标等。这些在信息管理中同样具备。但是,信息管理作为一个专门的管理类型,又有自己独有的特征。

(1)管理的对象是信息资源和信息活动。

(2)信息管理贯穿于整个管理过程之中,有其自身的管理,同时支持其他管理活动。

2.时代特征

（1）信息量迅速增长。随着经济全球化，世界各国和地区之间的政治、经济、文化交往日益频繁；组织与组织之间的联系越来越广泛；组织内部各部门之间的联系越来越多，以致信息大量产生。同时，信息组织与存储技术迅速发展，使得信息储存积累可靠、便捷。

（2）信息处理和传播速度更快。信息技术的飞速发展，使得信息处理和传播的速度越来越快。

（3）信息的处理方法日益复杂。随着管理工作对信息需求的提高，信息的处理方法也就越来越复杂。早期的信息加工，多为一种经验性加工或简单的计算。加工处理方法不仅需要一般的数学方法，还要运用数理统计、运筹学和人工智能等方法。

（4）信息管理所涉及的研究领域不断扩大。从科学角度看，信息管理涉及管理学、社会科学、行为科学、经济学、心理学、计算机科学等；从技术上看，信息管理涉及计算机技术、通信技术、办公自动化技术、测试技术等。

（三）信息管理的要求

（1）及时。就是信息管理系统要灵敏、迅速地发现和提供管理活动所需要的信息。这里包括两个方面：一方面，要及时地发现和收集信息。现代社会的信息纷繁复杂，瞬息万变，有些信息稍纵即逝，无法追忆。因此，信息的管理必须最迅速、最敏捷地反映出工作进程和动态，并适时地记录下已发生的情况和问题。另一方面，要及时传递信息。信息只有传输到需要者手中才能发挥作用，并且具有强烈的时效性。因此，要以最迅速、最有效的手段将有用信息提供给有关部门和人员，使其成为决策、指挥和控制的依据。

（2）准确。信息不仅要求及时，而且必须准确，只有准确的信息才能帮助决策者做出正确的判断。失真以致错误的信息，不但不能对管理工作起到指导作用，相反还会导致管理工作的失误。

为保证信息准确，首先要求原始信息可靠。只有可靠的原始信息才能加工出准确的信息。因此，信息工作者在收集和整理原始材料的时候必须坚持实事求是的态度，克服主观随意性，对原始材料认真加以核实，使其能够准确反映实际情况。其次是保持信息的统一性和唯一性。一个管理系统的各个环节，既相互联系又相互制约，反映这些环节活动的信息有着严密的相关性。所以，系统中许多信息能够在不同的管理活动中共同享用，这就要求系统内的信息应具有统一性和唯一性。因此，在加工整理信息时，要注意信息的统一，也要做到计量单位相同，以免在信息使用时造成混乱现象。

二、工程项目信息管理

工程项目信息管理是在工程项目全寿命周期内，通过对各个系统、各项工作和各种数据的管理，使项目的信息能方便和有效地获取、存储、存档、处理和交流。工程项目信息管理的目的旨在通过有效的项目信息传输的组织和控制为项目建设的增值服务。

建设工程项目有各种信息，如图7-1所示。

业主方和项目各参与方可根据各自项目管理的需求确定其信息的分类，但为了信息交流的方便和实现部分信息共享，应尽可能做一些统一分类的规定，如项目的分解结构应统一。

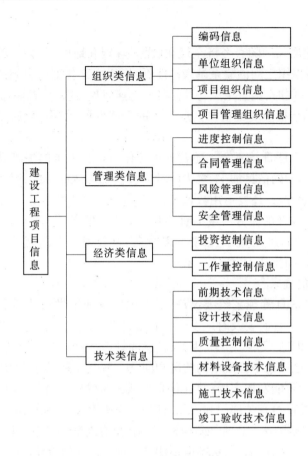

图7-1 项目信息分类

可以从不同的角度对建设工程项目的信息进行分类：

（1）按项目管理工作的对象，即按项目的分解结构，如子项目1、子项目2等进行信息分类。

（2）按项目实施的工作过程，如设计准备、设计、招标投标和施工过程等进行信息分类。

（3）按项目管理工作的任务，如投资控制、进度控制、质量控制等进行信息分类。

（4）按信息的内容属性，如组织类信息、管理类信息、经济类信息、技术类信息和法规类信息。

为满足项目管理工作的要求，往往需要对建设工程项目信息进行综合分类，即按多维进行分类。

（1）第一维：按项目的分解结构。

（2）第二维：按项目实施的工作过程。

（3）第三维：按项目管理工作的任务。

（一）项目基本信息

施工项目中的基本信息可以分为以下几类。

1. 工程准备信息

(1)立项文件由建设单位在建设工程建设前期形成并收集汇编,包括项目建议书、项目建议书审批意见及前期工作通知书、可行性研究报告及其附件、可行性研究报告审批意见、与立项有关的会议纪要、主管部门下达文件、专家建议文件、调查资料及项目评估研究等资料。

(2)建设用地、征地、拆迁文件由建设单位在工程建设前期形成并收集汇编。包括选址申请及选址规划意见通知书,用地申请报告及县级以上人民政府城乡建设用地批准书,拆迁规划意见、协议、方案,建设用地规划许可证及其附件,划拨建设用地文件,国有土地使用证等资料。

(3)勘察、测绘、设计文件由建设单位委托勘察、测绘、设计有关单位完成,建设单位统一收集汇编,包括工程地质勘察报告、水文地质勘探报告、自然条件、地震调查、建设用地钉桩通知单、地形测量和拨地测量成果报告、申报的规划设计条件和规划设计条件通知书、初步设计图样和说明、技术设计图样和说明、审定设计方案通知书及审查意见、有关行政主管部门批准文件或取得的有关协议、施工图及其说明、设计计算书、政府有关部门对施工图设计文件的审批意见。

(4)由建设单位收集汇总其与勘察单位、设计单位、承包单位、监理单位及其他单位签订的合同及有关招标投标文件,包括勘察、设计、施工、采购、监理、项目管理和咨询等。

(5)开工审批文件由建设单位在工程前期形成并收集汇编。包括建设项目列入年度计划的申报文件、建设项目列入年度计划的批复文件或年度计划项目表、规划审批申报表及报送的文件和图样、建设工程规划许可证及其附件、建设工程开工审查表、建设工程施工许可证、投资许可证、审计证明、缴纳绿化建设费等证明、工程质量监督手续。

(6)财务文件由建设单位自己或委托设计、监理、咨询服务有关单位完成,在建设工程前期形成并收集汇编,包括工程投资估算材料、工程设计概算材料、施工图预算材料、施工预算等。

(7)建设、设计、施工、监理机构及负责人信息由建设单位在工程建设前期形成并收集汇编,包括建设单位建筑施工项目管理部和设计部、建筑施工项目监理部、工程施工项目经理部的主要成员及各自负责人的情况。

2. 项目管理信息

(1)项目管理规划,由项目经理部在工程施工前期形成并收集汇编,包括项目管理大纲、项目管理规划、管理实施细则、项目管理总控制计划等。

(2)管理信息,在项目管理的全过程中形成,汇集了管理月报、有关的例会和专家会议记录中的所有信息等。

(3)进度控制信息,在建设项目管理的全过程中形成,包括工程开工/复工报审表、工程延期报审与批复、工程暂停令等。

(4)质量控制信息,在建设项目管理的全过程中形成,包括施工组织设计(方案),工程质量检验报告,工程材料、构(配)件、设备审批表,工程竣工验收单,不合格项目处置记录,质量事故报告及处理结果等。

(5)环境和安全管理信息,包括环境和安全的监测记录、政府有关职能部门对环境和安全的指示和通知、施工单位的环境和安全控制措施及实施情况等。

（6）造价控制信息，包括材料费用、设备费用、人工费用支付计划，工程款到款记录，工程变更费用报审与签认等。

（7）工程分包资质信息，在工程施工期中形成，包括分包单位资质报审表、供货单位资质材料、试验等单位资质材料。

（8）通知、信函及回复，包括在建设项目管理各方之间有关进度控制、质量控制、造价控制的通知、信函及回复等。

（9）合同及其他事项管理，在建设全过程中形成，包括费用索赔报告及审批、工程及合同变更、合同争议、违约报告及处理意见等。

（10）工作总结，包括专题总结、月报总结、工程竣工总结、质量评估报告等。

3. 工程施工信息

工程施工信息主要包括施工技术准备，施工现场准备，工程变更、洽商记录，原材料、成品、半成品、构（配）件设备出厂质量合格证及试验报告，施工试验记录，施工记录，预检记录，隐蔽工程检查（验收）记录，工程质量检查验收记录，功能性试验记录，质量事故及处理记录，竣工测量资料等信息文件。

4. 竣工图

竣工图包括建筑安装工程竣工图和市政基础设施工程竣工图两类。建筑安装工程竣工图包括综合竣工图和专业竣工图两类。市政基础设施工程竣工图包括道路、桥梁、广场、隧道、铁路、公路、航空、水运、地下铁道等轨道交通，地下人防，水利防灾，排水、供水、供热、供气、电力、电信等地下管线，高压架空输电线，污水、垃圾处理场、厂站工程等文件。

5. 竣工验收信息

竣工验收信息包括工程竣工总结，竣工验收记录，财务文件，声像、缩微、电子档案。

（1）工程竣工总结，包括工程概况表和工程总结。

（2）竣工验收记录。建筑安装工程有单位（子单位）工程质量竣工验收记录、竣工验收证明书、竣工验收报告、竣工验收备案表（包括各专项验收认可文件）、工程质量保修书。市政基础设施工程有单位工程质量评定表及报验单、竣工验收证明书、竣工验收报告、竣工验收备案表（包括各专项验收认可文件）、工程质量保修书。

（3）财务文件，包括决算文件、交付使用财产总表和财产明细表。

（4）声像、微缩、电子档案，包括工程照片，录音、录像材料，微缩品，光盘，磁盘等。

（二）工程项目信息化管理

1. 工程项目信息化管理发展历程

自20世纪70年代起，工程项目信息化管理经历了一个迅速发展的过程，如图7-2所示。20世纪70年代，以单项程序的应用为主，如工程网络计划的时间参数的计算程序、施工图预算程序等；20世纪80年代，程序系统的应用得到了普及，如项目管理信息系统（project management information system，简称 PMIS）、设施管理信息系统（facility management information system，简称 FMIS）；20世纪90年代，随着工程项目管理的集成，程序系统也不断地朝着集成的方向发展，并通过网络平台进行管理，如项目信息门户（project information portal，简称 PIP）；进入21世纪后，得益于计算机软硬件水平的迅速发展，虚拟建设(virtual construction,简称 VC)的研究和应用取得了突破性进展,三维数字技术使设计、施工、管理从二维平面扩展到三维空间甚至多维空间中来,如建筑信息模型(building information modeling,简称 BIM)。

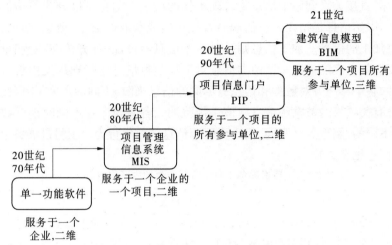

图7-2 工程项目信息管理发展历程

工程项目信息化管理是对工程项目管理信息资源的开发和利用,以及信息技术在工程项目管理中的开发和应用。工程项目信息化管理的作用主要体现在以下几个方面:

(1)辅助决策。使上层决策者能及时、准确地获得决策所需的信息,准确、全面的信息是正确决策的前提,工程项目信息化管理使得管理者方便、快捷地获得所需要的信息,减少了决策信息的不确定性和主观性,借助全面、准确的信息,决策支持系统的专家知识和模型库能够辅助管理者提高决策的质量。

(2)提高项目管理水平。更有效地控制和指挥项目的实施。借助信息化工具实现对建设工程项目的信息流、物流、资金流、工作流的结合,保障了管理工作的顺利、高效地开展,信息化的手段使得项目管理者能够对复杂的项目、远程项目和多项目进行管理,大大突破了传统的项目管理范围和难度。

(3)再造管理流程,提高管理创新能力,传统的项目组织结构和管理模式存在多等级、多层次、沟通困难、信息传递失真等弊端,以工程项目信息化建设为契机,利用成熟的管理信息系统所蕴含的先进管理理念,对项目管理进行业务流程的梳理和变革,不仅能够有效地促进项目组织管理的规范化,还能实现管理水平的优化,提高管理创新能力。

(4)实现信息资源共享,降低成本,提高工作效率,工程项目信息化管理,可以实现信息资源的共享,打破存在信息"孤岛"的现象,防止信息的堵塞,大大降低了管理者的劳动强度,节约了沟通的时间和成本。

2. 工程项目信息化管理

工程项目信息化管理的基本环节有信息的收集、加工整理、传递、储存、检索、输出和反馈。工程项目信息的加工、整理和存储是数据收集后的必要过程。收集的数据经过加工整理后产生信息。信息是指导施工和工程项目管理的基础,要把管理由定性分析转到定量管理上来,信息是不可或缺的要素。

1）工程项目信息的收集

信息收集就是指通过各种方式获取所需要的信息，它是信息化管理的主要依据，反映信息源的原始性和分散性。信息收集是信息得以利用的第一步，也是关键的一步。信息收集工作的好坏，直接关系到整个信息化管理工作的质量。信息可以分为原始信息和加工信息两大类。原始信息是指在经济活动中直接产生或获取的数据、概念、知识、经验及总结，是未经过加工的信息。加工信息则是对原始信息经过加工、分析、改变和重组而形成的具有新形式、新内容的信息。这两类信息对工程项目信息化管理都发挥着重要的作用。工程项目的各个参与方对数据和信息有不同的信息来源、不同的角度、不同的处理方法，但要求各方有关项目的数据和信息应该是规范的。各参与方在不同时期对数据和信息的收集也是不同的，侧重点也不同，但也要规范信息的收集行为。项目进展各个阶段需要收集的主要信息见表7-1。

表7-1　项目进展各个阶段需要收集的主要信息

项目进展阶段		收集相关信息
前期策划 与决策阶段		①项目相关市场方面的信息；②项目资源相关方面的信息；③资源环境相关信息；④新技术、新工艺、新设备、新材料、专业配套能力方面的信息；⑤政治环境、社会治安状况、当地法律法规、教育信息等
设计阶段		①可行性研究报告；②同类工程相关信息；③拟建工程所在地相关信息；④勘察、设计单位相关信息；⑤工程所在地政府相关信息；⑥设计中的设计进度计划、设计质量保证体系、设计合同执行情况、偏差产生的原因纠偏措施
招标投标阶段		①工程地质、水文勘察报告、施工图设计及施工图预算、设计概算；②建设单位建设前期报审文件；③工程造价的市场变化规律及所在地区的材料、构件、设备、劳动力的差异；④当地施工单位管理水平，质量保证体系、施工质量、设备、机具能力；⑤本工程使用的规范、规程、标准，特别是强制性规范的所在地关于招标投标有关法规等；⑥所在地招标投标代理机构能力、特点，所在地招标投标管理机构及管理程序；⑦该建设工程采用的新技术、新设备、新材料、新工艺，投标单位对此处理能力和了解程度、经验、措施等
施工 阶段	施工前准备	①工程场地环境信息；②工程工作环境信息；③工程合同环境信息
	正式施工 阶段	①资源信息；②气象信息；③技术法规、规范；④管理程序和制度；⑤质量监测数据；⑥设备试运行资料；⑦施工安全信息；⑧施工进展情况；⑨合同执行情况
收尾阶段		①工程准备阶段文件；②监理文件；③施工资料；④竣工图；⑤竣工验收资料

2）工程项目信息的加工处理

工程项目信息的加工处理主要是对建设各方得到的数据和信息进行鉴别、选择、核对、合并、排序、更新、计算、汇总、转储，生成不同形式的数据和信息，提供给不同需求的各类管理人员。其中，在工程项目施工过程中，信息加工处理的主要内容包括以下几点：

（1）工程施工进展情况。工程项目每月、每季度都要对工程进度进行分析并做出综合评价，包括当月（季）整个工程各方面实际完成量、实际完成量与合同规定的计划量之间的比较。如果某些工作的进度拖后,应及时分析原因、存在的主要问题和困难,并提出解决问题的建议。

(2)工程质量情况与问题。工程项目应系统地将当月(季)施工过程中的各种质量情况在月报(季报)中进行归纳和评价,包括现场检查中发现的各种问题、施工中出现的重大事故,对各种情况、问题、事故的处理意见。

(3)工程结算情况。工程价款结算一般按月进行。工程项目应对投资情况进行统计分析,在统计分析的基础上做一些短期预测,为业主在资金方面的决策提供可靠依据。

(4)施工索赔情况。在工程项目施工过程中,由于业主的原因或外界客观条件的影响使承包人遭受损失,承包人提出索赔或由于承包人违约使工程蒙受损失,业主提出相应索赔。

3)工程项目信息的储存

根据建设工程项目实际情况,可以按照下列方式组织信息:按照工程进行组织,同一工程按照投资、进度、质量、合同的角度组织,各类信息进一步按照具体情况细化;文件名规范化,以定长的字符串作为文件名;建设各方协调统一存储方式,在国家技术标准有统一的代码时尽量采用统一代码,有条件时可以通过网络数据库形式存储数据,达到建设各方数据共享,减少数据冗余,保证数据的唯一性。

为保证以最优的方式组织数据,提高完整性、一致性和可修改性,形成合理的数据流程。工程项目信息系统数据库一般应包括备选方案数据库、建筑类型数据库、开发费用数据库、建安成本数据库、收入/支出数据库、可行方案数据库(财务指标数据库)、敏感分析数据库、盈亏平衡分析数据库、最优化方案数据库(决策分析数据库)和市场信息的数据库。

4)工程项目信息的检索

工程项目管理中一般存储大量的信息,为了查找方便,需要建立一套科学、迅速的检索方法,以便能够全面、及时、准确地获得所需的信息。对单个信息的各种内外特征进行描述并确定其标志后,必须按一定规则和方法将所有信息记录组织排列成一个有序的整体,才能为人们获取所需信息提供方便。根据用户的信息需要和信息查询习惯,常用的信息组织与排序方法主要有以下几种:

(1)分类组织法,即按照类别特征组织排列信息概念、信息记录和信息实体的方法。

(2)主题组织法,即按照信息概念、信息记录和信息实体的主题特征来组织排列信息的方法。

(3)字顺组织法,即按照揭示信息概念、信息记录和信息实体有关特征所使用的语词符号的言序或形序组织排列信息的方法。

(4)号码组织法,即按照单个信息被赋予的号码次序或大小顺序组织排列信息的方法。

(5)时空组织法,即按照信息概念、信息记录和信息实体产生、存在的时间、空间特征或其内容所涉及的时间、空间特征来组织排列信息的方法。

(6)超文本组织法,是一种非线性的信息组织方法,它的基本结构由节点和链组成。节点用于存储各种信息,链则用于表示各节点之间的关联。

5）工程项目信息的输出

经过收集、加工整理、存储、检索的信息，如果不能有效地传递给需要它的用户，信息资源的使用价值就会丧失殆尽。在信息传递活动中，信息源是前提和基础，信息传递者是主体。信息传递过程是信息传递者对信息的采集和检索的过程，是信息传递者对信息传递工具的选择过程，也是信息传递者对信息接受者的确定和信息接受者使用信息的过程。

工程项目信息的传递一般借助一定的载体，如纸张、光盘、USB 闪存盘（简称 U 盘）、计算机网络等，使工程项目信息在参与工程项目管理工作的各个部门、单位之间进行传播。通过传递形成的各种信息流，成为工程项目管理人员开展工作的重要依据。由于工程项目信息特征决定了工程项目信息的传递直接影响信息的保密度和真实性，因此做好信息传递的管理时应注意及时性、经济性、准确性和保密性的原则。工程项目信息传递可采用的传输方法或技术主要包括例会、在线交流、电子邮件、备忘录、会议纪要、正式报告等，具体采取哪种方法或技术应考虑以下因素：①信息需求的紧迫性；②技术的可获得性；③项目参与者的经验与能力；④项目周期、项目环境等。

6）工程项目信息的反馈

信息的反馈在科学决策过程中起着十分重要的作用。信息反馈就是将输出信息的作用结果再返送回来的过程，也就是施控系统将信息输出，输出的信息对受控系统作用的结果又返回施控系统，并对施控系统的信息再输出发生影响的一种过程。

信息反馈始终贯穿于信息的收集、加工、存储、检索、传递等众多环节中，但它主要还是表现在这些环节之后的信息的"再传递"和"再返送"上。因此，滞后性是信息反馈的最基本的特征。同时，信息反馈具有很强的针对性，不同于一般的反映情况，它是针对特定决策所采取的主动采集和反映。此外，信息反馈对于决策的实施情况进行连续地、及时地、有层次地反馈，连续性和及时性也是它的主要特点之一。要做到充分掌握和利用信息的反馈，就要充分了解信息反馈的这些特点。

工程项目信息的反馈即指项目管理人员使用信息后提出的意见、建议等。它有助于检查信息管理计划的落实情况、实施效果及信息的有效性、信息成本等，以便及时采取处理措施，并不断提高信息化管理水平。

三、工程项目信息化管理技术

（一）工程项目管理信息系统

1. 概念

项目管理信息系统（project management information system，简称 PMIS），是基于计算机辅助项目管理的信息系统，包括信息、信息流动和信息处理等各个方面。

工程项目管理信息系统是由人、计算机等组成的能进行工程项目信息的收集、加工、整理、存储、检索、传递、维护和使用的计算机辅助管理系统，为项目管理人员进行工程项目管理和目标控制提供可靠的信息支持，以实现工程项目信息的全面管理、系统管理、规范管理和科学管理。

工程项目管理信息系统一般由进度管理、质量管理、投资与成本管理及合同管理等若干个子系统构成，各子系统涉及的各类数据按一定的方式组织并存储为公用数据库（项目信息门户,project information portal,简称 PIP),支持各子系统之间的数据共享,并实现信息系统的各项功能。此外,工程项目管理信息系统不是一个孤立的系统,必须建立与外界的通信联系,如与"中国经济信息网"联网收集国内各个部门、各个地区工程信息,国际工程招标信息、物资信息等,从而为项目管理人员进行管理决策提供必需的外部环境信息。

2. 作用

项目管理信息系统是把输入系统的各种形式的原始数据分类、整理和存储以供查询和检索之用,并能提供各种统一格式的信息。简化各种统计和综合工作,以提高工作效率等。

项目管理信息系统的主要作用:①有利于项目管理数据的集中存储、检索和查询,提高数据处理的效率与准确性;②为项目各层次、各岗位的管理人员收集、处理、传递、存储和分发各类数据与信息;③为项目高层管理人员提供预测、决策所需要的数据、数学分析模型和必要的手段,为科学决策提供可靠支持;④提供人、资金、设备等生产要素综合性数据及必要的调控手段,便于项目管理人员对工程的动态控制;⑤提供各种项目管理报表,实现办公自动化。

此外,项目管理信息系统在工程项目管理中的具体作用还表现为:①加快资金周转,提高资金使用效率;②加强工程监控,实时调整计划,降低生产成本;③库存信息实时查询,减少积压,合理调整库存;④通过实际与计划比较,合理调整工期;⑤方便各类人员不同的查询要求,同时保证数据准确性,提高工作效率和管理水平;⑥扩展外部环境信息渠道,加快市场反应。

3. 构成

项目管理信息系统是由硬件、软件、数据库、操作规程和操作人员等构成的。

(1)硬件。计算机及其有关的各种设备,具有输入、输出、通信、储存数据和程序、进行数据处理等功能。

(2)软件。为系统软件与应用软件,系统软件用于计算机管理、维护、控制及程序安装和翻译工作,应用软件是指挥计算机进行数据处理的程序。

(3)数据库。是系统中数据文件的逻辑组合,包含了所有应用软件使用的数据。

(4)操作规程。向用户详细介绍系统的功能和使用方法。另外,项目管理信息系统一般还包括:①组织件,即明确的项目信息管理部门、信息管理工作流程及信息管理制度;②教育件,即企业领导、项目管理人员、计算机操作人员的培训等。

(二)项目信息门户

1. 概念

项目信息门户(project information portal,PIP)是在项目主题网站和项目外联网的基础上发展起来的一种工程管理信息化的前沿研究成果。项目信息门户是在对项目全生命周期过程中项目参与各方产生的信息进行集中式存储和管理的基础上,为项目参与各方在 Internet 平台上提供一个获取个性化项目信息的单一入口,从而为项目参与各方提供一个高效率的信息交流和共同工作的环境。同时,它还使得工程项目的信息流动大大加快,信息处理效率得到了极大的提高,项目管理的作用得到了充分的发挥,避免了传统项目中因为信息不对称而造成的浪费和损失。PIP 改变了工程项目传统的沟通方式,如图 7-3 所示。

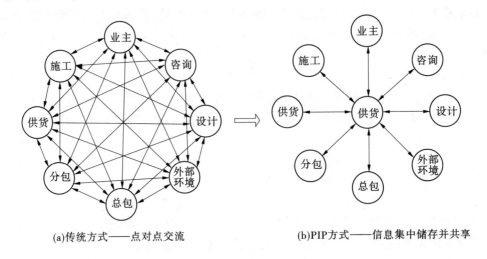

(a)传统方式——点对点交流　　　　　(b)PIP方式——信息集中储存并共享

图 7-3　PIP 改变工程项目传统的沟通方式

2. 类型

PIP 按其运行模式分类,有以下两种类型,即 PSWS(project specific website)模式和 ASP(application service provide)模式。PSWS 模式为一个项目的信息处理服务而专门建立的项目专用门户,也可称为专用门户。ASP 模式是由 ASP 服务商提供的为众多单位和众多项目服务的公用网站,也可称为公用门户。ASP 服务商有庞大的服务器群,一个大的 ASP 服务商可以为数以万计的客户群提供门户的信息处理服务。目前,国际上 PIP 应用的主流是 ASP 模式。

3. 体系结构

一个完整的 PIP 体系的逻辑结构应具有 8 个层次,从数据源到信息浏览界面分别是以下几个层次:

(1)基于 Internet 的项目信息集成平台,可以对来自不同信息源的异构信息进行有效集成。

(2)项目信息分类层,对信息进行有效的分类编目,以便于项目各参与方的信息利用。

(3)项目信息检索层,为项目各参与方提供方便的信息检索服务。

(4)项目信息发布与传递层,支持信息内容的网上发布。

(5)工作流支持层,项目各参与方通过项目信息门户完成一些工程项目的日常工作流程。

(6)项目协同工作层,使用同步或异步手段使项目各参与方结合一定的工作流程进行协作和沟通。

(7)个性化设置层,使项目各参与方实现个性的界面设置。

(8)数据安全层,通过安全保证措施使用户一次登录就可以访问所有的信息源。

4. 核心功能

PIP 的主要目标是实现工程项目信息的共享和传递,而不是对信息进行加工和处理。PIP 的基本功能包括项目文档管理、项目信息交流、项目协同工作及工作流程管理等 4 个方面,如图 7-4 所示。

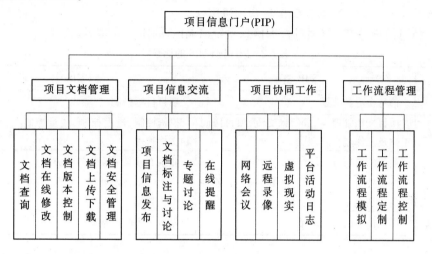

图 7-4　PIP 核心功能结构框图

PIP 的 4 个子系统的基本功能如下。

1) 项目文档管理

项目文档管理功能包括文档查询、文档上传下载、文档在线修改及文档版本控制等功能。在项目文档管理功能中,除常见的文档上传下载、文档查询等功能外,文档安全管理主要通过用户身份管理和文档读写权限来进行;文档版本控制指的则是系统自动记录各种文档的不同版本信息及每一次不同项目参与方对于该文档某一版本详细的访问情况(包括访问者、具体操作、访问时间等)。

2) 项目信息交流

项目信息交流功能主要是使项目主持方和项目参与方之间及项目各参与方之间在项目范围内进行信息交流和传递。在项目信息交流功能中,项目信息发布是指在网页上即时发布各种自定义的项目信息在线提醒,包括电子邮件及手机短信等方式的提醒;文档标注与讨论为项目各参与方提供针对某一具体文档的交互式标注及讨论功能专题;讨论区则是针对项目实施过程中产生的某个具体问题设置的 BBS 形式的讨论区。

3) 项目协同工作

项目协同工作功能由网络会议、远程录像及虚拟现实等内容构成。在项目协同工作功能中,虚拟现实一般是简单地将某些 CAD 三维图形转换为虚拟现实建模语言(VRML)并集成在网页上,以表现建筑物完工后的三维效果。基于 PIP 的项目管理和软件共享等也属于项目协同工作的范畴。

4) 工作流程管理

工作流程管理功能主要通过基于项目文档的流程定义和建模、流程运行控制及流程与外部的交互来管理项目实施中的工作流程,最大限度地实现工作流程自动化。由于PIP 中的工作流程管理功能的管理对象一般是基于文档的项目工作流程,因此 PIP 工作流程管理功能是在 PIP 文档管理功能的基础上建立的,通常将其视为文档管理功能的延伸。

5. 项目信息门户与项目管理信息系统的比较

项目信息门户(PIP)与项目管理信息系统(PMIS)的比较见表 7-2。

表 7-2 PIP 与 PMIS 的比较

比较	PIP	PMIS
目标	信息交流和共享	项目目标控制
基本功能	项目文档管理、项目信息交流、项目协同工作及工作流程管理	投资控制、进度控制、质量控制、合同管理和文档管理
使用者	项目的参与方	业主方或某一项目参与方
应用技术	应用技术、通信技术,在 Internet 上处理一些非结构化的项目文档	应用信息技术处理与项目目标控制有关的结构化数据
系统环境	高效协调的工作环境	相对封闭的信息系统

6. 相关软件

Autodesk Buzzsaw 是众多 PIP 开发应用的产品之一,而且是其中较为广泛使用的一个系统。它是 Autodesk 公司开发的建筑全生命周期管理(building lifecycle management,BLM)系列软件之一,是一种合适工程项目各参与方的管理人员网上在线项目管理和协调作业的信息平台。

(三)建筑信息建模(BIM)

1. 概念

建筑信息模型(building information modeling,BIM)是以三维数字技术为基础,集成了建筑工程项目各种相关信息的工程数据模型。它提供的全新建筑设计过程概念——参数化变更技术将帮助建筑设计师更有效地缩短设计时间,提高设计质量,提高对客户和合作者的响应能力,并可以在任何时刻、任何位置进行任何想要的修改,设计和图纸始终保持协调、一致和完整。

BIM 立足于在数据关联技术上进行三维建模,模型建立后,可以随意生成各种平面、立面、剖面二维图纸。无须画一次平面图后,再分别画立面图、剖面图,避免了不同视图之间出现不一致的现象。而且在任何视图上对设计的任何更改都可以马上在其他视图上反映出来,这种关联是实时的。此外,由于建立了三维模型,再附加相关属性,就为进行各种可视化分析(如空间分析、体量分析、效果图分析、结构分析、能量分析等)提供了方便的条件。

BIM 是一种应用于设计、建造、管理的数字化方法,这种方法支持建筑工程的集成管理环境,可以使建筑工程在其整个进程中显著提高效率和大量减少风险。它在建筑工程中的直接应用,不仅可以解决建筑工程在软件中的描述问题,使设计人员和工程技术人员能够对各种建筑信息做出正确的应对,为协同工作提供坚实的基础,它还将大大提高建筑工程的集成化程度,引领建筑业信息技术走向更高层次,将对建筑业的科技进步产生巨大的影响。

　　BIM 技术是一种全寿命周期管理的信息化技术,多用于建筑工程项目当中,对于建筑工程的规划设计、施工等多个环节都大有裨益,不仅能够为项目建设的参与方提供信息交流的平台,同时也能为决策者在管理中提供决策依据。从 BIM 的本质上而言,BIM 是一种数字表达形式和表达过程,是对建筑项目的要点及功能特征等进行数字表达,能够实现信息共享的平台,服务于项目从无到有的全过程,在设计到实现、应用的整个过程中都有重要的应用。具体到水电工程当中,通过对 BIM 技术的应用,能够更方便地实现工程协同设计、施工过程一体化及运营期的智能化管理。BIM 技术是一项全新的管理手段,并且对建筑工程的各个阶段都有良好的管理效果。

　　2. 特点

　　(1)模型中包含的信息涉及整个项目生命周期,而且其模型为单一、数字化的模型。

　　(2)为项目协同建设提供支持。

　　(3)其中涉及的信息是可计算的,强调信息的完全数字化。

　　(4)由参数定义的、互动的建筑物构件构成。

　　(5)即时的 2D 及 3D 参数显示和编辑。

　　(6)完整的非图形数据报告方式。

　　3. 工作机制

　　BIM 若要满足整个建筑生命周期,模型必须非常精细、全面地包含各类建筑元素,才能适应工程项目各阶段的需要。BIM 的系统实现方法有两种。一种是超级复杂的综合模型。从计算机的角度看,它是共享一个中央数据库,不仅包含建筑模块,还包含结构分析模块、预算模块、能量分析等评估模块,以及一些辅助决策模块等,该系统要为不同的设计者提供共享信息,为建筑师、工程师、预算员提供专业用户接口,这样一个高度集成的系统需要耗费大量的资源进行维护,特别是在管理大型项目时,其数据分散,管理风险增加,可行性不强。另一种是分类模型,使用的是联合数据库,让各种专业通过一个模型进行交流,如图 7-5 所示。从设计咨询到初步设计再到施工图设计等各阶段,专业人士通过基本模型获取所需的信息,用专业工具做他们自己的那部分,然后把他们的成果通过IFC(industry foundation class)格式交换反馈到信息模型中,再传递到下一个阶段以供使用和参考。系统可行性强,而且模型在整个生命周期中可以充分利用。它们之间的数据交换是目前建筑业的交换与共享标准——IFC 标准,它是由 IAI(international alliance for interoperability)开发的一套数据模型。

　　4. BIM 在建筑工程全生命周期的应用

　　BIM 的数据是由建筑行业软件程序产生、输入并支援的,同时将规划、设计、施工、运营等各阶段所产生的数据逐渐累计于一个数据结构,其中包含着三维模型的信息也存储着具体构件的参数数据,它为真正实现建筑全生命周期管理的理念提供了技术支撑。

　　在前期设计阶段,BIM 便开始建立一个贯穿始终的数据库档案。随着项目的展开,BIM 的数据信息跟随方案自动积累与更新。设计的方案随着计划的调整而改变,这就使得项目的前期设计工作在有限的时间内得到更多的预选方案。由于不同软件程序只存取

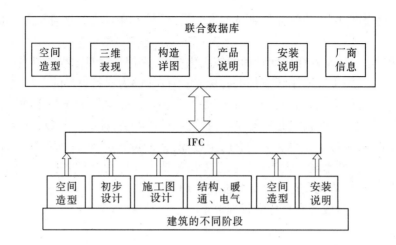

图 7-5　联合数据库交流模型

同一组信息数据,设计的数据可以在项目参与者间循环,因此大大提高了数据的有效利用率。有了 BIM 的共享基础,在进行建筑设计的同时,项目设计方就可以便捷地计算出方案的绿色指标、经济指标、概预算等数值,反过来再将方案的设计进行改良。接下来,这些数据将继续在扩初设计中得以细致化、完善化。最终,基于 BIM 的扩初设计,通过截取模型来完成布图,使用提取工具就完成了文案的编制,呈交一套完整的产品设计。这个阶段的工作新颖之处体现在,基于 BIM 的设计产品都是 BIM 创作的副产品,都是从详尽的数据库中得来的,图纸输出或是文档编制并没有本质的不同,只是出于不同的目的,从不同的角度、用不同的格式来查看项目模型的数据而已。

BIM 的数据传递到施工阶段,承建人用来做工程量化、进度编排、工程造价等动工前的准备,用以安排采购、后勤等工作任务。施工阶段中的 BIM 数据库也随着工作安排的展开而得以补充。如设计变更信息、实际采购信息、设备租赁信息、人力资源信息等都会被存储到 BIM 数据库中。最终完成的工程项目实体与 BIM 的数据是完全对应的,每项物质零件都有其准确的电子数据信息存档备案。

BIM 传递的最终阶段是工程项目投入运营使用的阶段。理论上,一套完整的建设数据可以协助进行设备管理。例如图 7-6、图 7-7 的三维图形信息,可以虚拟安置设备构件的参数数据,可作为修建改造工程的基本信息。

5. 相关软件

全球三大建筑软件开发商 Autodesk、Bentley 及 Graphisoft 都推出了自己的 BIM 软件产品,并在全球多个项目上进行了试用并且取得了不错的效果,使 BIM 成为可以在工程实践中解决实际问题的生产工具。

(1)Autodesk Revit。Revit 是 Autodesk 公司 2002 年收购 Revit 科技公司以后,推出的基于 BIM 的建筑业解决方案,具体包括 Autodesk Revit Building、Structure 和 MEP 等软件,能提供建筑、结构及设备设计功能。

(2)Bentley Architecture。Bentley 是通过其 Micro Station 工程模组来实现 BIM 的需求,其中又包含了多个软件,如 Bentley HVAC、Structural 和 Architecture 等。

图 7-6　某水电站投标阶段实景地形

图 7-7　某水电站开挖阶段实景模型

（3）Graphisoft ArchiCAD。Graphisoft 的 BIM 解决方案也是基于一系列产品实现的。除 ArchiCAD 外,还有设备管理软件 ArchiFM 及虚拟建设软件 Virtual Construction,提供了在建模进度、预算和财务等方面更好的支持。

任务二　常用的项目管理软件

一、Primavera 6.0(P6)

(一)Primavera 6.0(P6)简介

Primavera 6.0(P6)是美国 Primavera Systems Inc. 公司(2008 年被 Oracle 公司收购)

于 2006 年发布的,荟萃了工程项目管理国际标准软件 Primavera Project Planner(P3)25 年的精髓和经验,采用最新的 IT 技术,在大型关系数据库 Oracle 和 MS SQL Server 上构架起企业级的、包涵现代项目管理知识体系的、具有高度灵活性和开放性的、以计划—协同—跟踪—控制—积累为主线的一款企业级工程项目管理软件。

P6 可以使企业在优化有限的、共享的资源(包括人、财、机等)的前提下对多项目进行预算,确定项目的优先级,编制项目的计划。它可以给企业的各个管理层次提供广泛的信息,各个管理层次都可以分析、记录和交流这些可靠的信息,并及时做出有充分依据的符合公司目标的决定。P6 包含进行企业级项目管理的一组软件,可以在同一时间跨专业、跨部门企业的不同层次上对不同地点实施的项目进行管理。P6 使计划编制、进度优化、协同进行跟踪控制、业绩分析、经验积累等都变得更加简单,使跨国公司、集团公司、大型工程业主、工程建设管理公司和工程承包单位都可以实现高水平的项目管理,已成为国际工程建设行业的企业级项目管理新标准。

(二)P6 的组件模块

P6 提供综合的项目组合管理(PPM)解决方案,包括各种特定角色工具,以满足不同管理层、不同管理人员责任和技能需求,P6 提供以下软件组件:

(1)Project Management(PM)模块。供用户跟踪与分析执行情况。本模块是一个有进度时间安排与资源控制功能的多用户、多项目系统,支持多层项目分层结构、角色与能导向的资源安排、记录实际数据、自定义视图及自定义数据。PM 模块对于需要在某部门内或整个组织内,同时管理多个项目和支持多用户访问的组织来说,是理想的选择。支持企业项目结构(EPS),该结构具有无限数量的项目、作业、目标项目、资源、工作分解结构(WBS)、组织分解结构(OBS)、自定义分类码、关键路径法(CPM)计算与平衡资源。如在组织内大规模实施该模块,项目管理应采用 Oracle 或 SQL 服务器作为项目数据库。如果是小规模应用,则可以使用 SQL Server Express。PM 模块还提供集中式资源管理,这包括资源工时单批准,以及与使用 Timesheets 模块的项目资源部门进行沟通的能力。此外,该模块还提供集成风险管理、问题跟踪和临界值管理。用户可通过跟踪功能执行动态的跨项目费用、进度和赢得值汇总。可以将项目工作产品和文档分配至作业,并进行集中管理。"报表向导"创建自定义报表,此报表从其数据库中提取特定数据。

(2)Methodology Management(MM)模块。是一个在中央位置创造与保存参照项目(项目计划模板)的系统。项目经理可对参照项目进行选择、合并与定制,来创建自定义项目计划。可以使用"项目构造"向导将这些自定义的参照项目导入 PM 模块,作为新项目的模板。因此,组织可以不断地改进和完善新项目的参照项目作业、估算值及其他信息。

Primavera 也提供基于网络的项目间沟通和计时系统,作为项目参与者的团队工具,Timesheets 将即将要执行的分配列成简单的跨项目计划列表,帮助团队成员集中精力完成手头工作。它还提供项目变更和时间卡的视图,供项目经理批准。由于团队成员采用本模块输入最新的分配信息,并根据工作量来记录时间,因此项目主管可以确信他们拥有的是最新的信息,可以借此进行重大项目决策。

(3)Primavera Web 应用程序。提供基于浏览器的访问,可访问组织的项目、组合和资源数据。各个 Web 用户可以创建自定义仪表板,以获得单个或集中视图,来显示与其在项目组合、项目与资源管理中所充当的角色最相关的特定项目和项目数据类型,Project Workspaces 和 Workgroups 允许指定的项目团队成员创建与某特定项目或项目中的作业子集相关的团队统一数据视图,从而扩展了可自定义的集中数据视图模型。Primavera Web 应用程序提供对广泛数据视图和功能的访问,使 Web 用户能够管理从项目初始的概念审查、批准,直到完成的全过程。

(4)Primavera Integration API。是基于 Java 的 API 和服务器,供开发人员创建无缝接入 Primavera 项目管理功能的客户端分类码。软件开发工具包 Primavera Software Development Kit(SDK)可将 PM 模块数据库中的数据与外部数据库及应用程序进行集成。它提供对架构及包含业务逻辑的已保存程序的访问。SDK 支持开放式数据库互联(ODBC)标准和符合 ODBC 的接口,如 OLE-DB 和 JDBC,以接入项目管理数据库。SDK 必须安装在要与数据库集成的计算机上。

(5)Claim Digger。用于进行项目与项目或项目与相关目标计划之间的比较,来确定已添加、删除或修改的进度数据,根据选定用于比较的数据字段,此功能可创建一个项目计划比较报表,格式为 3 种文件格式中的一种。Claim Digger 在 PM 模块中自动安装,可从"工具"菜单访问。

(6)Project Link。是一个插件程序,可使 Microsoft Project(MSP)用户在 MSP 环境中工作的同时,仍可使用 Primavera 企业功能。MSP 用户可使用此功能在 MSP 应用程序内,从 PM 模块数据库打开项目,或将项目保存到 PM 模块数据库中。而且 MSP 用户可在 MSP 环境下,调用 Primavera 的资源管理。Project Link 使将大量项目数据保存在 MSP 中的组织受益,但是要求一些用户在 Primavera 应用程序中拥有附加功能和优化数据组织。

(三)P6 的功能与特点

(1)精深的编码体系。P6 可以设置一系列层次化编码,如企业组织结构(OBS)、企业项目结构(EPS)、项目工作分解结构(WBS)、角色与资源结构(RBS)、费用科目结构(CBS)。此外,还有灵活的日历选择、无限的项目分类码、资源分类码、作业分类码,以及用户自定义字段。这些编码的运用使得项目管理的责任明确、高度集成、纵横沟通、有序进行。

(2)简便的计划编制。P6 具有最为专业的计划编制功能。标准的计划编制流程,在 WBS 上可设置里程碑和赢得值,方便增加作业,可视的逻辑关系连接,全面的 CPM 进度计算方式,项目工作产品及文档体系与作业的关联,作业可加载作业分类码,作业可分配记事本,作业可以再分步骤,步骤可以设权重等。

(3)深度的资源与费用管理。资源与费用的管理一直是 P3 的强项,在 P3 功能的基础上,P6 还增加了角色、资源分类码功能。此外,对其他费用的管理,使得费用的管理视角更加开阔。投资与收益的管理,使得投资回报率始终在掌控之中。

(4)理想的协同工作与计划更新。P6 引导标准的项目控制与更新流程,在项目的优化与目标项目建立后,可以进行临界值的定义,以便实现及时的监控。为了实现协同工作,P6 可以采用任务服务的方式自动按时定期将计划下达给执行单位或人员。此外,P6 可在本地局域网上反馈进度。

(5)全面的项目更新数据分析、进度跟踪反馈之后,P6 提供了专业的数据分析,包括现行计划与目标的对比分析、资源使用情况分析、工作量(费用)完成情况分析和赢得值分析。特别设置的"问题监控"功能可以将焦点一下子聚集到最为关心的事情上。所有这些数据分析,既可以在 P6 中进行,又可以通过 Web 实现。

(6)专业的项目管理辅助工具。P6 构建了所有能够想到的辅助管理工具,包括客户化的视图制作、多种设置好的报表、脍炙人口的总体更新、计划任务自动下达(Job Service)、项目信息发布到网站、P3 项目的导入/导出、满足移动办公的 Check In/Check Out、获 EXP 相关数据的功能等。

(7)体系的多级计划处理。管理好复杂的大型项目或项目群,一项非常重要的工作是要建立起完备的计划进度控制管理体系。P6 继承了 P3 的成功经验,利用其建立计划级及编制流程,实现多级计划的数据传递与交换,实现多级计划的跟踪与分析。

(8)缜密的用户及权限管理。整个 P6 系列软件具有良好的安全配置,为用户设置了企业级项目管理软件所要考虑的一切必要的安全管理功能。

(9)实用的工时单管理。为了良好计划的落实,让执行人员或单位及时获得计划任务并反馈进度是至关重要的。P6 自动定期派发作业任务和工时单。对通过 Teammember 反馈上报的工时单,P6 还考虑了工时单批准功能,只有批准的工时单才能更新 P6 数据库内容。

(10)开放性的 SDK 及二次开发。P6 提供二次开发工具 SDK,利用 SDK 更容易实现与企业现有系统的整合。

(11)Methodology Manager(MM)企业经验库管理。企业的知识管理越来越受到重视。在项目管理过程中,也要"积累经验与教训,减少重复劳动;提高企业智商,避免企业失忆"。MM 就是为了企业持续发展而设计的模块。有了 MM 可以将标准的工艺方法保存下来反复运用,从而使得类似项目的计划编制更加简单,更加符合标准化要求。

(12)Portfolio Analyst 项目组合分析。Portfolio(项目组合)是从项目群中选择关心的若干项目或其局部形成一个组合,将组合保存,以便反复地分析研究。这一功能在 PAMP 中都表现得十分出色。

(13)Functional User 决策系统(B/S 环境下的项目管理)。Web-Enabled(Web 下运行)使项目管理在 Web 下发挥到极致。P6 所有能够置于 Web 之下的功能都已经在 Web 中,包括创建新项目、项目计划编制、更新已存在的项目进度、沟通与协同工作、项目组合分析(portfolio analyst)、项目信息查阅、资源管理、资源对项目或作业的分配、项目关于资源的需求分析等。

(14)Team Member(TM)进度反馈工具。一个简便易用的 IE 下的工具,让执行者实现作业接收与实际情况反馈,让管理者在工时单(time sheet)提交后能够进行审核批准。

二、Microsoft Project 2019(MSP)

(一)Project 项目管理软件简介

Microsoft Project(MSP)是由微软公司开发的一套项目管理系统,适用于不同规模的企业和不同管理目标需求的项目,其功能强大、使用灵活、应用广泛,可以协助项目经理编制计划、分配资源、跟踪进度、管理预算、分析工作量,也可以绘制商务图表、形成图文并茂的报告。

Microsoft Project 是一个完整的产品体系,Microsoft 将包含了项目管理服务器端及客户端的一系列产品及一套完善的方法指导统称为企业项目管理解决方案(microsoft of-fice enterprise project management solution,简称 EPM 解决方案),目前最新版本包含以下产品。

Microsoft Project Professional 2019 即 Project 2019 专业版,是项目计划管理的核心工具,可用于项目计划编制、资源分配与安排、WBS 工作分解、项目成本管理、项目执行情况跟踪和项目报表制作等,是 Microsoft 为项目经理开发的高效项目管理软件,具备网络功能,可以连接 Project Server 或 Project Online 或者其他文档协同平台。

(二)Project 项目管理软件基本功能

1. 成本预算和控制

输入任务、工期,并把资源的使用成本、所用材料的造价、人员工资等一次性分配到各任务包,即可得到该项目的完整成本预算。在项目实施过程中,可随时对单个资源或整个项目的成本及预算成本进行分析、比较。

2. 制订计划、资源管理及排定任务日程

用户对每项任务排定起始日期、预计工期、明确各任务的先后次序及可使用的资源。软件根据任务信息和资源信息排定日程,并随任务和资源的修改而调整日程。

3. 监督和跟踪项目

跟踪项目过程,如任务的完成情况、费用、消耗的资源、工作分配等。通常的做法是用户定义一个基准计划,在实际执行过程中,根据输入当前资源的使用状况或工程的完成情况,自动产生多种报表和图表,如资源使用状况表、任务分配状况表等,还可以自定义时间段进行跟踪。

4. 报表生成

与人工相比,项目管理软件的一个突出功能是在许多数据的基础上,可以快速、渐变地生成报表和图表,如甘特图、网络图、资源图表、日历等。

5. 处理多个项目和子项目

有些项目很大且很复杂,将其作为一个大文件进行浏览和操作可能难度较大。而将其分解成子项目后,可以分别查看每个子项目,更便于管理。另外,有可能项目经理或成员同时参加多个项目的工作,需要在多个项目中分配工作时间。通常,项目管理软件将不同的项目存放在不同的文件中,这些文件相互连接,也可以用一个大文件存储多个项目,便于组织、查看和使用相关数据。

6. 排序和筛选

通过排序,用户可以按所需顺序浏览信息,如按字母顺序显示任务和资源信息。通过筛选,用户可以指定需要显示的信息,而将其他信息隐藏起来。

7. 假设分析

"假设分析"是项目管理软件提供的一个非常实用的功能,用户可以利用该功能探讨各种情况的结果。例如,假设某任务延长一周,则系统就能计算出该延时对整个项目的影响。这样,项目经理可以根据各种情况的不同结果进行优化,更好地控制项目的发展。

三、其他常用软件

(一) Project Scheduler

Project Scheduler 是美国 Scitor 公司开发的一款基于 Windows 操作系统的项目管理软件包,可用于管理项目的各种活动。Project Scheduler 具备传统项目管理软件的特征,图形界面设计友好,报表和绘图功能强大,如甘特图绘制,能用各种颜色把关键任务、正/负时差、已完成的任务及正在进行的任务区别开来。任务之间易于建立图式连接,任务工时修改方便;资源的优先设置及资源的平衡算法非常实用;多个项目及大型项目的操作处理也比较简单;支持广泛的数据/文件交换,可与 SQL 数据库并行处理大的、复杂的程序,其网络版与外部数据库(如 SAPR/3)可实现无缝连接;具有功能强大的报告模板库,可快速编写网页,适合组织、合并及查看项目情况。该软件的缺点是联机帮助和文件编制及电子邮件功能有限。

(二) 三峡工程管理系统

三峡工程管理系统(TGPMS)是中国长江三峡工程开发总公司通过引进西方管理理念、方法、模型,结合三峡工程建设实情及我国工程项目管理实践经验,对西方成熟的工程管理系统软件进行再造与开发而形成的一套大型集成化工程项目管理系统。TGPMS 的开发、应用和实施,综合运用 BPR 方法、信息资源规划方法和软件工程方法,建立了集工程管理模型、软件功能模块和数据体系三位一体的大型工程管理综合控制系统,创造积累了一套适用于我国工程管理特点的业务模型、编码标准、数据资源加工体系(报表、KPI 等)和实施方法论。TGPMS 是为设计、承包商、监理、业主共同完成一个项目目标而搭建的集成的协同工作平台,在该平台上实现了以合同、财务为中心的数据加工、处理、传递及信息共享,以控制工程成本,确保工程质量,按期完成工程目标。TGPMS 包含 13 个功能子系统,即编码结构管理、岗位管理、工程设计管理、资金与成本控制、计划与进度、合同与施工管理、物资管理、设备管理、工程财务与会计、文档管理、质量管理、安全管理、施工区与公共设施管理。

(三) 北京梦龙科技项目管理平台

北京梦龙科技项目管理平台依据项目管理理论,从实际应用的角度出发,对项目的进度、成本、质量进行控制,同时对项目中涉及的所有文档和合同进行管理。在任何时候,能够及时地查找到需要的文档。该系统采用灵活的插件形式,根据行业的不同和企业用户的实际需要,提供不同的功能模块进行定制组合,为用户提供一套最合理、最有效的项目管理组织方案。

其功能特点如下。

1. 对项目的管理

以项目树的形式对项目进行管理,尤其在项目分布广泛、数量众多的情况下,这种形式非常有效。辅助以项目地理信息模块,按照项目所在地区进行查看,能够非常清晰地了解项目的各种地理信息。

2. 可扩展的项目信息

不同行业、用户需要查看的项目信息有所不同,项目信息模块除提供相对固定的信息,如名称、编号、时间等外,还以自定义信息的方式提供了扩展信息的功能,用户可以根据自己的实际需要,增加若干项信息。

3. 项目进度控制

对项目进度的控制,目前最科学、有效的方式是网络计划。在网络计划图中,各个不同的工作及工作和工作之间的关系,能够很清晰地得以体现。

项目阶段模块:从更宏观的角度展现了项目的进展情况及阶段划分,它能够告诉用户,当前时间项目正在进行的阶段是什么,进展情况如何,以及离目标有多远,还需要哪几个阶段、每个阶段有什么要求等。

项目形象进度:是另一个与项目进度相关的模块,它以多媒体的形式,包含项目的实际场景照片、图像等,更加生动地体现了项目的进度。

4. 项目成本控制

项目成本控制是一个项目能否成功的最关键的一方面,它以项目的挣值曲线体现所有关于项目成本方面的数据,包括成本现状、趋势、成本进度、成本性能等。通过曲线的分析结果,用户能够很清晰地了解到项目当前的成本状态(是否超出计划、是否超出预算),如果出现成本问题,可以及时地采取必要的补救措施。

5. 项目文档管理

一个项目从审批开始,进度立项、运作阶段,到结束验收,一直到最后的总结阶段,会有众多杂乱无章的文档产生。项目文档管理模块会把这些文档以一种有序的方式组织起来,并且存档,在任意时刻,可以查询找到关于该项目的任意文档。

6. 项目合同管理

任何一个项目都会有一份或者多份合同,较大的项目中会涉及甲方、乙方身份的改变。随着项目的进展,合同资金会不断地变化,其中的原因包括合同变更而导致的资金变化、合同金额的支付过程等。项目合同管理模块不仅提供了对合同的查询管理功能,更重要的是,它能够对当前时间、项目中所有合同资金现状进行统计,准确地报告资金盈亏情况,供用户参考,进行决策。

(四)清华斯维尔智能项目管理软件 6.0

1. 软件概述

智能项目管理软件 6.0 是深圳市清华斯维尔软件科技有限公司在充分汲取国内外同类软件优点的基础上,将网络计划及优化技术应用于建设项目的实际管理中,以国内建筑行业普遍采用的横道图、双代号时标网络图作为项目进度管理与控制的主要工具。通过挂接各类工程定额实现对项目资源、成本的精确分析与计算,不仅能够从宏观上控制工期、成本,还能从微观上协调人力、设备、材料的具体使用。

2. 主要特点

(1)严格遵循《工程网络计划技术规程》(JGJ/T 121—2015)、《网络计划技术》等国家标准,提供单起单终、过桥线、时间参数双代号网络图等重要功能。

(2)智能流水、搭接、冬歇期、逻辑网络图等功能更好地满足实际绘图与管理的需要。

（3）图表类型丰富实用、制作快速精美，充分满足工程项目投标与施工控制的各类需求。

（4）实用的矢量图控制功能、全方位的图形属性自定义、任务样式自定义功能极大地增强了软件的灵活性。

（5）动态真实地模拟施工现场任务，清晰地表达各种作业关系，以及延迟、搭接、资源消耗、成本费用等任务信息。

（6）方便、快捷地进行工程任务分解，建立完整的大纲任务结构和子网络，实现项目计划的分级控制与管理。

（7）兼容微软 Project 2000 项目数据，智能生产双代号网络图，最大限度地利用用户已有资源，真正实现项目数据的完全共享。

（8）适用性强，能满足单机、网络用户的项目管理需求，适应大、中、小型施工企业的实际应用。

3. 主要功能

（1）项目管理。以树形结构的层次关系组织实际项目，并允许同时打开多个项目文件进行操作，系统自动存盘。

（2）数据录入。可方便地选择在图形界面或表格界面中完成各类任务信息的录入工作。

（3）视图切换。可随时选择在横道图、双代号、单代号、资源曲线等视图界面间进行切换，从不同角度观察、分析实际项目。同时在一个视图内进行数据操作时，其他视图动态实时改变。

（4）编辑处理。可随时插入、修改、删除、添加任务，实现或取消任务间的 4 类逻辑关系，进行升级或降级的子网操作，流水、搭接网络操作，以及任务查找等功能。

（5）图形处理。能够对网络图、横道图进行放大、缩小、拉长、缩短、鹰眼、全图等显示，以及对网络的各类属性进行编辑等操作，也可利用矢量图绘制图形，每个视图均可以存为 EMF 图形。

（6）数据管理与导入。实现项目数据的备份与恢复，以及导入 Project 2000 项目数据、各类定额数据库、工料机数据库对数据等进行操作。

（7）图表打印。可方便地打印出施工横道图、单代号网络图、双代号网络图、双代号逻辑时标图、资源需求曲线图、关键任务表、任务网络时间参数计算表等多种图表。

（五）易建工程项目管理软件

易建工程项目管理软件是一个适用于建设领域的综合型工程项目管理软件系统。软件不仅可以应用于单、多项目组合管理，而且可以融合企业管理，直至延伸到集团化的管理。软件不仅可以提供给建设单位及施工企业使用，而且可以扩展成为协同作业平台，融合设计单位、监理单位、设备供应商等产业链中不同企业的业务协同流程作业，构筑坚实的企业信息化工作平台。

易建工程项目管理软件以成本控制为核心、以进度控制为主线、以合同管理为载体，不仅实现成本、进度、质量、安全、合同、信息、沟通协调、工程资料等工程业务处理细节，实现项目全方位管理，而且实现资金、人力、财力、库存、机械设备各个方面的生产资源统一管理,甚至扩充到数据交换、工作流、办公自动化、客户关系管理、电子商务、知识管理、信息门户及商业智能。软件通过数据交换实现与其他软件系统的应用集成,消除信息"孤岛",形成一个完整的信息系统。软件通过建立办公自动化平台,与信息用户实现全员协作与沟通,通过电子商务实现供应链整合,通过知识管理与商业智能技术实现科学决策与绩效考核,形成一个围绕工程项目投资与建设的全方位、完整周期、整合型的信息化管理体系。

(六)广联达建筑施工项目管理系统(GCM)

广联达建筑施工项目管理系统是以施工技术为先导,以进度计划为龙头,以 WBS 为载体,以成本管理为核心的综合型、平台化的施工项目管理信息系统,它采用人机结合的PDCA 闭环控制等思想,动态监控项目成本的运转,以达到控制项目成本的目的。

广联达建筑施工项目管理系统是参照《建设工程项目管理规范》(GB/T 50326—2017),专门针对我国建筑施工企业量身定做的以成本管理为核心的项目管理系统。系统基于大型数据库管理系统(SQL Server),以合同预算、施工预算、计划消耗、实际消耗等"四算对比"为经营盈亏分析手段,以项目成本管理为核心,通过对计划、预算、合同、分包、劳务、机械、材料、财务等的全方位管理,从而实现对施工企业项目部成本的有效控制。广联达建筑施工项目管理系统定位于建筑施工企业项目部对工程项目的成本管理,使用者是项目部管理层和工作人员,该系统是构成公司级项目成本整体解决方案的子系统。

(七)Primavera Expedition

由 Primavera 公司开发的合同管理软件 Expedition,它可以用于工程项目管理的全过程。Expedition 是以合同为主线,通过对合同执行过程中发生的诸多事物进行分类、处理和登记,并和相应的合同有机地关联,使用户可以对合同的签订、预付款、进度款和工程变更进行控制;同时,可以对各项费用进行分摊和反检索分析;可以有效地处理合同各方的事务,跟踪有多个审阅回合和多人审阅的文件审批过程,加快事物的合同处理进程;可以快速检索合同事物文档。

Expedition 在英文中的解释是"动作迅速和敏捷"。该软件的重要思想就是迅速和敏捷地处理工程合同及合同相关事务,并拓展到所有的相关投资控制、采购管理和成本控制。Expedition 的主要管理方法是国际工程承包合同管理,尤其参照了国际咨询工程师联合会(FIDIC)制定的一些标准和合同条款。其主要管理思想体现在以下几个方面:

(1)按照项目化管理的方式,将项目所有相关费用、合同集中管理。

(2)根据项目进展,将费用管理分为概预算、招标投标(采购)、合同、执行和结算等多个阶段,清晰记录每个阶段费用发生和发展的历程。

(3)依照国际工程承包合同作价方式,能够对总价合同、单价合同和成本加酬金合同进行管理。

(4)依照 FIDIC 合同条款思想,框架了甲方(业主)、乙方(承包商)和丙方(咨询工程师)之间三位一体的关系,在严密权限控制下实现跨组织协同网上合同管理。

(5)能够将合同管理过程记录在案,并将任何发生的费用集中反映到统一的费用工作表中。

【拓展训练】 自主学习 Project 软件操作方法,应用该软件根据如表 7-3 所示工作明细表编制水闸施工进度计划,并对计划进行优化。

表 7-3　水闸施工工作明细表

工作名称	准备工作	明渠开挖	围堰	基坑排水	基坑开挖	底板施工	闸墩施工	上游翼墙施工	铺盖施工	护底施工	海漫施工
工作历时/d	15	7	3	7	7	30	30	14	12	14	14
工作名称	金结加工运输	人工降低地下水位	下游翼墙	吊装	启闭机房施工	启闭机安装	闸门安装	反滤层	回填土	护坦施工	防冲槽
工作历时/d	18	70	14	5	5	3	3	4	5	10	4

参 考 文 献

[1] Project Management Institute. 项目管理知识体系指南（PMBOK 指南）[M].6 版.北京：电子工业出版社,2018.

[2] 中华人民共和国国家质量监督检验检疫总局,中国国家标准化管理委员会.网络计划技术 第 1 部分 常用术语:GB/T 13400.1—2012[S].北京：中国标准出版社,2013.

[3] 中华人民共和国国家质量监督检验检疫总局,中国国家标准化管理委员会.质量管理体系基础和术语:GB/T 19000—2016[S].北京：中国标准出版社,2016.

[4] 中华人民共和国水利部.水利水电工程单元工程施工质量验收评定标准——土石方工程:SL 631—2012[S].北京：中国水利水电出版社,2012.

[5] 中华人民共和国水利部.水利水电工程单元工程施工质量验收评定标准——混凝土工程:SL 632—2012[S].北京：中国水利水电出版社,2012.

[6] 中华人民共和国水利部.水利水电建设工程验收规程:SL 223—2008[S].北京：中国水利水电出版社,2008.

[7] 丁士昭.工程项目管理[M].2 版.北京：中国建筑工业出版社,2014.

[8] 黄建文,周宜红,赵春菊,等.水利水电工程项目管理[M].北京：中国水利水电出版社,2016.

[9] 中国水利工程协会.建设工程进度控制[M].北京：中国水利水电出版社,2020.

[10] 中国水利工程协会.建设工程质量控制[M].北京：中国水利水电出版社,2011.

[11] 邓新琴.水利工程施工项目成本控制研究——以 P 项目为例[D].南昌：南昌大学,2022.

[12] 蔡荫.建设工程监理组织结构模式及其有效性研究——以 P 项目为例[D].重庆：重庆大学,2008.

[13] 杨国文.苏帕河朝阳电站项目管理方法研究[D].天津：天津大学,2007.

[14] 小型建设工程施工项目负责人岗位培训教材编写委员会.建设工程施工成本管理[M].北京：中国建筑工业出版社,2014.

[15] 鲁贵卿.工程项目成本管理实论[M].北京：中国建筑工业出版社,2015.

[16] 杨嘉玲,等.施工项目成本管理[M].北京：机械工业出版社,2020.

[17] 匡仲发.建设项目成本管理与控制实战宝典[M].北京：化学工业出版社,2020.

[18] 《标准文件》编制组.中华人民共和国标准施工招标文件（2007 年版）[M].北京：中国计划出版社,2008.

[19] 中华人民共和国建设部.水利工程工程量清单计价规范:GB 50501—2007[S].北京：中国计划出版社,2007.

[20] 梁建林,闫国新,吴伟,等.水利水电工程施工项目管理实务[M].郑州：黄河水利出版社,2015.

[21] 吕桂军,温国利.建设工程安全技术与管理[M].郑州：黄河水利出版社,2018.

[22] 北京市市场监督管理局,北京市住房和城乡建设委员会.建筑施工现场应急预案编制规程:DB11/T 2001—2022[S].2022.

[23] 国家安全生产监督管理总局.生产经营单位安全生产事故应急预案编制导则:AQ/T 9002—2006[S].2006.

[24] 杨婷婷,杨明.水利工程管理中安全生产应急管理浅析[J].海河水利,2021(S1):46-49.

[25] 韦倩.加强水利工程应急管理能力 提升安全生产工作管理水平[J].河南水利与南水北调,2021,

50(5):4-5,18.

[26] 宗合.水利部加强重大质量与安全事故应急管理[N].中国水利报,2006-06-09(001).

[27] 王雪青,杨秋波.工程项目管理[M].北京:高等教育出版社,2023.

[28] 张建新.土木工程项目管理[M].北京:清华大学出版社,2019.

[29] 项勇,张璐.工程项目管理[M].成都:西南交通大学出版社,2017.

[30] 全国一级建造师执业资格考试用书编写委员会.建设工程项目管理[M].北京:中国建筑工业出版社,2023.

[31] 樊启祥,张超然.特高拱坝智能化建设技术创新和实践——300 m 级溪洛渡拱坝智能化建设 [M].北京:清华大学出版社,2018.